ジョアン・エリザベス・ローク 著
甲斐理恵子 訳

昆虫 この小さきものたちの声

虫への愛、地球への愛

いのちと環境ライブラリー

日本教文社

いまもかわらず愛情深く励ましてくれるM・ナオミ・ロークへ

神が万物に与えた名前に耳を傾けるがよい。
我々は彼らが持つ脚の数に従って名前を与える。
だが神は彼らが内面に持っているものに従って名前を与える。

——ジャラール・ウッディーン・ルーミー

昆虫　この小さきものたちの声◎目次

はしがき

一八七二年、アメリカ先住民スー族のメディスンマン（シャーマン）、ブラック・エルクはわずか九歳にして壮大なヴィジョンを見た。天の馬の歌にあわせて宇宙全体が踊る瞬間を体験したのである。ブラック・エルクは生涯にわたって、生き物の世界はこのようにひとつなのだと強調し、「地を這う小さな生き物にも注目すべきである。そんな虫も私たちに価値ある教えをもたらすかもしれないし、小さなアリさえも人間とコミュニケーションをとろうとしているかもしれないのだ」と教える。

ジョアン・ロークは人間と昆虫の親密な関係についてさらに熱く語っている。だが西欧文化の中にいる私たちは、この人間とは異なる生き物との関係をなかなか受け入れられない。昆虫を受け入れる知性も感情も持ちあわせていないのは、西欧社会に生きる私たちの文化的成長が遅れているためだ。

たとえば私たちは、豚は大食い、蛇は狡猾、蚊は意地悪というように、自分自身の悪いところを動物と結びつけようとする。明らかに役に立つとわかっている動物以外、特に昆虫はできるかぎり駆除すべきだと考えて避けてもいる。生物種がひとつでも失われると、慣れ親しんだ美しい生き物の姿を借りた神の存在も失われる、ということにはほとんど気づいていない。だが数種類の昆虫を駆除しただけで、私たち自身が生きるために依存している自然界のバランスは実際、乱されるのだ。二一世紀が危機的な状況の中で始まったいま、こういう基本的な事実はつねに心にとどめておくべきだろう。人間としての意識に目覚めはじめた太古の時代、人は他の生き物との調和をより深く理解できていた。どんな生き物も「自分とつながりのある存在」と呼ぶことができた。自分と異なる生き物は守護神であり、先祖であり、教師であり、ヒーラーであった。人々は一族のシンボルであるトーテムポールを立て、神を象（かたど）ったカチーナ人形や仮面を彫り、体や住居にペイントし、儀式やしきたりを定めてこの関係を示した。そして助けが必要なときは、この大家族の一員である生き物のもとを訪れた。

一一世紀の中国の役人、張載（ちょうさい）は、仕事場の西壁につぎのような書を掲げた。「天は我が父、大地は我が母。我（われ）のごとき小さき生き物も、快き場をそこにみつけたり。ゆえに宇宙に広がるは我が体、宇宙を導くは我が本質なり。人はみな我が兄弟姉妹、あらゆるものは我が同胞なり」。私たちはこういう考えに惹かれはするものの、昆虫のことを思うとたちまち気持ちがぐらついてくる。昆虫はその種類も数も、他のあらゆる生き物をあわせたよりもはるかに勝っていることを私たちは理解していない。昆虫がそれほどたくさんいる理由がわからないので、私たちは自分の支配欲を昆虫に投影して、昆虫が人間を支配しようとしていると思い込み、恐れている。だが私たちは見落としているが、昆虫がこれほどたくさん存在するのは、地球の活動とあらゆる生物の生存のために必要だからなのだ。

しかしながら、本当に大切な問題は、本書の各章で語られているように、昆虫に対する心の姿勢なのである。昆虫は、私たちと同じ生物界に属する生命共同体の一員である。だから私たちは昆虫なしでは生きられない。しかし、どんな昆虫もわけへだてなく思いやることは、じつに難しい。それでも私たちは、宇宙がどんな様相を示そうと、その生存権を拒むことはできないのだ。どんな生き物も、同じ生命の源から生まれた。どんな生き物も、他の生き物に必要とされる特有の役割を担っている。つまり、どんな存在であれ、私たちが拒んだとたんに宇宙全体の秩序が乱れるのだ。

たしかに危険な生き物からは身を守らなければならないが、不合理で根拠のない恐れによって人はいとも簡単に精神的に不安定になる。そして地球の機能に欠かせない重要な役割を担っている虫を駆除し始めるのだ。こうしてひとたび虫を拒絶したら、ひとたび昆虫との闘いの中に身を置いたら、その攻撃は果てしなく続くのではないだろうか。そうならないためにも、虫のひと刺しにこめられた意味を私たちは理解すべきである。広く行き渡ってしまった虫への敵意を捨てて洞察力を身につければ、美しさと巧みな技、そして卓越したコミュニケーションの世界が、私たちにはとうてい及ぶべくもない適応力を持つ生き物の世界が、見えてくるだろう。

昆虫に関心を向けなくなると、自然界の半分をそっくり失うことになる。その色彩や形状、そして鳴き声の美しさが世界に加わり、豊かな知性が私たちにもたらされることを考えると、地球という大きな共同体の一員である昆虫を敵視することには断固反対すべきだ。言うまでもないが、小さな昆虫一匹一匹が生きいきとした命ある存在であり、魂のある存在である。それは人間とは異なる昆虫の魂であり、神の一面を表わす感嘆すべき美なのである。

自分をとりまく世界に対する基本的な姿勢を定める際は、物心がつきはじめた子供の頃のことを思い出してみてはどうだろう。意識が覚醒するや、たちまち森羅万象が私たちの心に飛びこんでくると同時に、私たちの心も森羅万象へ向かっていく。私たち一人ひとりの心に世界がこのように親密なかたちで存在すること自体が、生きることの深い歓びなのである。宇宙や森羅万象を表わす「universe」という言葉はラテン語では「uni-versa」、つまり千差万別で多様な生き物や物事をひとつのまとまりへ転換させることを意味する。ここでこんな話をしたのは、昆虫に関する本書が、私たちと昆虫との間にある親密な関係性を示唆しているからだ。ここで言える結論は、私たちと昆虫はどこか深いところで互いに頼りあっているということである。

これは「反は道の動なり」（根源に立ち返ることが道(タオ)の営みである）という老子の基本哲学にも通じる。差異化が進んだ果てに、万物は互いに満たしあう根源的統一性へと戻っていくのだ。遠く離れることは、近づくことである。これが存在の基本法則だ。私たちは変化の只中(ただなか)にいる。人間と昆虫が互いに近づくときが来たのだ。それが叡知へ至る道であり、癒しの源であり、二一世紀を歩くための指針なのである。

トマス・ベリー

序文

一九九八年、本書の初版の序文を、私は作家ダニエル・クインが六歳のときに見た夢の話から始めた。クインはその著書『神の摂理――五〇年間のヴィジョン・クエスト *Providence: The Story of a Fifty-Year Vision Quest*』で、その夢を「運命の呼び声」と呼んだ。それは一種のトランスパーソナルな夢、すなわち他の生き物とより深い関係を結び彼らのために役立ちたいと願う、私も含めたあらゆる時代の人々にあてはまる、個人の境界を超越した夢だったのだろう。

クインの夢はいまだに私に語りかけてくるので、もう一度ここで紹介しよう。夢はまだ幼いクインが、寝静まった真っ暗な家々を通りすぎ、自宅へと急ぐ真夜中という場面から始まる。前方では木が倒れ、歩道をふさいでいる。近づいてみると、「大きくて真っ黒な甲虫(こうちゅう)」が幹の下をすばやく動いてこちらにやってくるではないか。クインは恐ろしさに後ずさりした。虫が怖かったし、よくも住みかを壊したなと責められるのではないかと思ったのだ。しかし甲虫には「大いなる知恵と威厳のオーラ」があり、テレパシーで彼に話しかけてきた。甲虫はただ話がしたいだけだと言ったので、クインは安心する。

甲虫はクインにたずねた。「君は本当はここの人間じゃないんだね？　この世界は居心地が悪いんだね？」甲虫に心情を言い当てられて、クインの目に涙があふれた。虫はさらに、それは君がこの世界で必要とされていないからだ、とクインに告げた。これを聞いた幼いクインは、心の底からわきあがってくる深い悲しみに飲みこまれそうになる。

しかしそのとき甲虫がこう言った。生命の共同体、つまり人間以外のすべての生き物（歩道の横の森に住み、いまはすぐそこまで出てきてこのやりとりを見守っている生き物）が君の助けをどうしても必要としている、と。彼らはクインに歩道を越えて森へ入ってきてほしいと思っているのだ。「僕らはみんなそこで君を待っているんだ」と甲虫は言った。「君はいまの生活を捨てて……僕らの仲間になるんだよ……君に僕らの生命の秘密を伝えなくちゃいけないんだ」

クイン少年はためらうことなく歩道を離れて甲虫たちの仲間に入ったが、そこで目が覚めた。彼はしくしくと泣いた。母親が落ち着かせようとして、ただの悪い夢だったのよと慰めると、彼は「ちがうんだ、あんまりすてきな夢だったから泣いてるんだよ」と答えた。

クインはそんな幼いころから、いつか自分は人間以外の生き物がいる森へ分け入って彼らを助けるだろうということを知っていたのだ。二五年後、クインは『イシュマエル――ヒトに、まだ希望はあるか』（邦訳、ヴォイス）という小説でこの夢の骨格を用いることになる。本では甲虫のかわりにゴリラが物語の語り手と言葉を交わし、人間が知らない生命の秘密を教えてあげようと言って発見の旅へと彼を誘う。

クインが甲虫の夢を見た一〇年後、私はミシガン州の自宅の裏庭で、荷車いっぱいの泥の中にいるいも虫の世話をしていた。まだ四歳だったが、他の生き物とのつながりを求める気持ちは力強く確実に、私の中で脈打っていた。

似たような思いにとらわれた同年代の多くの人と同じように、私は甲虫を自分と対等な存在と考え、異なる生活様式や意識形態を持つ生き物と交流したいという情熱によって人生を決定づけられた。そしてそうした生き物に関する文化的通念や科学的前提を超えて進んで行った。私は経験から、先住民族の文化に見られる永遠の知恵、すなわち人間は孤立した存在ではなく、私たちのまわりには意識を持つ生き物が満ちあふれているという世界観こそ正しいのだ、と確信した。

世界は単なる物質の集積ではなく、意識のある生ける存在だと考える人は増えてきている。人間が自然と決別することをよしとし、何千もの生物種を絶滅に追いやる環境破壊を正当化するような、恥知らずな理論がもたらした地球規模の危機に対する反動かもしれない。理由はどうであれ、ますます多くの人が問題の重要性を認識し、世界各地の先住民族を教え導いてきた自然界に内在する知恵に耳を傾ける方法を学ぼうとしている。こうした地を這う生き物たちが体現し、また、伝えてくれる知恵こそ、現代社会が見落としてきたものなのである。

私は本書の初版を、人間の心に存在する影に分け入る旅にたとえた。昆虫のかわりに人間にスポットライトを当て、私たちの思い込みや恐怖のために実在しない敵が生み出されていくようすを考察した。状況は、いまもあまり変わらないように見える。初版で詳しく述べた生き物への虐待はいまだに続いている。昆虫に対する無意識的な敵意はいまだ文化に影響を与えつづけており、殺虫剤の使用を促し、私たちを自殺行為へ駆り立てている。

だが、変化した点もある。昆虫との絆を取り戻し彼らを賞賛しようという、一〇年ほど前にはほとんどなかった動きが強まり、目に見えるようになってきたことだ。トマス・ベリーは、昆虫との仲直りは当然のなりゆきだと言う。彼は本書のはしがきで、私たちの文化は極限まで昆虫から離れてしまったので、その結果、万物は互いに満たしあう根源的統一性へ戻ることになる、と説明している。

そのような変化が起こっている証拠はいたるところにある。世界中で昆虫園や博物館がどんどんつくられているし、昆虫をモチーフにした製品もかなり目につくようになってきた。ペーパークリップやマグネット、石鹸、金属製のオブジェ、凧、寝袋、アクセサリー、アメリカの郵便切手、便箋、弁当箱、衣類、さらには昆虫にヒントを得た家具まである。ここ数年の間に公開された一連の昆虫映画、たとえばアニメ映画「アンツ」「バグズ・ライフ」や、昆虫の生態を捉えたすばらしいドキュメンタリー（および書籍）の「ミクロコスモス」にもこの新しい動きはかいま見える。「スターシップ・トゥルーパーズ」「メン・イン・ブラック」「ミミック」といった「暗い」映画にも、私たちの習慣的な恐怖を無邪気に反映した昆虫が登場するが、それらもじつは、文化の無意識的次元で動めく新たなものを示しているのかもしれない——もっとも、無反省な悪意によって歪められてはいるが。

この新たな改訂版は、昆虫は敵だと決めつけてきた感情の投影を改善し、昆虫と仲直りしようとする動きを軸とした変化の期間から始まる。二〇〇一年九月一一日の恐ろしいテロ攻撃後は特にそうだが、私たちの想像力に働きかける力とイメージは、一人ひとりの日常生活で起こることから世界的な事件に至るまで、どれも暗い影と結びついている。

そんな影を払いのけるためにも、昆虫との壊れた関係を立てなおしつつ、まったく顧みられてこなかったアイデンティティの一部を回復するという地道な作業に取り組むべきなのだ。その作業の恩恵は、虫と人との関係改善を超えた大きなものになるにちがいない。この昆虫と人に必ず訪れる和解をベリーは、叡知へ至る道、癒しの源、そして二一世紀を歩くための指針と呼んではばからない。私はそれを、虫との和解に必要な情報源にアクセスし、小さくつつましやかに見える生き物に隠された輝きを引き出すための方法だと考えている。それはまた、自分以外の存在を受け入れ、自分と他者を隔てる境界をゆるやかなものにする方法を学ぶ貴重な機会でもある。そうすれば自分とは異なる視点から世界をみつめることができ、そこから理解を深めて思いやりの心を持てるようになるだろう。これは人間関係の修復にも非常に役立ちそうである。

この改訂版では初版にかなり手を入れたが、一部の熱心な読者が愛してくれた特徴は残っているものと思いたい。だいぶ読みやすくなったと自負しているし、昆虫との関係に秘められた可能性をはっきりイメージできるように、物語や逸話も追加した。私たちは物語なしでは生きられない。本書では、大いなるスピリットがあらゆる生き物の中で活動しているということ、そして昆虫は創造の力のメッセンジャーでありガイドであるということを、物語が力強く明確に伝えてくれるはずだ。

私は、虫と人の間に騒ぎや敵意を生み出している問題を本書で解決するつもりはない。私たちの文化の盲点を明らかにし、人と昆虫の関係をより健全なものにしたいだけだ。新たな道を歩むには、生き物との絆を強め、人間は便利さや快適さ、経済問題を超えてあらゆる生き物と互いに依存しあっているのだという事実を強調し、互いの世界の調和をみつけるように私たちを促すコンテクスト（文脈）が必要なのである。

私はごく普通の一般人だ。昆虫学者でも科学者でもない。だから専門的な知識がない人のために本書を書いた。ここで紹介している科学的な知見は、読書中に偶然みつけて想像力をかきたてられたものを引用した。私は日ごろ、一般読者向けの科学書や雑誌を楽しみながら、自分の経験と、世界について直観的に理解していることを結びつける糸をいつも探している。特に、テクノロジーではなく哲学や宗教と関わりが深い「ニューサイエンス」と呼ばれてきた科学が示す可能性や、量子力学の革新的なアイディアには心を奪われる。それは生き物同士の関連性や潜在的可能性に基づくパラダイムであり、神秘に満ちているからだ。

昆虫に対する文化的視点を変えるこの仕事は、多くの方に助けられて生まれた。その方々の多くについては本文中で言及しているが、なかでもロレンス・ヴァン・デル・ポストの晩年の功績には特別な敬意を払いたい。彼はその著書や講演で、私たち一人ひとりの中にある「原初的で」卓越した創造のパターンを明らかにした（そのもっとも純粋かつ成熟した形を、石器時代の生活をいまも続けるアフリカ南部の狩猟民でサン族としても知られるブッシュマンの中に見出した）。そしてなぜブッシュマンが一匹の虫、つまりカマキリをもっとも価値のある高貴な存在とみなし、「小さき者に宿る無限なる者の声」に選んだのか説明した。ヴァン・デル・ポストは、私たちの中に封印され顧みられることのなかった野性的側面や本能的自己（自然界に根ざした基底的意識）を回復することが、この困難な時代を生き抜くためには欠かせないと信じていた。彼のこの信念に私も大きな影響を受けたのだ。

私は熟慮の末に、昆虫の学名は使わないことにした。昆虫学者にとっては便利な分類方法ではあるが、昆虫に詳しくなく、徹底的に調べることにも興味がないごく普通の人たちに読んでほしいと思ったからである。それゆえ本書では昆虫をよく知られている一般名で呼び、あまり細かくは分類していない。読者が昆虫の正確な種類や生態を知りたいと思うのは、昆虫が読者をその勢力圏内に呼びよせたときだけだろうし、そういうことを調べるのに適した本は他にたくさんあるからだ。

昆虫に対する人々の見方を変えようとしてかなりのエネルギーと労力をつぎこんできた多くの昆虫学者と私の目的はずっと一致していたが、アプローチ方法は本質的に異なっている。私は昆虫への深い愛情と、人間心理の複雑な力学の理解と、小宇宙は大宇宙を映すという信念と、あらゆる生き物との関係に本来備わっている癒しの可能性への尽きない興味をたずさえて、虫の世界へ入っていくつもりだ。

ジョアン・ローク

二〇〇一年一二月

謝辞

この改訂版を出すにあたって、多くの人がいろいろなかたちで支えてくれたが、もっとも深い感謝と愛情は私の両親、エメリとナオミ・ロークに捧げたい。ふたりはいつも私の心の中にいる。父は自然界への深い愛情を伝え、つねに夢を抱くようにと励ましてくれた。母は無償の愛を注いで何年間も支えてくれた。義理の子供たち、アシュリー、アンディ、マシューにも感謝したい。みな変化と再生の炎を私の人生にもたらしてくれた。姪のアンドレア・ヒル、エレンとベス・ローク、サラとローラ・トマスは、学校で子供たちを相手に仕事をする際のインスピレーションでありつづけてくれた。

姉妹のリンダ・ブーケンとシェリル・トマスにも深い愛情と感謝の意を表したい。ふたりは私を励まし、「他者」への愛を共有してくれた。兄のトム・ロークは住み心地のいい家を与えてくれ、コンピュータ技術だけではなく、明瞭さと誠実さと決意をもって世界へ踏み出す方法についても忍耐強く指導してくれた。

二〇年来の友人であり、義理の姉妹であり、心の師でもあるマーシャ・ロークにも深い愛と感謝を。

マーシャも作家であり、「宇宙を夢見る人」だ。彼女が見た金色のゴキブリの夢は、第14章の終わりで紹介させてもらった。自己探求を促す熱心な指導者として、マーシャは何年にもわたってヴィジョンや知識、そして心について快く語ってくれた。事実、私が他の生き物に感じる深い思いは、文化的伝統とまったく相容れないとっぴな性格のせいではなく、心の中の青写真の表われなのだと理解し、最初にそう教えてくれたのは彼女だった。結局その青写真が、「意識を持った存在のいる別の世界」について本を書き、人に教える道へと私を導いたのだ。彼女が人生に与えた影響と私の感謝の気持ちは、言葉では表わせないほど大きい。

親愛なる友人のトリーシャ・ラム・フォイヤスティンにも感謝の気持ちを捧げたい。トリーシャと夫のゲオルグ・フォイヤスティンは、この企画を最初から陰になり日なたになり支えてくれた。トリーシャはクジラやイルカの研究のかたわら何年もの間、昆虫の記事や情報を送ってくれた。本書の物語の多くは彼女がみつけてくれたものだ。

ケンドラ・クロッセン・ブローのヴィジョンと、初版を熱心に支持してくれたことにも感謝したい。彼女はデイヴ・オニールをはじめとする出版チームとともに、すばらしい出版社であるシャンバラ・パブリケーションからこの改訂版を世に出す中心的な役割を果たしてくれた。ケンドラはこの第二版で編集補助というかけがえのない貢献もしてくれた。

虫が大好きな隣人パム・ヴァン・ダイクと、彼女の娘で私ととても気のあうリサ・ヴァン・ダイクにも感謝したい。リサは一〇年以上にわたって、私が講演旅行に出かける際はいつも、私の家族である動物たちの世話をしてくれた。それから、長い道のりの間ずっと励ましと情熱を与えてくれた多くの友人たちにも感謝したい。第1章で登場する昆虫アーティストで心の姉妹、グウィン・ポポヴァッチ。教師の目を活かして草稿をチェックしてくれたカナダ人のいとこ、ジム・ローク。ブラジル人姉妹シルヴィア・ホルゲ。多くの野良猫の世話をいっしょにしてくれる猫友達のシェラル・モーフォード。スプレー缶の殺虫剤の使用を禁止している北カリフォルニアの共同体に初版が注目されたのは、スコット・ヘスの情熱のおかげだ。タッチドローイング・アーティストのデボラ・コフチャピンの作品は、おおいに参考になった。昆虫マニアのハリアナ・チルストーム。初版を出版してくれたブライアン・クリッシーとパム・メイヤーはヴィジョンを理解し共有してくれた。作家にして野生動物の治療もするすばらしい人物フィリス・ロリンズ。レイキ・ヒーラーで動物と会話もできるダーリーン・ドレスラー（そして彼女のバセットハウンド、クラレンス）。昔からの親友、ダイアナ・フニチェロ。心の姉妹、パトリシア・アール。そして天使と歩み語りあうジーン・コリンズ。

動物を愛する人たちと作家仲間にも感謝したい。彼らは私のように、他の生き物のために活動しているうちに本質的自己を発見した。ドーン・ブランケ、シャロン・キャラハン、スーザン・チェルナク、ヴィクトリア・コヴェル、ブルック・メディスン・イーグル、モーゲイン・ジャーダン、マラリーン・マノス・ジョーンズ、リタ・レイノルズ、ジェリ・ライアン、ペネロペ・スミス。そしてこの謝辞は、ブライアン・ゴダードへの感謝なしには終われない。私の「虫になって考えよう」という授業のエピソードに登場する青年で、ゴキブリのシーダーとの忘れられない出会いのあと、私の助手になってくれたのだ。

虫に自分の嫌いな側面を投影して敵視する傾向を正そうとする私の仕事は、さらに発展し、主流派の文化によっていつも誤解され過小評価されてきた青少年の非行問題にも焦点を当てるようになった（catalystforyouth.org のサイト参照）。この最近の取り組みに鑑みて、私にとって教師であり友人でもある若きアーティストたち――トニー・ランデロス、カーティス・マンザーノ、エリン・ミンヤーレ、ルイス・ナヴァロ、マイク・サンドヴォル、エルネスト・ソロリオ、アントン・ストリーラ――に感謝したい。彼らは秩序と渾沌がせめぎあう「カオスの縁」でバランスをとって生活し、そのインスピレーションと変化の可能性に心を開いている。

最後になったが、大いなるスピリットが与えてくれたインスピレーションと、私に知恵を与えいまもそばにいてくれる多くの生き物たちに感謝したい。猫のスーシ、モーゼス、ボビー、スコッティ、ロージー。みなそれぞれにすばらしい物語を持っている。愛する犬のジェシーは、リスを追いかけているとき以外は動物たちの番をしてくれる。野生のネズミのアニーは、ネズミの神からの贈り物だ。インコのルーミーとスイートピーは献身的な愛のお手本だ。クロエとホープは怒りっぽいが愛嬌のあるオカメインコ。一二羽のキジバトは、寝室の外の鳥小屋から毎晩おやすみの歌を歌ってくれる。野良猫の共同体は、私の足音を聞きわけられるし、ゴキブリたちは私に毎日〝他者〟について教えてくれる。カマキリにも深く負うところがある。彼らにじっと見守られながら、この本はつくられ世に出たのだ。そしてすべての始まりとなった、愛する子供であり教師でもある、毛皮をまとった生き物リーフへも心からの感謝を。

昆虫　この小さきものたちの声

第1章 故郷へ

私たちはみな文化によって催眠術をかけられているのだ。
——ウィリス・ハーマン（ノエティック・サイエンス研究所元所長）

ルイス・キャロルの『鏡の国のアリス』では、ブヨがアリスにこう言う。「君のいる世界では、どんな虫に恵まれているの？」質問にとまどったアリスはこう答える。「虫が恵みなもんですか！」このやりとりでは、あらゆる生き物を認めて誉めたたえていた太古の世界と、昆虫のような生き物への思いやりはあまり持ちあわせていない現代の世界とが出会っている（原註：本書ではクモやムカデ、いも虫なども便宜上「昆虫」「虫」という言葉で表現している）。西欧社会では虫の存在は喜ばれない。事実、虫との交流は不安や不信に満ちている。おおっぴらに敵意を表わさないまでも、私たちの態度はアリスのように曖昧で、憎しみと恐怖に彩られた気分になる場合が多い。

私たちが虫を喜んで受け入れれば、その存在を楽しむことができるし、必要なときには虫の役に立つように行動することもできる。だが、虫が困っているのを見て手をさしのべる人はほんのわずかしかおらず、絶滅寸前の昆虫種を救おうとするのは専門家だけだ。大半の人は、世界中の虫がもっと少なければいいのにと思っているのではないだろうか。

昆虫と人間の関係について調べはじめたころ、私は両者の協力関係や親しさを描いた物語を探していた。しかし出てくるのは敵意を示すものばかりで、私は驚き狼狽した。敵意はいたるところに存在した。ニュース記事、大衆文化、科学研究、児童書、もちろんインターネット上にさえあった。昆虫への典型的な反応の原因となっている恐怖や憎悪の大きさを、私は理解していなかったのだ。その恐怖や憎悪は他の生き物に対して抱くどんなネガティブな感情よりも強いということに、私はようやく気づいたのである。

人間以外の生き物に対する否定的な感情を説明する場合、まずその対象に選ばれるのは昆虫である。人になつかないこと、外見の奇妙さ、群れとして出現する傾向が標的にされるのだ。しかし私たちの虫を見る目は、憶測のせいでかなり歪んでいるのではないかと私は思う。虫についての知識や、虫への親しみを支えるような文化的背景のないことが、私たちの見方にかなりの影響を与えているのではないだろうか？

虫は敵だという思い込み

西欧の文明社会では、大規模なものから些細（ささい）なものまで、虫との闘いは毎日起こっている。虫は敵だという思い込みが、虫との交流の形を決めているのだ。そのため、虫を駆除することが目的の業者や大企業がますます繁盛している。こうした企業が生み出すプロパガンダは、生き物と人間の複雑な関係を単純化し、虫は敵だというイメージを私たちに植えつける。その結果私たちは何千種類もの生き物に対して軍国主義者のごとき態度をとる。しかし、その根本にあるのは恐怖だ。

「何だかよくわからない虫だったから、殺したんだ」――生物学者ロナルド・ルードが繰り返し聞いた言葉だ。見慣れない虫や何かわからない生き物の死骸を彼のもとへ持ってきた人々に質問すると、こういう答えが返ってくる。危険な状況でなければ自然に好奇心を抱くものだが、彼らに好奇心はなかった。みな、ただ安心したいがために、その生き物がいるだけで湧き上がってくる恐怖を押さえつけるために、殺したのだ。

人がいちばん恐れるのは、刺されたり咬まれたりすることだろう。近年、郊外の家の庭によく見かけるマイクロ波の害虫駆除装置は、そうした恐怖を消すために毎年何十億もの虫を殺している。ある昆虫学者は、こういう装置の役目は人を楽しませることだ、それ以外の使い道はない、と言った。実際に人の血を吸う虫は、殺されている虫の四分の一にも満たない。しかし、駆除装置に触れたとたんに虫が爆発し、少なくとも半径二メートルの範囲に細菌やウイルスをまき散らすと知ったら、楽しさも長くは続かないだろう。

この装置をやめるとしたら、動機は感染からの自己防衛ぐらいしかないかもしれない。毎年いたずらに殺されるおよそ七一〇億匹の虫に同情して装置の使用をやめた人など、これまでいなかったからだ。実際、虫は敵だという思い込みは少々のことでは揺るがない。虫は怖くないと思えるような経験をしても、私たちは思い込みと矛盾することは無視しがちだ。自分は正しく現実的に行動していると確信しているので、すぐにけんか腰になり、虫と良い関係を結ぶチャンスに気づきもしないのである。

虫との親近感を示した物語

当初私が探していた虫と人間が一体となって協力しあう物語は、私たちとは異なる感情を虫に抱き、虫も共同体の仲間に入れている宗教や哲学、文化の中にみつかった。たとえば先住民族の社会では、刺す虫や刺されたあとの不快感に対処する方法にも親愛の情があふれている。ここでロレンス・ミルマンの『亡霊の乗るカヤック *A Kayak Full of Ghosts*』から「虫に優しいおばあさん」というエスキモーの物語を紹介しよう。舞台は西グリーンランド、語り手と聞き手は蚊の大群に襲われながら焚き火を囲んでいる。

ある年の冬、一族は獲物を求め、おばあさんを置き去りにして狩りに出た。おばあさんは年老いて何も噛むことができなかったので、家族は食料としてわずかな虫を置いていった。おばあさんは虫を見て言った。「この生き物を食べるなんて、かわいそうでできない。私は老人だけど、この虫はきっと若い。子供もいるかもしれない。私が最初に死ぬべきだ」

するとキツネが小屋へ入ってきた。キツネはおばあさんに跳びかかって、かじりついた。おばあさんはこれで終わりだと思った。しかしキツネは服をはぎとるかのように、おばあさんの頭からつま先まで繰り返し甘噛みした。すぐにおばあさんの皮膚ははがれ落ち、新しい皮膚がその下から現れた。虫がおばあさんに感謝して、老化した皮膚を取りのぞいてやってくれと友人のキツネに頼んだのだった。*1

蚊が空一面を覆わんばかりに飛んでいるときに語られたということを考えると、この虫への思いやりとその驚くようなお返しの物語は、いっそう重みを増す。ここには蚊を退治する英雄は登場しない。そのかわり、聞き手の想像力に虫への敬意と親近感を植えつけ、思いやりには物事を変える力があるのだと教えている。たとえ他の生き物に不快なことをされても、この先住民族が自分たちと生き物との絆を信じていることも確かに伝わってくる。

グウィン・ポポヴァッチをはじめとする現代人のすばらしい物語もみつかった。ポポヴァッチはカリフォルニア州ソノーマ出身のアーティストで、ある昆虫との出会いによって自分のライフワークを発見した。数年前、ポポヴァッチが小川の真ん中に突き出た岩に座っていたときのことだ。体にたくさんの節がある鈍色（にびいろ）の虫（ヤゴ）が手の甲に這いあがってきた。彼女は驚き、とっさに手で払おうとしたが、ぐっとこらえて、虫が指先を這うにまかせた。するとその背がぱっくりと開いて、別の虫が中から姿を現したのだ。この新しい生き物は透明で脈打っていた。セロファンの塊のようなもののしわがみるみるなくなり、「一回震えるごとに」きらきら輝く平らな羽になっていった。「さらに二、三回震えると、川底で暮らしていたこの地味な鈍色の生き物は、そよ風の中の虹色の生き物に変わっていた」と、ポポヴァッチは語っている。彼女はトンボがしばし休んでいる間に観察し、その震えが指先から腕へ、背骨へと伝わるのを感じた。やがてトンボは衣擦（きぬず）れのような音をたてて下流へ飛び去ったが、心地よい震えは家へ帰ってても残っていたので、ポポヴァッチはそれを油彩画に表現した。小川の上を舞うトンボの絵だ。ポポヴァッチが昆虫を絵の題材にしたのはそれが初めてだった。貴重な体験のお礼にはそれがいちばんだと考えたのである。

その日からずっと、ポポヴァッチは虫との出会いで知った魔法へのお返しをしている。彼女が描くとても美しく精密な昆虫の絵には、虫の形や色彩、虹のような輝きへの愛があふれている。どの虫も美しく装飾された額縁の中に鎮座し、静止した時の中で、彼女の熟練した技によって彼らにふさわしい敬意を払われている。絵を観る人は、虫の本質や神が授けたその形態に感嘆し、傷ひとつない宝そのものだと思うだろう。オーストリアの社会哲学者ルドルフ・シュタイナーはこう言った。「芸術家は神を世界へ流れこませるのではなく、世界を神の領域へ引きあげることによって、神を地上にもたらす」。この言葉はポポヴァッチが虫のためにしたことの説明にもぴったりあてはまる。文化的規範や偏見を超えた絆を理解できる人を導く言葉でもある。

私たちはいま転換期にいる。いまならまだ、注目に値する重要なものにたどりつくという希望を胸に抱いて、生き物との絆を取り戻す道を選択できる。西欧社会で暮らす私たちはこの絆から遠く離れてしまったが、他の生き物から自分たちを切り離して考えたり、他の生き物とのつながりを否定したりしても、絆そのものが消えることはない。人間は他の生き物と互いに強く依存しあっているということがわかれば、自分の真の姿に気づかせてくれる虫との接触を邪魔し、私たちを誤った道に縛りつけているのは、虫への恐怖がもたらす憎しみだけだということも理解できるだろう。

ここからは、私たちを不信や無関心、恐怖という窮屈な道に縛りつけ、認識力や想像力に影響を与えてきた習慣を明らかにしていこうと思う。気づきは自由へつながる。いま起こっている出来事を注意深く観察するだけで、私たちにまとわりつく敵意から力を奪いとり、虫の世界が持つ多面的で、変容を促すパワーに近づくことができるのだ。

悪意に満ちた世界の創造

私たちはなぜ虫を信頼せず疑うのだろうか。その理由はいくつかあるが、ほとんどの場合、現実の虫とは関係がない。大半は虫あるいは自分自身に対する誤解に関係し、地球という共同体における人間の立場についての多くの思い込みが原因なのだ。

虫に対する現在の態度は、人が自然を神聖視するのをやめ、無機的な世界観を受け入れたときに始まった。その選択はいわば社会の意思であったことが、近年の研究で明らかになっている。それ以来私たちは科学や技術を信頼するようになり、その結果わけのわからないものは危険かもしれないという警戒が、絶対に危険だという信念に変わってしまったのだ。さらに、わけのわからないものには悪意があると考えるようにもなった。こうした信念のことを考えれば、奇妙な姿の生き物を疑いの目で見て、武装して身を守ろうとするのも理解できる。

私たちは自己と共同体のまわりに境界線を引き、あまりにも小さな世界をつくったために、その外側に自分たちを脅かす世界ができてしまった。見慣れない奇妙なものは悪意に満ちた存在だと考えることによって、かつて神聖な場所だった地球という共同体を怪物が住む世界へと変えてしまったのだ。

それはまた、人間が生物種として適度に用心し警戒するために進化させてきた生存本能、つまり自然な恐怖心さえも誇張し歪めてしまった。

いま私たちが抱く敵意の大部分は単なる習慣であり、根拠のない恐怖である。ひっきりなしに流れつづける悪意のある映像や言葉で恐怖心をあおられて、昆虫は敵だと思い込んでいるだけなのだ。この考え方は現実的な反応として広く受け入れられているので、それがおよぼす大きな影響は事実上見えなくなってしまっている。しかし、気づきさえすれば見えてくる。だから私が気づいたように読者のみなさんにも、いたるところにある証拠に気づいてほしいのだ。

◈映画に表われた思い込み

映画ではスクリーン上に私たちの思い込みが何の制約もなく露骨に披露される。この想像力豊かな表現手段は、昆虫に関する人々の通念と恐怖を描き出し、娯楽であるにもかかわらず、人が虫を嫌いつづけるための手助けをしているのだ。

ここ一〇〇年の間、映画は一貫して虫を権力と人間の肉に飢えたものとして描写してきた。たいてい登場するのは虫の大群だ。研究所の事故や自然災害のあとに大量発生することが多く、その食欲は群れの大きさに比例して増していく。彼らは必ず人間を餌食(えじき)にするので、ヒーローである科学者は恐怖に支配された人間社会を救うために虫の裏をかかなければならない。

「死のオオカマキリ *The Deadly Mantis*」（一九五七）は典型的なSFスリラーで、巨大なカマキリが人間を襲って食い殺す。「終わりの始まり *The Beginning of the End*」（一九五七、本邦未公開）でも、血に飢えた巨大なバッタがアメリカ中西部を破壊する。その四〇年後に公開された「インデペンデンス・デイ *Independence Day*」（一九九六）もテーマは同じで、バッタそっくりの残忍なエイリアンの大群が地球を攻撃し、人類を皆殺しにしようともくろむ。

一九九七年に公開されたＳＦコメディ映画「メン・イン・ブラック *Men in Black*」では、ゴキブリが残酷なエイリアンの役を負わされ、他のエイリアンと同じように人間に憎まれ恐れられる。悪役のゴキブリはサメのような歯とトカゲのような体を持ち、しかも全編をとおしてその袖口から本物のゴキブリがこぼれ落ちるので、私たちがこの虫に抱いている嫌悪感はいっそう強まるという寸法だ。

◈科学的発見が思い込みを強化する

虫が人間を襲うという基本的なテーマにひねりを加えるために、映画制作者は虫に関する科学的発見につねに注意を払い、それを脚本に取り入れて作品により説得力を持たせようとする。新たな発見から新たな昆虫問題をひねりだしたり、人間社会を破壊する昆虫怪獣よりはるかに強い科学者のヒーローを誕生させたりするのだ。

一九六〇年の「蜂女の実験室 *The Wasp Woman*」は、スズメバチのローヤルゼリーとミツバチの酵素が化粧品に利用されはじめたことがきっかけで生まれた。この映画では化粧品業界に君臨する女性がスズメバチのローヤルゼリーを使って若さを保とうとしたあげく、殺人蜂に変身してしまう。「燃える昆虫軍団 *Bug*」（一九七五）では、科学者が炭を餌にする新種の虫とありふれたゴキブリをかけあわせ、肉食昆虫をつくりだす。その続編と思われる「ザ・ネスト *The Nest*」（一九八七）も、主役は人食いゴキブリだ。一九九七年のSFスリラー映画「ミミック *Mimic*」では、遺伝子組み換えのバイオテクノロジーと、目を見張るような昆虫の擬態の能力が組みあわされた。サイコスリラー「羊たちの沈黙 *The Silence of the Lambs*」（一九九〇）では、法医昆虫学の手法を使って昆虫と精神を病んだ殺人鬼を共演させている。

◈短編小説は思い込みを再現する

映画のように、小説も文化が生む思い込みを忠実に描いている。T・S・エリオットの短編『カクテルパーティー』（邦訳、新潮社）では、宣教師のヒロインが蟻塚のアリの群れに苦しめられる。アリはウィリアム・パトリックのスリラー『らせん *Spirals*』でも犯罪者扱いで、密閉された研究室から外の世界へ出てウイルスをまき散らす。チャールズ・ガロファロの短編小説『動きたくてたまらない *Itching for Action*』では、犬や猫を毒殺している男にノミが復讐する。

トマス・M・ディッシュの一九六五年の小説『ゴキブリ *The Roaches*』では、ネガティブな思い込みが幾重にも積み重なっている。ヒロインのマーシャは、ゴキブリを見るたびに叫び声をあげずにはいられない、ひとりぼっちの若い女性だ。彼女は毎晩アパートの部屋でゴキブリを殺している。ゴキブリの見た目とすばしこさに不快感を覚え、壁の裏側に何千匹もひそんでいると考えただけでぞっとする読者は、この物語に大きな影響を受けることだろう。

ゴキブリを激しく憎み、ひたすら追いつづけるマーシャだったが、いつしかゴキブリとの間に絆が生まれる。ある日彼女は、ゴキブリが自分の命令を理解しそれに従うことを発見する。ゴキブリを支配できることに気づいたマーシャは、彼らを送りこんで隣人たちを殺害させる。そのあとゴキブリはマーシャのもとへ戻り、気持ちを伝える。「愛してる、愛してる、愛してる」。自分でも驚いたことに、彼女はこう答えるのだ。「私も愛してるわ」。物語は、街中のゴキブリが女主人のもとへ這っていく場面で終わる。嫌悪感は隠れた好意の裏返しだというこの物語のメッセージは、親近感の本質をみごとに言い当てている。しかし、ゴキブリが命令に従って人を殺すというアイディアは、虫の心はロボットのように冷酷だという一般的な思い込みの反映であり、他者を力で支配したいという子供じみた妄想でしかないのだ。

◈現代文化の視点を反映するコミック誌

マンガも、文明社会に広まっている虫への思い込みを大袈裟に表現する媒体である。『死は夜の翼に乗って *Winged Death Came Out of the Night*』はその良い例だ。主役は爪と鋭いあごのある、大きくて不気味なごくありふれた虫で、読者の恐怖心をおおいにあおる。虫は網戸にぶつかり、キャビンにひとりで暮らしている男を驚かせる。

夜ごと虫は大きくなり、怒りにまかせてドアに飛びかかるのだが、その理由はまったく明らかにされない。ある日、男の夢の中で、人間ぐらいの大きさになった虫が馬鹿にしたようにこう言う。「お前に俺が殺せるもんか！　俺から逃げることだってできやしない！　俺はお前より頭がいいんだ！　俺たち虫けらが地球を支配してやるぞ」。夢はその翌日に現実となった。虫が網戸を突き破って男を食い殺してしまうのだ。

こういう描写には、虫は敵だという恐れと、正体不明の見慣れないものは悪意を持っているという思い込みが投影されている。私たちは、虫には悪意があり、チャンスがあれば世界をのっとり人間を支配しようとしていると信じこんでいるのだ。

このように、他人を力で支配したいという自分の願望を虫に押しつける傾向は、エイリアンによる誘拐事件にも同様に見られる。あるＵＦＯ作家は、一九五〇年代に報告された「空飛ぶミツバチの巣」など、昆虫そっくりなエイリアンによる誘拐事件や目撃報告を回想し、昆虫エイリアンが人間を誘拐してどんな残酷なことをするのか詳細に述べている。

それにしても、本当に虫は他の生き物を支配しようとしているのだろうか？　それとも支配したがっているのは人間なのだろうか？　昆虫に偏見を持っている私たちは、どんなときもその悪い面ばかり見てしまう。そのために虫との経験が歪められ、自然界が悪意を持ったロボットのような生き物の住む異形の世界に変わってしまう。そして不安が強まっていき、地球共同体にはびこる架空の悪意に抵抗して、私たちはますます自然界から孤立するのである。

敵意に満ちた言葉

一般メディアが恐怖心と妄想をあおっていることは予想できても、虫に関するニュース報道まで同じだと考える人はいないだろう。しかし実際は、新聞記事も報道番組も虫への偏見を助長しているのだ。たとえば、不運にもハエの生息地に暮らす罪のない人々を咬む「悪意のある」ハエについて、文化的な偏見にとらわれている新聞記者が記事を書いた。それによると、ハエは「狂暴な生き物」なので、いたるところで荒々しく人に襲いかかっているそうだ。別のニュース記事では、ある企業が製造している酵素を使った殺虫剤を「太古の昔から人類の敵である、あのいやらしいゴキブリに対抗するための強力な新兵器」と紹介している。

テレビや新聞、雑誌で目にする昆虫にまつわる広告は、虫を殺して金儲けをする業界の商売道具のひとつであり、虫は人間や財産を傷つけたり汚染や病気を広めたりするチャンスを窺(うかが)っていると喧伝して、私たちの恐怖心をあおろうとする。たとえば殺虫剤のコマーシャルの女性は、うちとけた口調で視聴者にこう言う。「虫は死んで当然なんです」。彼女の言葉に疑問を感じる人はほとんどいない。それが虫への憎しみから出た言葉だと気づく人や、何かを毛嫌いすると精神的にも肉体的にも悲惨な結果が待っていると自覚している人は、もっと少ないだろう。

このように、虫は攻撃的で悪意があり有害だと決めつけても、誰も異議を唱えない。むしろ、虫を好意的にとらえたときのほうが、感傷的だと切り捨てられてしまうことが多いようだ。さらに悪いことに、文化がプレッシャーとなって、ごく自然に虫と仲良くできるはずの人が恥ずかしい思いをさせられることすらある。つまり虫を敵視する文化の規範に反する人は、嫌いな相手は殺してもいいと考える人々のあざけりの対象にされるのである。

皮肉なことに、人間の特徴を他の生き物に当てはめるという擬人化は科学界のタブーのはずなのに、ネガティブな特徴を当てはめる場合は科学の世界でも何の異論もなく受け入れられる。専門書にさえ、「貪欲で」「残酷な」「悪意に満ちた」生き物の話はふんだんに出てくるのだ。しかし、生き物が友情や信頼、好奇心を連想させるような行動をとると、とたんに科学者はそれを否定したり曖昧な態度を取ったりする。科学者らしからぬロマンチックな空想だと非難されたり、同僚に笑われたりしたくないためだ。科学者というりっぱな肩書きがあっても、当人が社会的偏見に影響されないとは言い切れないようである。

敵意の賛美

昆虫への敵意は日常生活にも見られ、あちらこちらで敵意を賛美するような行事が催されている。たとえば西海岸のあるアーチェリー・クラブは、年に一度、虫撃ち大会を開いている。参加費を払った人々がミミズやカタツムリ、昆虫をかたどった的を射るのだ。犬や猫の形の模型が使われていたら抗議が殺到するだろうが、脚がたくさんある生き物が的の場合、文句を言ってくる人は一人もいない。

大勢の人の敵意を一身に浴びることが多いのは、蚊かもしれない。たとえばテキサス州の小さな町では、毎年〝モスキート・フェスティバル〟を開いて観光の目玉にしているほどだ。住人たちは、蚊を追いはらう小さなハエ叩きのような道具を参加者に配る。ところがある年のこと、テキサス州固有の八四種類の蚊が激減し、祭りで殺すための蚊が足りなくなった。町長は、蚊なんかふだんはありあまるほどいるのにと嘆いたが、ふと名案を思いつく。開会式で、生きた蚊が一匹入った瓶をうやうやしく掲げてふたを開け、いかにもテキサスらしい巨大なハエ叩きで大袈裟に殺してみせたのだ。観客はやんやの喝采を送った。

偏見を捨てて虫を理解しようという努力は、ろくに検証もされていない思い込みに悪影響を受けることが多い。展示品に直接触れられることが人気の展覧会は、その良い例だろう。この展覧会は国中の博物館を巡回していて、呼び物は六体の巨大なロボット昆虫だ。それは「裏庭の驚異」と名付けてもよさそうなものなのに、その考案者は「裏庭の怪物」と名付けていた。

また、数年前には、サンフランシスコのベイエリアにある革新的な展示を誇るアート・ギャラリーで、虫をテーマにしたマルチメディア作品が展示された。ある「アーティスト」はハエを殺し、その死骸を紙の上に並べて「flypaper（ハエ取り紙）」という文字を書いた。偏見が芸術としてまかりとおっていたわけだが、観客はみなその作品を楽しんでいたそうだ。なんとも立派な鑑賞眼である。

大衆文化の表現手法が限界に達すると、アートはプロパガンダの道具になりさがり、ヴィジョンのかわりに人間の弱点と薄っぺらい人生しか描けなくなる。あるイギリスの現代アーティストは、生きている虫を使った作品を展示した。そのうちのひとつでは、イエバエが卵からかえるそばから電子装置によって殺されるので、展覧会に来た人は落ち着かない気分になり、自分たちも不幸なハエのようだと気づかされる。だがハエが無駄に殺されることには、誰も異議を唱えないのだ。

偏った教え

私たちは当然のことながら、子供たちにも虫に関する思い込みを伝えている。子供の想像力を鍛え、文化がつくりあげた敵意に満ちた虫のイメージを吹きこんでいるのだ。この手の啓蒙は、昆虫は厄介者だという大人の見解に対して、好奇心旺盛な子供が口出しするのを防ぐ効果もある。

　小学生のときから延々とすりこまれる「自然界を支配せよ」という教えは、どんな動物も植物も人間の都合でその価値が決まると強調する。あらゆる生物種が役に立つ生き物と厄介者に分類されたら、私たちはすぐにこう考えるようになる。「この虫はいったい何の役に立つのか?」答え次第で、その虫にどんな感情を抱くかが決まるというわけだ。害虫と判断された虫からはあらゆる権利が剝奪され、見かけたらすぐに殺すことが目標になる。

　私たちが使う教材も、あたかも事実であるかのように勘違いされた偏見を反映している。新たに科学情報発信ページの仲間入りをした子供向けのあるウェブサイトは、「すごく気持ち悪いサイト」と自称している。「人類最悪の敵、ゴキブリ」の写真を掲載しているからだ。そのサイトのオンライン学習コーナーでは、ロドニーというゴキブリが自らの生態を詳しく説明しているが、それも害虫を管理しようとする態度とゴキブリを非難する文化の悪影響を受けていると言えよう。

　教育と銘打って憎しみを教えることはじつに効果的だ。このサイトの掲示板では、ゴキブリの「おもしろい」殺し方を知っている子供がこんな書きこみをしていた。「扇風機を回してその中にゴキブリを落としてごらん(びちゃっと飛び散るよ)」。こんなことをするなんて異常だと世間に思われないように、ある一流の科学技術機関が殺虫剤会社と手を組んで、子供向けのゴキブリの殺し方展覧会のスポンサーになった。教育的なイベントだと宣伝したおかげで、大勢の人が足を運んだのである。「科学を知ろう」という子供向けのシリーズ本がゴキブリを特集するときも、根底にある考え方は同じだ。さまざまな方法で虫を殺している大人と子供のイラストが描かれているのだ。ゴキブリのような虫は厄介者でしかないという解説まで添えられている。男の子がいまにもゴキブリを踏みつぶそうとしているイラストもある。ゴキブリは二本の触角を使って危険を察知することができると説明するためだ。このような科学情報は、敵意に満ちた想像力をあおることにしかならない。

このシリーズ本が教えているのは、人間は特定の虫を嫌っているということ、そして嫌いなものは殺してもいいということである。この情報は、子供が一〇歳になるころには心にしっかり根付いているだろう。大人になるころには虫を嫌うことが当たり前のように感じられ、なぜ虫を嫌うようになったのかも思い出せないはずだ。

このように虫を否定することに慣れた人は、人間が虫を嫌ったり怖がったりするのは虫の外見が人間とはまったく違うからだ、という通念を受け入れるようになる。現代人が昆虫を恐れるのは自己防衛の手段であり、自己防衛とは人類がまだどの虫が危険か学習中だった古(いにしえ)の時代から遺伝子に残されてきたものだ、という説も受け入れるかもしれない。そういう人たちは自分の反応が大袈裟で、単純な条件付けによってねじ曲げられているとは考えないだろうし、親近感や感謝を生む文化的背景が欠けているとは夢にも思わないだろう。

有機的方法でも昆虫敵視は相変わらず

殺虫剤の危険性をすっぱ抜いたレイチェル・カーソンの『沈黙の春』（邦訳、新潮社）が一九六〇年代に書店をにぎわせて以来、有毒な化学物質を使って虫と闘うことがどんどん不安視されていった。

しかしそんな新たな認識も、虫は敵だという思い込みを変えることはなく、みな相変わらず虫には死んでほしいと願っていた。ただ殺虫剤で自分が死ぬことになるのはいやだっただけであり、お気に入りの生き物を毒殺したくなかっただけなのだ。だから市場には殺虫剤の新製品があふれ、攻撃的な広告が踊りつづけた。まるで軍事ニュースのように「毎年恒例の甲虫の侵略に備えよう」と謳う有機園芸の雑誌も見られた。

虫を嫌う風潮のせいで、明らかに危険だという証拠があるにもかかわらず、有毒な化学薬品を大量に使用することがいまだに支持されつづけている。だが数々の新たな研究によって、長年にわたる危惧が裏付けられているのである。たとえばスタンフォード大学の研究者は、近ごろ家庭用殺虫剤の使用とパーキンソン病の関連性を明らかにした。殺虫剤とがん、先天性欠損症、ホルモン破壊、遺伝子異常の因果関係はすでに実証されている。

殺虫剤が自然環境の中に入りこむと、有益な土壌微生物を殺して土壌を腐敗させ、栄養分を低下させる。土壌にしみこんだ殺虫剤は地下水から小川や湖へ入りこみ、飲料水を汚染し、水中の生態系にも悪影響を与える。しかも、殺虫剤の使用は対象昆虫以外の虫の侵入にもつながるので、ますます殺虫剤を使用することになる。こうして私たちは殺虫剤がもたらす悪循環から逃れられなくなるのだ。

◈生物的防除

虫で虫を殺す、生物的防除と呼ばれる新手の害虫駆除法があるが、これも虫は敵だという通念を打破するものではない。私たちは在来種の虫を捕らえるために外国から輸入した虫を使ってきた。しかし、在来種の虫の生息地に見られる植物や他の生き物への影響はまったく考慮しなかった。アメリカ農務省のジョン・マクローリンは、生物的防除は「少々危険な賭けでもあるので、一種類の虫だけではなく数種類試すべきだ」と認めている。その言葉どおり、虫の駆除に成功したように見えたこともあれば、まったくうまくいかなかったこともある。輸入された生き物が、標的になるとは予想もされていなかった生き物を餌(えさ)にし、脅威となったこともある。

近年、遺伝子組み換え作物も虫との闘いに参戦してきた。だがたとえ特定の虫に耐性を持つように作物を加工しても、虫が生き残ろうとして変異するため、その効果は時が経つにつれて薄れてくる。するとそれに対抗して、耐性を強めるための別な遺伝子をまた組み込む。変異によって虫が耐性を持った多くの事例が報告されているにもかかわらず、ひとつの方法が失敗するとまたつぎの方法を試すことが標準的な手順になっているのだ。

一方、自信をつけた科学者たちは、虫との闘いを続けるために遺伝子組み換え昆虫を生み出し、「環境を破壊する爆弾だ」と抗議する怒りの声を黙殺した。人々の不安をやわらげようとして、ある科学者がレポーターに言った。「私たちは殺虫剤を使うのと同じように遺伝子を利用することができるのです」。だが、この言葉にはあまり説得力がない。じつのところ科学者自身にも、自分たちが自然環境の中に解き放っているものが何か、わかっていないのだ。彼らは、昆虫の生態や環境について完璧に理解しているとはとても言えないと認めているし、研究資金を提供されている団体から短期間で効率のよい解決策を出すよう要求されているため、かなりのプレッシャーがあるとも言っている。さらに問題なのは、昆虫との戦争状態をやめて、その遺伝子組み換え技術を非敵対的なかたちで利用しようとするような、人間のできた科学者がいない点だ。そうすることによって初めて、複雑な問題を解決する方法がみつかるはずなのである。

神話学者ジョゼフ・キャンベルはかつてこう指摘したことがある。大衆文化というものはけっして権力問題を超越するものではなく、さまざまな形の権力問題をテーマに繰り広げられている、と。昆虫を殺すかそれとも昆虫に打ち負かされるかという板挟みの状態は、まさに権力闘争だ。私たちは第三の選択肢についてはほとんど考えようとしない。つまり、虫に親切にしたエスキモーのおばあさんのように、武器を置いて共感と思いやりをもって虫の世界に入ったらどんな影響があるだろうか、などとは考えようともしないのだ。おそらく私たちは、地球やそこで生きる小さな虫たちと手を結べばすぐに現れるであろう神の力を過小評価しているのである。いまこそ考えを改めるべきではないだろうか。

虫との関係を改めよう

虫に関する正しい事実を正しい仕方で示すだけで虫との戦いが終わるのなら、話は簡単だ。しかし、昆虫学や生態学を学んでも、虫と平和的に共存する方法を知ることには直接結びつくわけではない。というのも、虫を仲間はずれにしているのは、自己欺瞞と誤解と恐れがないまぜになった私たちの心であり、それを解きほぐしていくことが重要なのだ。

深層心理学者ジェームズ・ヒルマンは、虫の問題は私たちの心の中にあると断言する。恐怖に駆られて行動するのをやめて心の環境を整えないかぎり、人間はますます孤立するだろう、と彼は述べている。すなわち、有害だと認識したものを一掃しようとすれば、世界はますます汚染され、荒廃しつづけるということだ。こういう自己破壊的な行為は、虫にやられる前に先手を打って殺虫剤を使おう、と思った瞬間に始まる。自分自身と自然環境に毒を盛り、取り返しがつかなくなる日まで、自己破壊は続くのである。

◈自分を変える

虫は敵だという考えから離れるためには、そして虫の見方をがらりと変えて虫と仲良くするためには、まず自分自身を変えなければならない。その変化は、慣れ親しんできた考え方を混乱させる恐れがあるが、最後には私たちのためになるはずだ。子供のころ知らず知らずのうちに吸収し、大人になってからも持ちつづけてきた偏見を捨て去ってしまえば、私たちは洞察力を手に入れて予想もしなかった成長を遂げることになるだろう。

私たちは、レンズの曇りを拭って他の生き物を観察し、精神的に大人にならなければならないのだ。そのためには、個人の敵にせよ社会の敵にせよ、敵というものが心の中でどのようにつくられていくかを学ばなければならない。鋭い批評眼を養い、プロパガンダを見抜くことも必要だ。「良い虫は死んだ虫だけだ」という企業の言葉をうのみにすると、虫の亡霊と闘うために膨大なエネルギーを費やすことになる。結局のところ虫との闘いは、三五億ドルの巨大ビジネスなのだ。

さらに、病気と健康の概念を見直し、何がどんな病気の原因になるのかをよく調べ、その予防に予算をまわすことも重要である。突然変異する虫や微生物が増え、結核やマラリアのように薬が効きにくい病気の流行が懸念されるいま、医療の基盤となる新たな概念が求められていることは明らかだ。

◈新たなコンテクストをみつける

虫との闘いの原因となった思い込みを根絶やしにしてしまえば、虫との関係を改善するための新たなコンテクスト（文脈）を受け入れられるだろう。そのコンテクストが足がかりとなって、私たちが虫に出会ったときに戦場へ行くのか、それとも平和な安息の地へ行くのかが決まるのである。正しいコンテクストが手助けしてくれれば、現在の善対悪の構図から逃れることもできるし、すっかり身についてしまった敵意のある態度を改めて、自分のためにも周りのためにもなる何かすばらしいものもみつけられる。虫とどうつきあえばいいかもわかるだろう。

どんな世界観も、どんな一般的な思い込みも、物語を介して世間に広まり支持されるようになる。自分とは何者か、世界とはどのような場所なのかを説く物語から、適切かどうかは別としても、環境倫理が姿を現すのだ。

虫にまつわる正しい倫理の土台となるのは、人間と他の生き物は頼りあっているという古（いにしえ）の真実と科学分野の新発見とをひとつに紡ぎあわせる新しい物語だ。「虫に優しいおばあさん」のようなその土地固有の風習や物語は、虫との絆を理解するための手がかりである。だから先住民族の生き方を研究すれば、生き物との深遠な絆の真実を語る現代の物語がみつかるかもしれない。そうすれば子供たちにもその物語を伝えることができるのだ。

虫への偏見、憎しみの習慣を生んだ思い込み、憎しみを擁護する仕組み、私たちに自由と喜びを与えてくれる変化など、たどるべき道筋は明らかになった。さあ、そろそろ故郷へ戻る旅に出よう。自分を変えれば、放浪の生活を捨てることができる。私たちの帰りを待っている地球共同体へ、ようやく戻ることができるのだ。

第2章　レンズの曇りをとる

はじめに我々は敵をつくる。
——サム・キーン（心理学者）

私たちはみな昆虫への敵意を親から学び、それに従って行動してきた。子供たちは両親が身近な生き物にどう反応するかを観察し、それを真似るようになるのだ。私はつい最近、実際に子供が親を手本にするようすを目撃した。地元の工芸店で開かれたフラワーアレンジメントの展示会でのことだ。花の上には大小さまざまなプラスチック製のコオロギやテントウムシがのせられ、作品に趣（おもむき）を添えていた。そこへひとりの女性が幼児を抱いて歩いてきた。女性はプラスチックの虫を指さしてこう言った。「ほらジェフリー、見てごらん、虫よ！　気持ち悪いわね！」すると子供は「きもちわるーい！」と鸚鵡（おうむ）返しに言った。親の言葉を疑問に思うこともなく、虫への憎しみを学んだのだ。

このように、無意識のうちに子供に憎しみを教えることは日常茶飯事だ。嫌悪感や恐れをひっきりなしに吹き込まれると、子供はもう虫と絆を結ぼうとしなくなる。少なくとも、成長して洞察力が身につき、過去の経験を顧みられるようになるまでは。たとえば、高名な野生生物研究家ジェーン・グドールは、回顧録『森の旅人』（邦訳、角川書店）で、一歳にも満たないときに起こった事件について語っている。家族の話によると、ある日乳母が買い物にでかけ、グドールをのせたベビーカーを店の外に止めた。するとトンボが舞いおりてきたので、グドールは金切り声をあげた。そこへ親切な男性が通りかかり、丸めた新聞紙でトンボを地面に叩きつけ踏みつぶしたそうだ。赤ん坊のグドールは家に帰る道すがらずっと泣きどおしだった。あまりに激しく泣くので、かかりつけの医者が呼ばれ鎮静剤で落ち着かせたほどだったらしい。

六〇年後グドールは、なぜあんなにトンボが怖かったのだろうと思った。そこで彼女は目を閉じ、当時のことを思い出してみた。ベビーベッドに寝ている自分が見える。開いた窓から部屋に入ってきた大きな青いトンボにうっとり見とれているようだ。そのとき乳母がやってきてトンボを外へ追いはらい、トンボの長い尾は毒針なのよ、と幼いグドールに言った。そんなことを聞いた数カ月後に外出先でトンボが近くに飛んできたのだから、怖がったのも無理はない、とグドールは思った。しかし、そのときは怖かっただけで、トンボを殺してほしいと思ったわけではなかったのだ。突然思い出が鮮やかによみがえり、きらきら光る青い羽の虫が歩道でつぶれているのが見えた。まだ赤ん坊だったのに、トンボが死んだのは自分が怖がって泣いたせいだということがグドールにはわかっていたのだろう。だからこそ怒りとひどい罪悪感に襲われて、激しく泣き叫んだのだ。

恐怖は、私たちが世界をどうとらえ、どう反応するかを決定づけるほど強い影響力を持つ。私たちの目は精密機械ではないので、世界を歪みなくありのままに映すことはできない。私たちの目に映るものは、それをどう解釈するかによってまったく異なる意味を持つようになる。ダドールのように、トンボは人を刺すから怖いと思い込んだら、トンボが近くに来ただけで怖いと感じるようになるだろう。だがトンボは人のにおいや服の色に引きつけられるだけだと思っている人は、そんな気持ちにはならないはずだ。だから虫は好意的だということを学べば、トンボは私たちにキスをしたくて近寄ってくるのだと考えられるようになる。六歳のエズラという少年がまさにそうだったように。

エズラの母親ミッチェル・ホールが『オリオン・ネイチャー・クォータリー』誌に寄せたエピソードによると、トンボがほおをかすめるように飛んできたとき、幼いエズラは「あのトンボは僕にキスしてくれたんだよ」と、当たり前のことのように話したそうだ。ある日の午後遅く、エズラがけがをして泣きはじめた。ホールが息子を抱きしめてやると、トンボが近くの茂みから飛んできてエズラの頭のすぐ上をぐるぐる飛びまわった。ホールが指さすと、エズラは泣きやんでトンボをじっとみつめた。トンボはお前が大好きだって言いに来たのよ、とホールはエズラに話した。するとエズラはすぐに泣きやみ、トンボも茂みに飛びさったそうである。

◈ありのままに見る

虫などの生き物をありのままに見ること、先入観や恐れに影響されずに認識することは容易ではない。しかしありのままに認識することができれば、その瞬間にさまざまな大切な事実が見えてくるはずだ。つまり禅の修行者が目指す「初心」のように、何にも邪魔されずに物事を受け入れられる心を持てるのである。禅師は、そういう心構えからあらゆる知恵が生まれるとみなし、その体験のためには修行が必要であると説いている。

思想家ヘンリー・ソローは、何かをただ見ることとじっとみつめることはまったく異なる行為であり、相手を理解し心から触れあうためにはみつめるしかない、と信じていた。ナチュラリストのアニー・ディラードは、何かを愛し深く知ろうとしなければ、その本当の姿を見ることはできないと語っている。

ノーベル生理学・医学賞受賞者バーバラ・マクリントックもディラードと同じ意見だ。マクリントックの植物を深く理解したいという気持ちが、トウモロコシの遺伝子研究につながった。マクリントックは自然に深い畏敬の念を寄せ、どんな植物でも愛情をもって研究したためにヴィジョンが鮮明になり、動く遺伝子と呼ばれるトランスポゾンをトウモロコシで発見するに至ったのである。

だから虫を正しくありのままに見るためには、マクリントックが示した「生き物への共感や感謝の気持ち」と、虫についての充分な知識を持たなければならないだろう。知識があれば、虫に出会ったときに正しく対処できるし、トンボの長い腹は毒針ではないということもわかる。要するに、恐怖にかられて他の生き物を傷つけたりしないように、繊細な感覚を身につければいいのだ。

私たちは虫を愛することも理解することもないまま、曇ったレンズで虫を見ている。虫を憎み責め立てて、人間とは異なる意識を持つ虫という生き物がそばにいる不安から逃れようとする。しかし、自分の心としっかり向き合わずに虫を人間の都合で分類するだけでは、他の生き物が見せる生命の神秘も、人間を生物界と結びつける深遠な感情も失うことになるだろう。自分のよこしまな衝動を他の生き物のせいにして、敵として切り捨ててしまえば、私たちは物事を正確に見る能力も状況に正しく対処する能力も失ってしまうのである。

敵はこうしてつくられる

虫は敵だという考えは、投影と呼ばれる心理的な防衛機制から生まれる。投影とは、自分自身の不快な感情や考えを他人の性質であるかのようにみなすことであり、他者との関係を阻害するものとなる。相手が虫でも人でも同じだ。投影が起こると、自分の性格や衝動を他人に帰し、自分の欲求や思い込みにとって都合のいいアイデンティティをつくりだすので、相手の本当の姿が見えなくなってしまうのだ。

投影について知ることは、人であれ人以外の生き物であれ、他者をじっくりとみつめ、彼らが私たちの恐れや欲求、批判とは無関係に存在するということを理解するための第一歩である。投影には、心理学者が「影（シャドウ）」と呼ぶものが関係している。影とは、自分の好ましい性質を大切に育てるために切り捨てられ抑圧された、望ましくない性質のことだ。しかし、無意識の領域に追いやられても、そういう受け入れがたい性質そのものが消えることはない。そのため自分の否定的な側面を他者に投影して攻撃することによって、私たちは自己満足しているのだ。ひとりよがりやあざけりは、影の影響を受けている兆候である。

このような影は、誰もが持っている。子供の人格が確立するにつれて影も形成されるのだ。一人ひとりの子供は、自分が暮らしている文化特有の物の見方や行動規範を学ぶ。それを修正するのは両親の価値観だけなので、文化や家族が善として受け入れる概念に反する性質はすべて、子供の無意識の領域へと追いやられる。しかし、いくら好ましい性質を伸ばしても、影を消し去ることはできない。影となった性質は誰にも制御されることなく生きつづけ、無造作に外の世界へ投げつけられ、他者への攻撃となるのである。

◈集団の影

個人と同じように、集団も影を持っている。その集団が思い描いている自分たちの姿にそぐわない性質が抑圧されるのだ。西欧文化の場合、集団の影は「敵」と表現される。少数派の民族や宗教を悪の権化と呼ぶのはその例だ。同じようにオサマ・ビン・ラディンのようなテロリストや、サダム・フセインとその支持者のような全体主義者は「アメリカ人」に自分たちの影を投影していると言えよう。

心理学者サム・キーンは『敵の顔――憎悪と戦争の心理学』(邦訳、柏書房)という洞察に富んだ著書で、個人の場合も集団の場合も影は自らの敵意をみつめることを妨げるため、その敵意はつねに他者の上に投影される、と述べている。影を特定の標的に投影しつづけるためには、プロパガンダが欠かせない。プロパガンダは個人や集団を悪魔に仕立てあげると同時に、問題を単純化し、都合の悪い事実のうわべを飾ってごまかすものだからだ。集団の影の影響を受けると、私たちは社会の敵をつくらずにはいられなくなる。たとえば政権が交代し、政治的、経済的協力関係が変化すると、それまでの同盟国や指導者が切り捨てられ、敵になる。いまは人間の役に立つとみなされている生き物もいつか切り捨てられ、別な生き物に取って代わられるかもしれない。こういうことが繰り返されるうちに戦争が起こるのだ。キーンが言うにはその戦争は、私たちが嫌悪し受け入れようとしない自分自身の一部を殺すこと以外のなにものでもないのである。

このように、私たちは自分自身の受け入れがたい性質を他者に投影するが、では相手がそういう性質を持っていないかというと、必ずしもそうとは言えない。しかし私たちが抱く恐れや反感、嫌悪感の強さは、自分自身の中に抑圧されたエネルギーの強さを表わしているのであって、実際に他者が持つ性質に関係しているわけではない。思い込みを一時的に捨て去って投影の源を探らなければ、他人がどれほどの憎悪を抱いているかを知ることはできない。自分自身と向き合い複雑な心理を理解すれば、ひとりよがりや闘いという反応を引き出す潜在的な願望はもう消えたも同然だ。そうすれば自分自身の心を解き放ち、他者をありのままに見つめ、適切に対応できるようになるのである。

◈敵の顔

キーンがその著書で引き合いに出しているのは人間の顔だが、自分の敵意を否定しつつそれを世界へ投影しているときの心理状態は、相手が何であろうと同じである。虫が投影の格好の的にされるのは、見かけも生態も奇妙で、人間社会の約束事には無関心だからだ。相手を敵に仕立て上げる際には、虫の絵がよく用いられる。たとえば一九七四年、大統領主席補佐官ホールドマンの日記からリチャード・ニクソン大統領がウォーターゲート事件に関わったことが判明したとき、サンノゼ・マーキュリー・ニュース紙の風刺漫画家スコット・ウィリスは、ニクソンの顔をしたゴキブリを描いた。ニクソンの行為と、ゴキブリは卑劣な虫だという通念との連想から生まれたイラストであることは一目瞭然だ。

湾岸戦争の「砂漠の嵐」作戦のときは、政治漫画家のD・B・ジョンソンが、イラク大統領サダム・フセインの顔をしたハエと、そのハエ男をつぶそうとしてハエ叩きを構える手を描いた。ごく最近では、ある新聞の社説がテロとの戦いを「ハエ叩き戦争」と呼び、ハエとテロリストを結びつけた。もちろん誰もこれに異議を唱えないが、しかしそれではハエがかわいそうだ。テロリストよりもハエのほうが取り柄が多いのだから（これについては後の章で詳しく触れる）。

投影がそこにあると、人は自分が何をしているのか、なぜそんなことをしているのか、見えなくなっている。ジェームズ・ヒルマンに言わせれば、虫に対する私たちの恐怖はとりもなおさず、その数の多さ、見た目の不気味さ、傍若無人さ、寄生性への恐怖であるという。そして、実のところそれは、大量に化学物質を使って環境を汚染してきた人間自身に対する恐怖であるらしい。これではまるで「敵」であるはずの虫そっくりではないか、とヒルマンは言う。あちらこちらへ群れになっておしかけ、条件反射のように殺虫剤をふりかける、危険な存在になってしまったのだから。

◈自分自身をみつめなおす

私たち一人ひとりが投影という心の働きを理解すれば、虫をはじめとするやっかいな相手を別の目で見ることができるようになるのではないだろうか。たとえば、私たちが虫をどのように敵に仕立てあげているのか理解するだけで、投影をやめるための第一歩が始まるのだ。

私たちの目標は、心をすっかり入れ替えて、キーンが示唆するように、優しく思いやりに満ちた親切な人間になることである。私たちの中に隠れているこのもうひとりの自分は、虫にどう反応したらいいか、虫といっしょにどう楽しめばいいかをすでに知っているのだ。

心理的投影の支配下にあるかぎり、虫に対する敵視を私たちがやめることはないだろう。私たちがこれほどまでに残忍な闘いをしかけている虫たちの複雑さを理解するには、虫そのものに焦点を当てるのではなく、虫を見る自分自身の目と、それを解釈する自分自身の心に焦点を当てる必要がある。そうすれば、意識の底に巣くって私たちを戦争へと駆り立てる漠然とした不安や恐怖を消すことも可能になるだろう。

虫と人とのつながり

虫と人とのつながりは急ごしらえの絆などではなく、さまざまな要素がしっかり結びついた永遠の絆である。たとえば、虫と人の体には多くの共通点があり、基本的なDNAは同じである（眼球や脚、心臓といった器官をつくりだす重要な遺伝子まで同じなのだ）。しかも、人という生物種が生き残るためには、虫が必要不可欠なのである。死んだ動植物の再処理や作物の収穫、授粉の働きを虫たちがしてくれなければ、人類は数カ月ともたないだろう。

私たちが肉体を維持していくためには、虫の王国が持つ化学の力に頼らなければならない。科学者が言うには、まだ人に発見されていない昆虫は数百万種にものぼるそうだが、そのどれをとっても重要な科学的データの源となり、新たな工業製品や効果の高い薬の開発につながる可能性があるらしい。いずれは栄養価の高い食料として注目される日も来るかもしれない。

このように、虫と人間の間には生物学的に深いつながりがあるのだが、敵という立場から虫を解放するためには、まだ足りないものがある。たとえそれが事実でも、データを並べられただけでは虫を守り大切にしようという気持ちには誰もなれないし、ましてや虫を賛美しようとは思えないだろう。気持ちが動かされなければ、行動には移れないのだから。まずは肯定的な気持ちをもつことが、虫を正しく理解し、仲間に迎え入れるための第一歩なのである。

◈虫との心理的つながり

虫と人間との心理的なつながりも、物理的なかかわりと同様に深いものだが、そう思っている人はあまりいないだろう。だが現在私たちが考えている以上に、人間の感情や精神は他の生き物と密接な関係をもっている。自然の中にいるだけで、すべてが完全であるという感覚を人びとは感じてきた。自然がない環境、すなわち、極度に人工的な環境の中で暮らすことになると、人は感情的喪失や何かが満たされていないという苦しみを味わう。そうなれば、生きる意欲や健康状態も大幅に損なわれてしまうことだろう。

戸外で自然の中にいるとき、多くの人は人間が自然に依存していることを実感する。いろいろな生き物に出会うと感覚がとぎすまされ、自分の中に生命エネルギーがよみがえってくる。虫はしばしば私たちを驚かせ、鈍った感覚を刺激してくれる。私たちがもっと虫に心を開いたら、現状に満足しきってまどろんだ状態から目覚め、また鋭い感覚で周囲を観察できるようになる。虫はまるで教師のように、「もっと近づいて私たちの生き方を観察してごらん」と絶えず促しているのである。

たとえば、リック・フィールズは著書『仏陀は木の下で悟りを開いた *The Buddha Got Enlightened under a Tree*』の中で、自然に囲まれて瞑想すると、虫が痛みや苦しみをとおしてメッセージを伝えてくれることに気づく、と語っている。コロラドで隠遁生活を送っていたとき、彼は自己憐憫からどうしても抜け出せずにいた。そこから這いあがることができたのは、一匹のスズメバチのおかげだった。ある朝、スズメバチがフィールズの腹部を刺したのである。その痛みで彼は自己憐憫というまどろみから覚醒し、生きるエネルギーを取り戻すことができたのだ。この体験は小さいながらも決定的な転換点になった。あのときの蜂の「激励のひと刺し」には、座禅のときに僧に警策（きょうさく）で打たれるのと同じくらいの効果があった、とフィールズは考えている。

◈啓示

生き物に親近感を抱けるようになると、自己の感覚が大きく広がる。たとえ相手が虫であっても、他の生き物の身になって考えることができれば、自己と他者をへだてる境界が曖昧になって自然な思いやりが生まれ、生命の神秘さえも感じることができるのだ。

宇宙論学者ブライアン・スウィムもそんな体験をしたひとりだ。スウィムの人生を決定づけたのは、ある年のハロウィーンに出会った虫だった。その夜、スウィムは妻と息子たちといっしょに近所の家をまわってお菓子をもらっていた。帰り道で腰が痛くなったので、スウィムは家族を先に行かせ、歩道に座って休むことにする。雨上がりの濡れた歩道をみつめていると、小さな虫が羽をひきずるようにしてアスファルトの上を這ってきた。そのときスウィムは思った。虫は四億年もの間ずっと地上に存在してきたのに、進化の歳月から見ればつい最近になって登場した車や道路に追いやられ、跡形もなく破壊された環境に適応することを強いられている。自然界には虫などの生き物がたくさん生息しているのに、人間は彼らのことを一切考慮せずに自然を破壊してきたのだ、と。

スウィムは、虫にも知性や驚くほどの順応性があることを知っていたが、通りがかりの車がいつなんどき目の前の小さな命を消滅させてもおかしくないということも理解していた。彼はその虫が何かしてほしいと求めているような、宇宙そのものがこの状況をなんとかしてほしいと頼んでいるような気がした。ほんの一瞬だったが、スウィムは自分が他の生き物とともに苦しんでいる歩道上の虫になったような気がしたのだ。のちに彼はそのときの気持ちを「サン」紙の記者に「啓示」と説明することになる。

私はこの虫の身になって、苦しんでいるあらゆる生き物、絶滅しかけているあらゆる生物種について考えていた。そしてなぜか彼らの視点に立って現状を見ていた。それは驚くべき宇宙の物語の中に足を踏み入れたかのようだった。私は、自分がその虫に生まれていた可能性もあったことに気づいた。さらに言うなら……創造という流れの中で、どんな生き物に生まれていても不思議ではなかった。そう気づいたことが他の生き物に対する絆と思いやりの源になった。そして人間であることの意味を再定義するきっかけとなった。[*1]

◈ 生命愛

虫との心のつながりは「生命愛（バイオフィリア）」からも生まれる。「生命愛」とは、生物学者にしてアリ研究の第一人者でもあるエドワード・ウィルソンの造語で、私たちが生まれつき持っているあらゆる生命体を愛する能力のことだ。生命愛は、私たちと生き物との関係が心の健康を左右することを示唆している。そのため、生き物との関係を受け入れるのか、はねつけるのか、あるいはねじ曲げるのか、その解釈の仕方が重要になるのだ。

たとえば、虫を愛するのは当然のことだと考えれば、虫との間に健全な関係が生まれ、虫といっしょに楽しむこともできるかもしれない。しかし文化的な偏見によって虫との関係が妨げられたり破壊されたりしたら、私たちは悪意や恐怖、あざけりといった感情を抱き、自分で自分の首を絞めることにもなりかねない。

環境心理学者ジェームズ・スワンは、「心の動物園」という興味深いアイディアを提唱した。彼は著書『自然のおしえ 自然の癒し――スピリチュアル・エコロジーの知恵』（邦訳、日本教文社）で、私たちは本質的に、そもそも自然界のあらゆる様相と共鳴しあうようにできている、と述べている。近ごろ世界中で虫の動物園がつくられたり、チョウを入れた鳥かごが展示されたりしているのは、心の中にある虫の王国に刺激を受けてのことだろう。そうだとしたら、共鳴しあうはずの自然界の様相が存在しなくなったら、心の動物園や虫の王国はどうなるのだろう？

私たちが生まれながらに他の生き物を必要とし、絆を求めるようにできているとしたら、そして私たちの心に地球上のあらゆる生き物が住み着いているとしたら、多くの生物種に関心を示さず生き物の共同体から永久追放しようとするのは、とりもなおさず自分自身の一部を追放することにほかならない。虫に酷い仕打ちをするときは、心の動物園にも同じ仕打ちをしているということだ。たとえひとつでも自然界が示す様相を破壊したり、ひとつでも生物種が絶滅したりすると、私たちは自分自身の一部を失うのである。生態系の回復とは、要するに私たち自身の回復なのだ。受け入れがたい自己を取り戻し、よみがえらせることなのである。

原初的自己

人間の心の中心には、自然界に根ざした直観的かつ本能的な自己が存在する。ロレンス・ヴァン・デル・ポストは、この基本的アイデンティティを「原初的」自己、あるいは「野性」の自己と呼んだ。ヴァン・デル・ポストは原初的自己が「ぼろぼろの服をまとい、現代人の心の最下層に追いやられて」いることに気づいた。[*2] この野性の自己を取り戻さなければ、人という種の存続はままならないという彼の信念は、けっして杞憂ではないのだ。

昆虫の種類の多さや、生態系における役割の重要さから判断すると、私たちの野性の自己が虫に深い愛着を抱いていても不思議ではない。私たちがさまざまな出来事に対して示す複雑な反応は、野性の自己が虫を手本にしてつくりあげたものかもしれない。もしそうなら、世界中に無数の虫が存在し重要な役割を担っているという事実からわかることがある。つまり、虫は敵だという思い込みとそこから生まれる敵意はただのメッキで、その下にはあらゆる生き物を取り囲むほど大きく拡大した自己が隠されているのだ。

この拡大した自己は、「ディープエコロジー」と呼ばれる新しい考え方の中核となっている。ディープエコロジーは、環境中心主義、生命平等主義とも呼ばれ、地球をひとつの共同体ととらえて、あらゆる生き物と共生するために価値観やライフスタイルを転換して環境問題を解決しようとする運動だ。ディープエコロジーを唱えるジョアンナ・メイシーやジョン・シードは、私たちのアイデンティティは世界大にまで拡がりうるものであり、自己制御機能をそなえたひとつの生命体としての地球とひとつになれば、自分があらゆる生命体の集合的知性の一部であることを実感できるだろう、と述べている。それは自分も生態系の一部であり、地上のあらゆる生き物のうちのひとつなのだと認識することに等しい。そうなると、心の中でハエやゴキブリの姿になってしまったのは、自分のどんな性質なのだろう、と考えずにはいられなくなるはずだ。さらに重要なのは、誤解され、虐待され、嫌われて、ハエやゴキブリの姿になってしまった自己の一部をどのように守り、癒せばいいかという点なのである。

◈全体性への旅路

野性の自己の存在を知った時点で、自己回復の旅は始まっている。私たちの心には、人間の本来の姿である全体性へのあこがれや、そこへ向かおうとする衝動がひそんでいるからだ。心理学者によると、失われた自己の一部を再生するために行動すると、全体性についてもっと深く知ることができるらしい。カール・ユングはこの絶え間ない内省や自己矯正を伴う心の旅を、「個性化」と呼んだ。本能的な側面を持つ全体性、つまり野性の自己から離れてしまった以上、そこへ戻るには正しい選択を繰り返していくしかない。虫への思いやりを意識的に育むことができれば、虫への憎しみによって虐げられた自己を癒すための大きな一歩を踏み出せるだろう。

私たちが生まれ故郷である生き物の共同体へ戻り、失われた自己を回復するための手助けをしてくれるガイドが身近にいると聞くと、ほっとする人もいれば落ち着かない気分になる人もいるだろう。昆虫の中には人間の側を離れようとしないものがいる。人間が原初の自己を捨てて自然界から離れ、人工的な生活環境へ移動したとき、彼らもついてきて、壁のすきまや床の割れ目にもぐりこんだのだ。何があっても人間の生活圏から出て行こうとしないために、私たちの悪意を一身に受けているこうした虫たちは、野性の自己、虫としての自己について教えてくれるメッセンジャーなのではないだろうか。

私たちはいったいどれくらいの虫と闘っているのだろう？　いったいどれほどの自分の性質を呪ってきたのだろう？　そしていったいいつになったら、虫を見かけたときに気持ちが悪いから関わりたくないと思うかわりに、闘いをやめて仲直りをする絶好の機会だと考えられるようになるのだろう？

この和解の可能性を受け入れ、かたくなな心を解き放ち想像力を働かせることができたら、計り知れない力が生まれる。いま私たちが直面している虫との問題にも、明るい変化が見えてくるだろう。

ジェーン・グドールは、トンボが死んだときに抱いた罪悪感をやわらげるために、一生涯の時間がかかったと考えている。彼女にとってトンボの死は、人へも動物へも向けられる人間の残酷さの象徴だった。あのときのトンボは神の大いなる計画の一部であり、幼い自分にメッセージを伝え人生を決定づけるために飛んできたのかもしれない、とグドールは思っている。もしそうなら、グドールは神にこう答えるだろう。「メッセージはたしかに受け取り、理解しました」[*3]と。

私たちも、敵意を捨ててレンズの曇りを拭って虫を見るという、わかりやすい仕事を神から与えられたのかもしれない。手始めに、曇りのないレンズで虫を見てみよう。その瞬間、虫に理解と思いやりを示すチャンスがふたたび訪れるのである。

第3章 魂の導き手としての虫

地を這う小さな生き物にも注目すべきである。
そんな虫も私たちに大事な教えをもたらしてくれるかもしれないのだから。
――ブラック・エルク（スー族のメディスンマン）

かつて世界各地の先住民文化では、体のつくりが単純な生き物ほど神の創造の息吹に反応しやすいと考えられていた。実際、虫が単純な形をしているのは、メッセンジャーとなって神の力をいつでも伝えられるように念入りにデザインされたためだと信じられていた。しかし今日では、虫はメッセンジャーだという認識は、太古の知恵を伝承する文化圏以外ではほとんど失われている。心理学者にして詩人、作家でもあるブルック・メディスン・イーグルは、ドーン・ボーイ（夜明けの男）と呼ばれる先住民族の男性を心の師と仰いでいる。あるときドーン・ボーイのあごひげに蜂が飛びこんだのを見て、ブルック・メディスン・イーグルは声を上げて笑った。するとドーン・ボーイは彼女を厳しくたしなめ、この蜂の行動は、虫を通じて語りかけてくる自分の師からのメッセージなのだ、と諭したそうだ。

のちに虫に注目しはじめたブルック・メディスン・イーグルは、ある種類の虫を見かけると、その直後に決まって長老の誰かがひょっこり訪ねて来るということに気がついた。そんなことを何度も経験したので、この虫は本当に長老たちが遣わしたメッセンジャーなのだ、と確信したのである。

◈甲虫のメッセンジャー

人が人生の重大な岐路に立ったときも、虫が現れることが多い。このような「意味のある偶然の一致」は、私たちの心と外界の出来事が交わる際に生じる。カール・ユングがこの現象に注目したのも、一匹の甲虫がきっかけだった。ある患者が、エジプトの聖なるコガネムシ（スカラベ・サクレ）の夢についてユングに語っていたときのことだ。彼が閉じた窓に背を向けて患者の話に耳を傾けていると、コンコンと窓ガラスを叩く音が聞こえた。振りむくと、一匹の虫が飛びながら窓ガラスにぶつかっている。窓を開けると入ってきたので、ユングはその虫を捕まえ、手でそっと包みこんでじっくり観察した。それは、ユングが暮らしているスイスのその地域に生息するコガネムシによく似た甲虫だった。

エジプトの神話では、コガネムシのような甲虫は再生の強力なシンボルだ。そんな虫がユングの患者の夢に現れ、つづいてオフィスにも現れたことは、この女性患者のセラピーにとって重要な出来事だった。その日まで女性には変化が見られず、自分の世界観にとらわれたままだった。それを打ち破れるのは、不条理で説明のつかない出来事だけだったのかもしれない。というのも、どこからともなく甲虫が現れた日を境に患者が変わりはじめたからだ。ユングはこの偶然の現象を「シンクロニシティ」（共時性）と名付けて研究し、こういう出来事は私たちの意識ではコントロールできない別種の世界の秩序から発生すると結論づけた。

このように、主観的な心の世界と外界が絡み合う体験は、心の問題を解決する手助けとなる。心の中と外の世界は本人にしかわからない仕方で交わり、人はそこに聖なるものの働きを感じる。何らかの神秘的な力が自分に手を差し伸べてきたと考えるわけだ。こうした心と外界の交わりは、すべてが結びついていることを教えてくれる。感情、意図、思考、夢、直感はどれも、私たちの日常の活動はもちろん、生物学や物理学の世界にもつながっている。虫たちはこうした結びつきに気づくように警告を発してくれるメッセンジャーなのだ。

フィル・クジノーはこの結びつきを「魂が触れあう瞬間（ソウル・モーメンツ）」と呼んでいる。彼は同じタイトルの著書の中で、写真家にしてヨーガのインストラクターでもあるトリシュ・オライリーに手紙を出したときのことを語っている。クジノーは、意味のある偶然の一致の体験談を集めているので、あなたの話も是非聞かせてほしい、と手紙でオライリーに依頼した。ユングとコガネムシのエピソードも書き添えたそうだ。手紙を読んだオライリーは、自分自身のそうした体験についてじっくり考えてみた。その後、感覚が研ぎすまされた状態で日常生活に戻り、生命の神秘と恵みを実感しながら前庭を抜けて郵便受けまで行こうとした。すると突然、無数の青緑色のコガネムシの群れに飲みこまれたのだ。オライリーは夢を見ているのかしら、と思ったそうだ。虹色の生き物があたりを埋めつくしているようすは、とても壮麗だったが不思議な眺めだったから。しかし夢ではなかった。コガネムシはそれから三六時間庭に留まり、現れたときと同じように突然姿を消したそうである。

◈魂の導き手としての虫

伝統的な部族社会の人々は命あるものすべてを崇めており、虫も尊敬に値する重要な生き物だとごく自然に考えていた。それゆえ、苦難に直面したときは虫に教えを請い、助けを求めた。虫固有の特別な性質を自分のものにしようとすることもあった。たとえば、闘いに備える兵士は機敏さを象徴する蝶に加護を求めて祈り、機織り職人はクモの忍耐力と勤勉さにあやかろうとしたのである。

彼らは、物質の背後に働いている力にも気づいており、あらゆるものは隠れた霊的な領域から生まれると考えていた。そのため、さまざまな儀式を執り行なって、物質界と霊界を結ぶ通路をつくり、この世に影響を与える不可視の領域の力と手を結ぼうとした。

一日の最初に見かけた虫を霊的なガイドにすることは、多くの先住民族の伝統だった。虫であれ何であれ、何かが人の注意を引いた場合、それは逆に、その生き物のほうが、自分が必要とされているということをなぜか知っていて、その人を探し出したのだ、と考えられていたのである。

さらに先住民族の女性たちは、妊娠中にビーバーやアリなどの生き物や、虹のような自然現象が目の前に現れることを願う。女性たちは、姿を現した生き物のスピリットが胎児との絆を求めていることを直観的に知るのである。夢やヴィジョンに生き物が現れたときは、それは姿を変えた神であり、この世の聖なる存在との絆をとりもつ仲介者であると考えられた。夢はこの考え方を踏まえて読み解かれ、隠れたメッセージが導き出されるので、夢を見た人はそのメッセージにもとづいて行動したのである。

先住民族の人々と生き物とのこういったかかわりの根底にあるのは、どんな生き物との出会いも単なる偶然ではなく、そこには意図や目的意識が存在する、という直観的な認識だろう。生き物と出会うと、すばらしい癒しと贈り物が得られると信じられていたのである。謙虚な気持ちで直感を信じて生き物に近づけば、私たちは予想もしなかったかたちで癒され、すばらしい贈り物を与えられるかもしれないのだ。

異なる視点

先住民族の風習は、相互依存について重要な教訓を与えてくれる。また、人間は生まれつき敵意をもった生物種ではなく、憎しみという習慣から脱することが可能であることをも証明してくれる。争いを好まない文化は世界中に数多く存在するが、石器時代の生活習慣を今に伝える南アフリカのサン族（ブッシュマン）や、より洗練された文化を持つベネズエラのホディ族、マレーシアの熱帯雨林に住むチェウォン族はその好例だ。

チェウォン族は、あらゆる生物種は生まれつき尊敬に値するもので、生き物にはそれぞれ独自の世界観があると考えている。生き物の行動やその意図は、人間をいらいらさせたり怖がらせたりする場合でも、その生き物独自の視点から生まれるものだ、と彼らの物語は語っている。チェウォン族はこの洞察があるために、どのような生き物と出会っても思いやりと理解をもって接するのだ。

他者への倫理的な行為を定めた暗黙のルールは、どんな生物にも価値があるという信念を核にして生まれた。人間にとって受け入れられる行為、すなわち善行とみなされている行為には、他の生き物を大きさや見た目にかかわらず尊敬することも含まれていた。他の生き物を傷つけたり見下したりすることは厳しく禁じられていたのである。

こうしたチェウォン族の世界観を現代の文化にあてはめてみても、しっくりこないはずだ。私たちは自分にとって役に立つかどうかで生き物の価値を判断し、人間がつくりだした階級制度を他の生き物にも当てはめて行動するからだ。人間は生物界のトップに君臨する勝利者で他の生き物を利用する権利があるのだから、自分たちに必要なことをするために彼らを犠牲にしていいのだという思い込みは、私たちの許しがなければ他の生き物は生きられないというのと同じことだ。そのため、私たちが押しつけた階級の底辺にいる生き物は、情け容赦なくすべての権利をはぎとられる。人間に理不尽な干渉をされずにひっそりと生きる権利さえ奪われるのだ。映画や演劇、短編小説や長編小説で描かれる物語や、科学雑誌や新聞記事、そしてコマーシャルで事実として発表される情報からも、生き物への理解が不足していることや、人と自然の関係が破綻していることがわかるはずだ。

先住民族の物語と現代人の物語

虫をガイド兼メッセンジャーとみなそうと、敵とみなそうと、その考えを広めるのは物語だ。当然のことだが、先住民族の虫の物語と、私たち工業社会の住人がつくった物語とには大きな相違がある。

たとえばイギリスの作家E・F・ベンスンの短編小説「いも虫」（邦訳、『怪奇小説傑作集一』収録、創元推理文庫、一九六三）では、語り手が、ピラミッドのように積み重なった発光する巨大ないも虫にでくわす。全長三〇センチ以上、カニのようなはさみがあり、何の特徴もない顔に口だけがやけに大きく開いている。不思議なことに、いも虫は語り手に見られていることに気づいたのか急に床に散らばり、彼のほうへいっせいに動き出すのだ。その圧倒的な数、非人間性、そしてむき出しの生命力……そんないも虫を見た語り手は、彼らは超自然的な精神を持ち、意地悪く攻撃対象を選ぶのだ、と強く確信するのである。

一方、先住民族の物語で恐怖や破壊、あるいは死が語られるとき、その文脈はまったく異なっている。なぜ動物が人間を追いかけるのか、理由がはっきりしているのだ。他の生き物を傷つけたり無礼な態度を取ったりしたために、主人公が罰せられることさえある。たとえば、蚊が大量に発生する土地で代々暮らしているオンタリオ州サンディ湖のクリー族には、短気な戦士の物語がある。ある夏の日、蚊に刺されて逆上した兵士が一握りの蚊を捕まえ、冬になるまでずっと逃がさずに捕らえていた。そして寒さの厳しい朝、雪の中に蚊を放して死なせた。すると、翌年の夏、無数の蚊が兵士を追いかけ、血が枯れて死ぬまで執拗に刺しつづけた。この物語のメッセージは明らかだ。他の生き物に悪意のある行いをした者はけっして許されない、ということである。

◈ 咬むメッセージ、刺すメッセージ

先住民族の文化では、咬んだり刺したりする虫は必ずしも避けるべき存在ではない。虫に咬まれた

り刺されたりすることで、その知識や能力が人間に伝達されると信じていたためだ。虫が人を咬むと体液が混じりあって絆が生まれ、虫の持つ知識や特別な力が人に伝わると考えたのだろう。

伝統的にシャーマンは、ヒーラーや予言者、幻視者（ヴィジョナリー）という神聖な役割を果たすために、けがや死、そして再生を体験する。この再生の苦しみを駆け出しのシャーマンに伝える代表格は、咬んだり刺したりする虫をはじめとするさまざまな動物だ。私たちが単なる不運とみなしてしまう病や老い、痛みを経験することで、シャーマンを目指す者は覚悟を強くするのである。

ところがベンスンのいも虫の物語には、そのような覚悟を促す通過儀礼も、虫と接した人が体験するはずの精神の変容も、虫の特殊な能力の人への伝達も、何もない。そのいも虫は、霊的な力をまったく発揮しない。彼らは道徳などいっさい考慮しない意思と食欲の権化であり、ただの死、それもぞっとするような死しかもたらさない。主人公は反撃することなく冷酷ないも虫の食欲の犠牲になるだろう、と読者は思い込まされてしまう。そして罪のないものを餌食にする悪魔のような力からは誰も逃れられないのだ、と感じながら本を閉じることになるのである。

不運はチャンス

虫に刺されるといった不運は聖なる次元からの贈り物なのだ、と古代の人々は考えていた。私たちも心の声に従えば不運を役立てることができ、不運をもたらすものも恩人だと考えられるようになるかもしれない。東洋の宗教では、不運は志の高い人が信仰を深め長所を育むためのチャンスだと教える。仏教でもシャーマニズムでも、痛みや苦しみから逃げず、正面から立ち向かうなら、その苦痛は知恵に変容すると考えられている。弱さが強さに変わり、他者への思いやりの源になるのである。

一三世紀のチベットで『菩薩の三七の修行 *The Thirty-seven Practices of Bodhisattvas*』を著したゲルセイ・トグメイ・サンポ（ゲシェ・ソナム・リンチェン）は、僧院で心の修行に関する大乗教典を研究していたとき、シラミだらけの貧しい男の世話をした体験を語っている。ある日のこと、トグメイ・サンポは道端のくぼみにうずくまっているひとりの男をみつけた。男はあまりにも不潔だったために人々にうとまれ、町から追い出されたのだ。トグメイ・サンポは男を僧院へ連れ帰り、きれいな上着など必要なものを与えて家路につかせた。

それからトグメイ・サンポは、男が着ていた上着のシラミをどうしたものかと考えた。上着を捨てれば、シラミは死んでしまうだろう。そこで彼は上着を着て、自分の血でこの小さな生き物を養おうと決めた。おかげでシラミは充分な食べ物にありついたが、トグメイ・サンポはすぐにやつれて修行に身が入らなくなった。それでも、シラミを養うという彼の決意がぐらつくことはなかった。心配する友人たちにトグメイ・サンポはこう語った。前世ではつぎからつぎへと無意味に肉体を失ったが、現世では自分の肉体を贈り物にできるのだ、と。一七日後、シラミは寿命を迎え、卵がかえることもなかったので、シラミはすっかりいなくなった。サンポは死んだシラミを一匹ずつつまんで集め、彼らのためにマントラを唱えた。そして死骸をすりつぶして粘土と混ぜ、シラミのために寺院に奉納するロウソクをつくった（普通このようなロウソクは、その慈悲深さのために崇められ人々に愛された人物の骨でつくられる）。こうしてトグメイ・サンポの仲間の僧侶たちは、どんな逆境も精神的な成長につなげられるということを、シラミによって学んだのである。[*1]

◈シラミとの闘い

今日、私たちは、思い切った手を使ってあらゆる逆境と闘わなければならない、と信じている。かつて不運を幸運に変えることを教えてくれた文化背景がすっかり失われてしまったため、私たちは不快な体験をできるだけ早く終わらせようとするのだ。シラミについて書かれたある児童向けの本の著者は、「ほぼすべての人間と動物に嫌われている」生き物であり、せいぜいよくても「何の役にも立たない汚くて小さな厄介者」というように、シラミについての文化的視点を子供たちに教えている。こんな表現に対して、親も教師もそして図書館員も、反発すらしない。その作家の言うとおりだと思っているからである。西欧社会では、頭や体にたかるシラミに身震いして、強力な化学薬品で闘いを挑んでいるのだから当然だろう。アタマジラミがいることは恥ずかしいことだと考えられている。しかし専門家によると、シラミは本当は清潔な髪を好むのだそうだ。

シラミについて別な考え方はないものかと思う人も、先住民族の人々がシラミの存在を冷静に受け入れていたことを知っている人もほとんどいない。アメリカのナバホ族には、こんな魅惑的な創造神話がある。シラミが怪物退治人にねらわれ、命乞いをしてこう言うのだ。もし自分が殺されたら、人間はシラミのいない世界で生きなければならず、孤独にさいなまれることになるだろう、と。

世界中のどの先住民族にも、シラミの数を最小限に抑えておくための戦術があった。シラミを食糧にしたのである。彼らの多くはシラミを食べることは健康に良いと信じており（おそらくそうなのだろう）、好意や友情の証として、あるいは挨拶として、家族や友人のシラミをつまみ取って食べた。自分についたシラミを食べることもあれば、愛情表現として異性のシラミを食べることもあったし、一時的にシラミの姿を借りて現れた故人の性質を吸収しようとして食べる者もいた。

環境にも人間にも害をおよぼさないこうしたシラミ対策に私たちは嫌悪感を抱く。しかし現代人お気に入りの化学戦争は、特にアタマジラミが相手の場合、駆除薬に耐性を持ち人間の体でのうのうと暮らして繁殖する「最強のシラミ」を生み出しただけだったのである。

◈純粋な慈悲の心

不運を前向きにとらえているのは、先住民族の文化だけではない。たとえば仏教には、慈悲の心を示すチャンスをアサンガ（無著（むじゃく）、四世紀インド、大乗仏教唯識派の大学者）に与えるために、ウジ虫の姿で現れた弥勒（みろく）菩薩の物語がある。*2 アサンガは、純粋な慈悲の心を培おうと隠遁生活に入り、一二年間、弥勒菩薩について瞑想したが、何の成果も得られなかった。落胆して隠遁先を離れたアサンガは、家への道すがら犬にでくわす。その犬の下半身はウジ虫で覆われていた。アサンガはウジ虫を取って犬を楽にしてやろうと思ったが、ウジ虫が生きるためには肉が必要なこともわかっていた。そこで彼はウジ虫の餌にするために、自分の脚の肉を薄くそぎ落とした。それからウジ虫を傷つけずに移動させるにはどうしたらよいか考え、舌でそっとなめ取ることにした。そうして彼がかがみこんだとたん、犬とウジ虫は消え、弥勒菩薩が現れる。畏怖の念に打たれたアサンガに菩薩はこう告げた。私はお前の隠遁生活のまさに始まりからずっといっしょにいたが、純粋な思いやりの心を持つまでお前には私の姿が見えなかったのだ、と。

◈寄生虫の贈り物

最初は不運つづきだったが最後に幸運が訪れたという人は、現代社会にも大勢いる。クリーヴランドの心理療法士ウォーレン・グロスマンもそのひとりだ。グロスマンは著書『大地に癒される *To Be Healed by the Earth*』で、寄生虫が自分の人生を変え、ヒーラーの道に導いてくれたと語っている。寄生虫と出会うまで、グロスマンは自分の選んだ職業に不満はなく、ぬるま湯に浸かっているような状態と言ってもよかった。心理療法に限界があること、すなわち、完全な治癒をもたらすものではないことは知っていたが、多少なりとも助けにはなるのだから、と満足していたのだ。

ある年の冬、グロスマンは寒さを避けてブラジルで休暇を取ることにした。ところがブラジルで寄生虫が体内に入りこみ、肝臓に卵を産みつけたのだ。帰国したが病状は深刻で、あと一週間の命と宣告される。なんとか一命は取りとめたものの、その後一年間予断を許さない状態が続いた。

生死の境をさまよいながらも、グロスマンは毎日外へ出て土の上に寝ころんだ。そうしているうちに彼の知覚が変わりはじめた。地球はエネルギーに満ちあふれた命ある存在だと感じはじめたのである。ほどなくして、周囲の木々や茂みのエネルギーが実際に見えるようになった。徐々に彼自身の生命力も戻り、それとともに体力も回復したが、彼の世界観は以前とはすっかり変わってしまったという。「私の価値観、信念、目標は違うものになってしまった。あらゆる生き物が放つ光が見えるようになったのだから」。こうしてグロスマンは、心理療法士よりもヒーラーとして働くほうが人の役に立てると気づいたのである。

グロスマンは一連の出来事が寄生虫からの贈り物だということには気づいていなかったらしく、著書ではそれに触れていない。だが神が寄生虫を使って彼の人生に深みを与えたことに、いつか気づく日が来るだろう。

親近感

あらゆる生き物——もちろん、シラミ、ウジ虫、寄生虫、蚊も含む——のことを理解し受け入れなければ、彼らがもたらすチャンスも、逆境をうまく利用して自分を変えるための助言も、みすみす逃してしまうだろう。私たちに強さと自信を与えてくれるはずの生き物との関係を破綻させることにもなる。しかし今日、私たちの中の生気にあふれた部分を反映し、真の自己を見出す手助けをしてくれるような虫と出会う人などほとんどいない。大半の人は人間以外の生き物、特に脚がたくさんある生き物のことなど、気にも留めていないのだ。彼らの独特な在り方を観察すれば、有益なことが学べるかもしれないのに。
人は誰でも、特定の生物種に対する親近感を生まれつき持っており、それはその生き物を見ることによって活性化される。当人の属する文化がその生き物を誤解したり非難したりしている場合は、好奇心のかわりに恐怖や嫌悪感が生まれる。だが、翻(ひるがえ)って考えれば、恐怖心はそこに絆があることを示唆している。私たちが恐れる生き物は、自分がそばにいることに私たちが気づくよう仕向けているのだ。恐怖心と魅力は表裏一体なのである。

このように恐怖が引き金となって生まれる親近感は、憎しみとして表現されることになるのだが、これは正体がよくわからないものへの恐れとも関係している。宇宙にあふれる力やエネルギーが思いもよらない形や、通常の分類にあてはまらない姿をとって現れるとき、人はしばしばそれを邪悪なものと誤解する。かつてはむき出しの生命力や、奇妙な姿に隠された変容の力を理解するためのシャーマン的な文化的背景があったが、私たちはそれを忘れてしまったのだ。

それゆえ、ある虫が自分の本質の一側面と結びついているとわかったら、その虫を恐れ、同時にその虫の領域である自分の中の未知の部分（つまり無意識）をも恐れることになるだろう。おそらく私たちはその虫のもつ錬金術的なパワーと、変容を迫るその意図を感じとっているのだ。精神の変容や新たな理解の獲得の前には、旧来の自己は死を迎えなくてはならないが、私たちはその死を恐れるあまり、逃げ出してしまうのである。

もぞもぞ動き回る虫、特に害虫と分類されている一万種類以上の虫と生まれつき感情的に結びついている、と言われても、一般人である私たちがそんな証拠をみつけることはほとんどない。そういう生き物に好意を抱く道はとっくに閉ざしてしまったし、蚊やウジ虫と本質的な自己との特別なつながりも切り離したままにしているからだ。なかには失われた絆をみつける人もいるが、それは興味をそそられた生き物を調べるための時間と機会に恵まれた人だけだろう。たとえば、シラミの研究に何年も費やしてきた科学者がシラミに一種の愛情を感じるということは、仲間内ではよく知られた話だ。

たとえばシラミの研究家W・ムーアは、七〇〇〇匹のシラミに一日二回、自分自身の体を餌として差し出していたそうだ。食事と食事の間は、暖かくて居心地の良い箱にシラミを大切にしまいこんでいたと言われている。

ハンス・ジンサも、「長い親密な時間」が教えてくれた「思いやりあふれるシラミのことを発表したいがため」に、シラミの本を著した。実験を重ねるうちにジンサは「この小さな生き物を、誇張ではなく、深い思いやりとも言える気持ちをもって」扱うようになっていたのだ。

寄生虫に畏敬の念を覚えて感動する人もいる。トロント大学の動物学者ダニエル・ブルックスは、寄生虫は「すばらしい生き物だ」と考えている。彼のキャリアの大半は、寄生虫は原始的で退化した生き物である、といった誤解など、数々のいいかげんな神話を正すことに費やされてきた。「寄生虫は成功した革新的な生物であり、……寄生しない同種の生物と比べるなら、寄生虫のほうがより複雑なのである。寄生虫のことがわかれば、小さな生き物が持つ力に心から敬意を払わずにはいられない」[*3]とブルックスは述べている。

一般的に好かれている生き物に親近感を覚える場合、人はより素直にその気持ちを受け入れる。その生き物によって自分の潜在能力が活性化することにも気づくだろう。そのため、たとえ意識していなくても、心の一部はつねにそんな生き物を探しているのだ。たとえば、野生の昆虫を観察し多くの発見をしたトマス・アイズナーは、虫などの生き物をみつける方法をよく心得ていた。彼はこんなふうに語っている。「夜、車を走らせているとき、目の隅に何かが見えたような気がして引き返してみると、ヤスデがみつかった」

見ることの本質に関する本を著している美術史研究家、ジェームズ・エルキンスは、子供のころは蛾に夢中で、夜ごと蛾を捕まえていたそうである。そうしているうちに蛾の独特な形や、木にとまっているときにできる小さな影、羽の模様と木の皮の質感とのわずかな違いを見分けられるようになった。意識的に蛾を探すことはずいぶん前にやめたのに、二〇年たったいまも蛾をめざとくみつけることができるらしい。自分の無意識の領域にある何かが、いまだに蛾の形を求めて周囲の自然をじっと見渡しているのだろう、とエルキンスは考えている。その何かは蛾をみつけると、彼の意識的思考の中に割りこんできて知らせるのである。

◈マンガのヒーロー

大衆文化では、「アリ男 *Astonishing Ant Man*」「スパイダーマン」「スパイダーウーマン」といったマンガのヒーローや、「黄金虫 *The Beetle*」や「ザ・フライ *The Fly*」に登場する悪役の中に、昆虫との特別な関係を見ることができる。これらの主人公は、名前の由来となった虫の力を手に入れるわけだが、彼らが虫の特徴を持つきっかけとなったそもそもの出来事は、その虫への意識的な親近感から生まれたのではないし、また、虫がその持てる力のために尊敬されたり賞賛されたりすることもない。

ここで、虫を非難する文化によって歪められた親近感の例として、ひとりのアーティストの話をしよう。彼女はノミに魅了されて芸術の世界を去り、ノミのサーカスをつくった（正確には再考案した）。カウンターカルチャーの世界では有名な雑誌のインタビュー記事に取り上げられたため、科学と芸術と人間の知覚についての博物館として人気を博している「サンフランシスコ・エクスプロラトリウム」で、彼女は「ノミのパフォーマンス」を行なった。

そのアーティストは、ノミのサーカスのおかげで人間と動物の絆を詳細に調べることができた、と断言している。しかし彼女のショーの本質を考えると、彼女が求めているのはノミをコントロールするために必要な情報だけなのではないか、という疑問がわいてくる。三〇〇年前のノミのサーカスの調教師と同じように（独創性を重視して）、このアーティストもショーではノミ一匹一匹の体に衣装を糊づけする。そうやって盛装させたノミに、力業のパフォーマンスをさせるのだ。たとえばノミに光を当てて、自分の体重の何千倍もあるような玩具の列車を引かせるのだが、これはノミが光の刺激を嫌うことを彼女が知っているからできることだ。列車に縛りつけてあるロープがノミの体にもしっかりくっついているので、囚われの身であるノミは光から逃れようと死にものぐるいになり、その結果玩具を引っぱるのである。

ノミのオーケストラでは、ノミは椅子に糊づけされているばかりか、小さな楽器まで脚に貼りつけられている。逃げようとむなしくもがく脚の動きが、楽器を弾いているように見えるだけなのだ。別な見せ物では、フォーマルな衣装を体につけられた二匹のノミが、お互いに背中合わせに糊づけされる。パニックに陥って必死に逃げようとすると、その姿が観客の目にはふたりのダンサーがくるくる回っているように映るというわけだ。ノミへの嫌悪感と、病気を媒介するかもしれないという漠然とした不安が（人間にとりつくノミが病原菌を運ぶことはまれなのだが）、怒りを呼びさます何かを抑制するのだろう。他の生き物にそんな残酷なことをしたら、必ずや怒る人が出てくるというのに。

このアーティストはノミに対する思いやりというものをまったく持ちあわせていないのだが（彼女はノミにわざわざ餌をあげることはせず、ショーの途中や終了後に死んでもかまわないと豪語している)、その理由を、淡々と実験をして結果を観察する科学者の立場に徹しているためと説明している。彼女の発言と同じくらい憂鬱な気持ちにさせられるのは、雑誌記者の認識のあまさである。彼はノミのサーカスをすぐれて芸術的なショーだと紹介し、アーティストは「科学、エコロジー、美学、そしてユーモアをみごとなまでに融合して独自の芸術をつくりあげ」ており、「そこにはすがすがしいほど誠実で、原初的で生々しく、手つかずの何かがある」[*4]と読者に伝えている。しかしそんなショーにユーモアがあるとするなら、それは闇の世界にも通じる陰湿なあざけりだけだろう。原初的な何かとは生き物への虐待ではなく、生き物と私たちの真の絆であり、先住民族の社会の特徴である驚きと尊敬に満ちた親近感なのだ。

だが一方で、文化によって公認されたこうした偏見を乗り越えて、ノミにまっとうな親近感を抱く傾向もどうにか広がっている。ノミとの関係がどんなに合理的であっても心がこもっていれば、まっとうな親近感を持っていると言えるだろう。たとえば、ナチュラリストのジョン・レイの友人は、お気に入りのノミに住みかと食事を提供したと言われている。自分の手のひらを何度も吸わせて栄養を摂らせたのである。三カ月間友情を育み穏やかに共存していたが、ある日ノミは凍え死に、友人は嘆き悲しんだそうだ。

フランスのリヨンの保健医療研究所が二〇〇一年に実施した研究によると、人間には他者に感情移入する能力が生まれつき備わっているそうだ。他者の行ないを理解するこの本能のおかげで、私たちは他人の行動を見て、その状況に自分自身の心を投影することができるのである。その場合、ノミのような昆虫の身になってみることと、他の生き物(人間も含めて)の身になってみることとの間に大きな違いはない。相手の身になってみるには、ただ心を開けばいい。そうすれば、すぐに相手の立場に立って考えることができる。哲学者のアルネ・ネスは、「自己実現 *Self-Realization*」というエッセイの中で、そんな感情移入体験について語っている。ふたつの化学物質が反応するようすを顕微鏡で観察していたときのことだ。そばにいた動物から飛び跳ねた一匹のノミが、その酸性物質の溶液に飛びこんできた。ノミが死ぬのをネスはなす術もなくただ見ているしかなかった。「ノミの動きはものすごくたくさんのことを語っていた。もちろん、私が感じたのは、心が痛むほどの同情と共感だった」[*5]。のちにネスは、もし自分がノミを毛嫌いしていて、ノミと自分の共通性に思いを致したこともなかったなら、ノミの苦しみを目にしても無関心だっただろうということに気づいた。このように、思いやりと共感はつねに他者への同一化から生まれるのである。

ふだん厄介者とみなされている生き物について心を開いて調べることには、私たち自身の変容を促す力がある。サム・キーンが言うように、敵の姿の中には、自分自身の顔がくっきり映し出されているのだから。

自分自身の再創造

自分を根本から変えることは、自分を新たな方法でイメージしなおすことから始まる。現代の語り部にして作家でもあるブレンダ・ピーターソンは、スラム地区のティーンエイジャーたちを率いて、他の生き物になりきるロールプレイ（役割演技）をさせている。彼女は、この世間ずれした不満だらけの若者たちが見事なまでに他の生き物になりきるということに気づいた。いとも簡単に、そして熱心に他の生き物の視点をわがものとする彼らを見てピーターソンは、自然は自分の「外」にあるのではなく、自分の中にあるのではないかと思った。

私たち人間は他の生物種に対するスピリチュアルな関係を築いていかねばならず、その際、想像力が私たちの体と地球を結びつけるへその緒の役割を果たすだろうとピーターソンは考えている。子供が他の生き物を空想の世界の友達と考えるだけではなく、自分との接点を探していた生き物とみなし、さらには自分の味方だと思ったなら、その生き物が彼らの外の世界を変えるのだ。

◈全生物会議

パット・フレミング、ジョアンナ・メイシー、アルネ・ネス、ジョン・シードの考えに基づいて、人と自然界をひとつにまとめあげる活動をしている「全生物会議 The Council of All Beings」という組織がある。地球という共同体のために行動する意志と勇気を人々の中に呼び覚ますことが、その目的である。参加者たちは、自分自身や人間の利益のためではなく、地球とそこに暮らすすべての存在のために行動することを学んでいるのだ。

数年前、地元の小学校で生き物と仲良くする方法を教える新たな選択科目をつくったとき、私は全生物会議を例にとって、虫のために行動するにはどうしたらいいかを子供たちに伝えた。子供たちは多くの生き物が危機に直面していることを知っていた。生息地が失われつつあることも、地球共同体全体が危うい状況にあることも知っていた。しかし私が子供たちに望んだのは、自分が嫌われたりいじめられたり、危ない目にあったりしている生き物だったらどう感じるかを想像力を使って体験してみることだった。また、どんな生き物にもそれぞれ独自の世界観があるということも理解してほしかった。

私は子供たちに、人間と他の生き物に共通する行動やコミュニケーションの方法を探してみようと言い、それから私たちとその生き物の違う点は何か、生き物は生活環境にどう順応するのかを調べさせた。これは教育研究家ピーター・ケリーが「生物学的共感」と呼ぶ指導方法である。

子供たちは、毛のふさふさした動物や羽のある鳥に夢中になるのと同じくらい熱心に、無脊椎動物の視点を身につけた。事実、子供たちの多くは他の生き物の視点にすんなり移行することができた。子供たちを生き物の世界から引き離し、頭の中の概念と言語のみを拠り所とするようにしむける教育プロセスは、幸いまだあまり進行していなかったようだ。

二週目の授業では六種類の虫を紹介し、子供たちを六つのグループに分けてそれぞれに一種類の虫を割りあてた。グループに分かれると、子供たちは割りあてられた虫の顔のお面をつくり、その虫について詳しく調べ、最後は虫になりきって発表する。

ハエの説明をするために、私は古代エジプトの武将たちが誇りを持って身につけていた純金のハエのネックレスのスライドを子供たちに見せた。そのネックレスが武勲をあげた兵士に贈られるものだったことも説明した。北アメリカのブラックフット族の兵士の「フライ・ソサエティ（ハエ結社）」についても教え、人とハエの友情にまつわる逸話（第5章「ビッグフライの助言」参照）を話して授業を終えた。

最初の授業が終わったとき、私は子供たちに、これからの一週間、虫と交流を持つことを意識し、いつもとは違う虫の行動を見かけたら書きとめるように言った。起きているときでも寝ているときでも、自分と特別なつながりを持った虫が近くにいることを知らせてくるかもしれないという話に、生徒たちは特に興味をそそられたようだ。

ところで、そのクラスにはブライアンという元気な少年がいた。ブライアンは最新作の虫のホラー映画のイメージで頭がいっぱいだった。生まれながらのひょうきん者なので、荒れ狂う怪物と化した虫のまねをしてクラスメートを楽しませては授業を中断する。彼が授業を聞いていられるかどうかさえ疑問だったので、学校の世話係の保護者が彼をいつでも職員室へ運れていけるよう目を光らせていた。しかし、つぎの週もブライアンはちゃんと授業に出てきて私をわきへ呼び、前の夜に見た夢のことを話してくれた。夢の中で、彼は有名なホラー映画シリーズに登場する精神を病んだ殺人者ジェイソンに襲われたのだそうだ。そのとき人間くらいの大きさのハエが剣を持って現れ、ジェイソンを追いかけ、彼を守ってくれたらしい。

夢を覚えていてよかったわね、と私はブライアンに言い、ハエが彼を守ってくれたことを喜んだ。彼の顔は満足げに輝き、ハエのお面をつくりたいからハエのグループに入れてほしいと言った。ブライアンは、ハエは自分の仲間だと宣言したのだ。いや、ハエがブライアンを仲間だと言ったのかもしれない。

特定の生き物への親近感は、どんな人にとっても贈り物だ。理由はわからないが、それは人間の本質と結びついている。おそらく私たちの野性的な側面を映し出す生き物は、虫なりに懸命に、私たちの意識が覚醒するのを待っているのだろう。だから自分のネガティブな側面を虫に投影していることを自覚し、想像力に新しいアイディアや物語の種をまいて、虫が意識の中に入るための道をつくろう。そうするだけで、虫のメッセージに耳を傾けることができるのだから。

つぎの章からは、思いやりと信頼によって敵意を捨て、虫との深く揺るぎないつながりを改めて理解するために、身近な生き物について調べていくつもりだ。ブライアンのように、まずハエから始めよう。

第4章 わが神、ハエの王よ

この世のあらゆるものには目的がある。異常や不釣りあい、偶然といったものは存在しない。人間には理解できないものがあるだけだ。

――王の黒鳥（マルロ・モーガン『ミュータント・メッセージ』）

私たちは老化、病気、死を恐れているため、ハエのことを害虫として非難し殺そうとする。ハエは快適な生活を妨げる（と私たちが思い込んでいる）迷惑なものの象徴なのだ。ハエは数も多く、人間の生活に入りこんでいる種類もいるため、疫病をもたらす不確定要素の代表としてスケープゴートにされやすいのだろう。

ハエに対する自らの反応を理解し、ハエと仲良くなることができれば、私たちの生活は変わるのではないだろうか。私たちの共同体の輪をさらに拡げて、万華鏡のような眼を持つ、この羽の生えた不思議な生き物も含まれるようにすれば、自動的に私たちの快適ゾーンも広がることになる。敵がひとつ減れば、闘いも減る。ハエに関心を持てば、私たちを生き物から遠ざける恐怖心とも折り合いをつけることができるかもしれない。

ディープ・エコロジストにして教育者、作家でもあるジョアンナ・メイシーが自らの関心領域を拡げる方法を学んだのはハエがきっかけだった。チベットで初めて過ごした夏、メイシーは地元の仏教徒の会合に出席し、手工芸者組合に関する計画を受け入れてもらおうと交渉していた。そのとき一匹のハエがメイシーのお茶の中に飛びこんだのだ。自分は虫が何をしようと気にならない人間だと思っていたので、メイシーにとってはささいな出来事でしかなかった。それでも表情や態度がわずかに変化したのだろう。一八歳の僧侶チョギャル・リンポチェが心配そうに前かがみになり、どうかしたのかとたずねてきた。「なんでもありません。ハエがお茶に入っただけです」と彼女は答えた。彼がまだ気にしているようだったので、メイシーは同情されているのかなと思い、だいじょうぶです、と再度言って茶碗をわきに置いた。しかし、僧侶はそれでも関心を示しつづけ、とうとうメイシーの茶碗に指を入れてそっとハエをすくいあげると、部屋から出ていった。

話し合いが再開し、メイシーはまた会合に気持ちを集中した。そこへチョギャル・リンポチェがにこにこしながら戻ってきた。彼はメイシーに近づき、「ハエは無事です」とささやいた。彼はお茶にひたったハエを戸口近くの茂みの上に置き、また羽を動かしはじめるまで見守っていたのだ。きっとすぐに飛べるようになりますよ、と彼はメイシーに言った。

その夏の午後の出来事でメイシーの記憶に残っているのは、周到に準備した組合の計画でも最終的にとりつけた合意でもなく、「ハエは無事です」というチョギャルの言葉だ。彼女は、自分もハエの幸福に関わったのだと考えてうれしくなり、心の中で笑い声をあげた。チョギャルの深い思いやりとその表情からあふれでる喜びが、あらゆる生き物に関心を広げないと大切なものを失うということを、メイシーにわかりやすく伝えたのである。

ハエの命を救うと考えただけで、心の中で怒りがふつふつと音をたてるようなら、意識の幅が狭いために傲慢になっていると思ったほうがいい。私たちの自己感覚は、思いやりの対象を虫にまで広げることで拡大する。互いに依存しあっている生き物に思いやりを持つのは、当然のことではないだろうか。問題は、ハエとどうつながりを持つかではない。つながりは、もうできているのだ。だからそのつながりを適切な行動にどう変えるかが重要なのである。手始めに、助けを必要としているハエに手をさしのべてみてはどうだろう。きっとそれが良いきっかけになるはずだ。

だが、大半の人はハエが嫌いだし、ハエに詳しい人もあまりいないため、私たちがハエに対して抱く感想といえば、文化的コンセンサスに基づいたものでしかない。そうした場合、困っているハエに思いやりのある自然な対応をすることは容易ではないだろう。

数種類のハエはすでに絶滅してしまった。いまも多くの種類がその危機に瀕している。だが私たちはそんなことには関心がない。ハエがいなければ世の中はもっと良くなる、と思っている人もいるほどだ。思慮深いとも教養があるとも言えない意見だが、一般的な考え方ではある。その背景には、あらゆる生き物を二種類に、つまり役に立つ生き物と害にしかならない生き物に分類するという公式方針が存在する。ハエは害虫だ。こう分類されているかぎり、ハエは敵だという思い込みはずっと変わらないだろう。ハエは咬みついて病気をもたらすうっとうしい害虫だ、というのがハエに対する紋切り型の見解だが、それを維持するためにもっとも都合がいいのは、問題を複雑化する特徴を排除し、ハエのさまざまな行動を均質で御しやすいひとかたまりにまとめてしまうことなのである。

ハエの重要性

ハエのイメージが歪められていることを私が知ったのは、ハエに関するさまざまな本を読むようになってからだった。そのため、昆虫学者の大多数がハエは地球上で二番目に重要な虫だと認めていると知ったときの驚きも大きかった。ちなみにもっとも重要な虫は、ミツバチやスズメバチなのだそうだ。では、人間の生活にとってそこまで大切な生き物を、どうして私たちは嫌うのだろう。

ハエの仕事のひとつは授粉である。その他にも動物の腐乱死体や傷んだ野菜の始末もするし、他の動物の餌にもなる。急激に増えて無数の植物や生き物のバランスを崩す虫の群れを餌食にすることもある。

ハエの幼虫のウジ虫も重要だ。先住民族の人々は他の生き物と同じように、ウジ虫を食べ物として重宝している。いまになって科学がようやく明らかにしたことを、彼らは昔から本能的に知っていたのだ。つまり、ウジ虫には栄養があるのである。

ウジ虫が食べるものはハエの種類によって異なり、アブラムシを食べる種類もあれば、球根を食べる種類もいる。大半のウジ虫は、動物の死骸や生ゴミ、動物の糞といった高タンパクのものを食べる。人間も含めた生きている動物の治癒していない傷口や、死んだ表皮などを餌にしているウジ虫もいる。

私たちは、そんなものまで食べるのかとウジ虫を嫌悪しがちだが、実際のところ、ウジ虫は非常に有益な生き物なのだ。腐敗したものを効率的に分解し、再生処理してくれるからである。ウジ虫の働きがなければ、私たち人間は腐りかけのものが放つ異臭のせいでバラの香りを楽しむこともできないだろう。

西欧でウジ虫が嫌われるのは、その見かけや動き方のためである。私たちには脚がない陸生動物、特に腐敗したものを食べる生き物を嫌悪する傾向がある。嫌われている生き物を「別な角度から」見ようという最近の本では、堆肥にたかるウジ虫は想像しうるもっとも「胸の悪くなる光景」だと著者が語り、さほど目新しくもない反応を見せている。それだけではなく、ハエについての章では、いかにハエが不快な生き物かが描写されている。堆肥の中のウジ虫が土を肥やす物質をつくることはわかっているが、ウジ虫などいないほうがいい、と著者は願っているのだ。

その作家がハエについて学ぶために研究した資料の中に、著名な昆虫学者の書いたハエの自然史がある。その昆虫の大家は、死んだものを好む習性からハエを「うんざりする生き物」と呼んでいる。この世間で高く評価されている専門家が伝える情報は、どれもこのような感情的な言葉で表現されているのだ。結局のところ「うんざりする」とは、経験によって身につけた反応だ。どんな文化もそこに属する人々に、うんざりするものは何か、しないものは何かを教えるからだ。子供たちも、両親や教師の表情や反応を観察して、気持ちが悪いという反応を身につける。だがある文化にとって気持ちが悪いものも、他の文化にとってはそうではない場合もある。たとえばエビやエスカルゴは食べるのに、ウジ虫やいも虫を拒絶するのは、私たち独自の文化的偏見のせいなのだ。

観察者が生き物やその行動を感情的言語で描写することは、偏見を助長するごくありふれた方法だ。例の昆虫学者がハエの種類を説明するときに使っている言葉（「攻撃性が強い」「小さな厄介者」「うるさい」「しゃくにさわる」「腹立たしい」）は、彼が伝える情報を歪めるばかりで、ハエについての理解を深める助けにはけっしてならない。その偏見を受け入れた読者は、そこにある暗い影に気づきもしないだろう。ハエに対する見方を変えようと提言している本の著者が、結局は堆肥の中のウジ虫を一匹残らず殺して満足していることに疑問を呈する人も、ほんのわずかしかいないはずだ。これでハエに対する見方が変わるとは、とても言えない。

ウジ虫の新しい見方

法科学の世界でクロバエの幼虫が果たす役割を理解すれば、新たな視点がみつかるかもしれない。殺人事件で死亡推定時刻を特定するために使われるのが、クロバエの幼虫なのだ。クロバエはさまざまな穀物や果物の受粉を助ける重要な虫なのだが、卵を死肉に産みつける習性が捜査で利用されているのである。

ウジ虫は治療に役立つという昔からの知識も、新しい見方と言えるだろう。たとえば南北戦争のとき、負傷兵は治療を受けるまで何日も待たなければならなかった。するとメスのハエが兵士の膿んだ肉に惹きつけられ、開いた傷口に卵を産みつけた。卵は数時間でかえり、ウジ虫は膿んで壊死した組織を餌にしはじめる。兵士に痛みはなく、健康な組織が傷つけられることもなかった。この小さな生き物は壊疽を引き起こす細菌を食べるだけではなく、傷の回復を早める物質も分泌するので、大半の兵士は手足の切断手術をまぬがれたのである。このウジ虫の治癒能力は、南北戦争と同じ状況にウジ虫と人を追いやった第一次世界大戦の前線でも役に立った。

この治癒を促進する能力は、ウジ虫が分泌する尿素と抗菌性物質によるものだ。しかし一九四〇年代、科学者がこれらの物質を合成し製造する方法を突きとめたとたん、大半の人はウジ虫の贈り物を忘れてしまった。

多くの細菌が抗生物質に耐性を示す今日、ふたたびウジ虫が脚光を浴びている。床ずれや火傷、骨の感染症、腫瘍に苦しんでいるのに手術には耐えられない患者の壊死した表皮をきれいに取りのぞいてもらうためだ。ウジ虫は気持ちが悪いと声高に言いつづける世間一般の人々はほとんど知らないし、評価もされない役目ではあるのだが。

ハエは熟練ナビゲーター

ウジ虫から成虫になっても、ハエには賞賛に値する能力がたくさんある。かつてはその驚くほど速い飛行スピードとナビゲーション能力で、さまざまな文化の人々を感嘆させていたのだ。

ハエの飛行スピードは本当に速い。大半のハエは時速八〇キロで飛ぶことができる。メクラアブ(deer fly)の一種のオスは、天敵に追われたときに時速数百キロものスピードを記録した。こうしたハエの生まれながらの飛行技術は、古代文化で注目され、兵士の尊敬を集めた。私が「虫になって考えよう」の授業で子供たちに話したように、エジプトの武将は象牙や銅、金でつくったハエを、闘いの武勲や強さの報償として兵士に与えた。古代エジプトの文化では、ハエの仲間になることは名誉とみなされていたのである。

北アメリカのブラックフット族は、捕まったり殺されたりせずに敵を攻撃するハエの能力に気づき、「ハエ結社」をつくって尊敬の念を表わした。ハエ結社に加わることができたのは、夢やヴィジョンによってそう命じられた兵士たちだけだ。彼らはハエを手本にして、ハエと同じ能力を得ようとした。儀式によって他の生き物と一体化することは、その生き物特有の強さと能力を理解し、誉めたたえ、具現化するための手段だったのである。

ベルゼブブ（ハエの王）

どんなハエもブーンという音をたてながら飛ぶが、音程は羽の震動のスピードによって変わる。たとえばイエバエは一秒間に三四五回羽ばたき、中音域のF（ファ）の音をたてる。

ハエの羽音を聞くといらいらする人がほとんどだろうが、そうではない時代もあった。学者によると、古代においては「ゼブブ」という言葉はハエや蜂のブンブンという羽音を指し、「バール」は王や神を意味したらしい。そのため、かつてペリシテ人が癒す者、「魂の導き手」、預言する神として崇めていた「ベルゼブブ」は、「羽音をたてる神」ないし「ぶつぶつつぶやく神」と翻訳することができる。

現在ベルゼブブは「ハエの土」を意味する。ハエを腐敗や破壊と結びつけていたユダヤ教やキリスト教の伝統がその由来だ。原始宗教や異教の神々をさげすみ、その影響力を弱めようともくろんだ者たちが、ベルゼブブを「肥やしの王」と呼び、愚弄したのだ。その結果生まれた宗教教義は、大半の虫を、つまり衰退した魂を破壊しふたたびよみがえらせてくれる心の師を、生き物の共同体から追放するだけではあきたらず、軽蔑までしたのである。

ハエは悪魔や悪霊とみなされ、災いや罪、疫病の化身と考えられてきた。権威ある宗教から生まれた物語によって、見かけたらすぐに殺すべき卑しい生き物へ貶(おとし)められてしまったために、現実社会のハエも腐敗や死とのいびつな結びつきを強いられ苦しめられた。こうした非難に油を注ぐように、ウィリアム・ゴールディングの最高傑作『蠅の王』が、そこに残忍さまでつけ加えたというわけだ。

こうしてキリスト教のイデオロギーが持つ影の側面は、特定の生き物に投影されるようになり、信者は自分の敵意をぶつける標的をみつけた。機械論的自然観や、「敵は殲滅すべし」という医学観を持った人も、攻撃対象を手に入れた。病気の蔓延と関連づけられることによって、ハエの運命は呪われたものになったのである。ひとたび運命が決まったら、ハエの人間社会への貢献や人間との複雑な関係は葬りさられるしかなかったのだ。

怪物化したハエ

もはや聖なる存在ではなくなったハエは攻撃対象となり、みつけしだい殺してもいいものになった。

いまや雑貨店にはカラフルなハエ叩きが並び、小説や映画もハエに対する敵意をあおって若い世代へ憎しみを伝えている。

生き物を怪物に仕立てあげることは、宗教活動でも日常活動でもよく行なわれている。ハエやその体の上で生きる数種類の細菌に注目したり、ハエが糞を食べたあとでこちらに近づいてくるぞっとするようなイメージを敵意に満ちた想像力でふくらませたりするだけで、私たちはハエは怪物だとすっかり信じてこんでしまうのである。

ある生き物に悪魔の烙印を押すことは、その生き物と自分は無関係であるという根深い認識と、その生き物には邪悪ないし反道徳的な意思があるという見当違いな思い込みのなせるわざだ。ジョルジュ・ランジュランが一九五七年に書いた『蝿』(邦訳、早川書房)は、その翌年映画(「蝿男の恐怖 *The Fly*」)にもなった短編小説で、人間の体とハエの体を融合させて読者に恐怖感を与えることを狙ったもので、そのもくろみは見事成功した。全身であれ体の一部であれ、人間が動物に変化することは自然との一体化であり、命のエネルギーが別な形となって再出現したものだという考えは、現代人の私たちにはもう通用しない。嫌悪と恐怖の対象にしかならないのである。

世間の人々はこのホラー映画にすっかり夢中になったので、一九五九年の「蝿男の逆襲 *Return of the Fly*」と一九六五年の「蝿男の呪い *The Curse of the Fly*」もヒットした。一九八六年には、映画会社が第一作をリメイクし、特撮技術を駆使してより壮大なスリルあふれる映像を生み出した。このように、ハエに変身するという主題に私たちが一貫して大袈裟に反応しつつも惹きつけられるのは、生き物との相互関係をより深く確実に理解したいという気持ちの歪んだ表われと言えなくもない。

原作の短編小説では、犠牲となる科学者は自然の力をもてあそび、物質の原子を操作して飼い猫をばらばらにしてしまう。その後、部屋にハエがいることに気づかないまま、自分自身を実験材料にする。原子電送の結果、人間の容貌がハエの容貌と入れ替わる。一方ハエの姿も変わり、科学者の頭部を持つハエが誕生する。

予想どおり、小説でも映画でもハエの反応（あるいは猫の反応）は語られていない。私たちが期待に胸を弾ませて虫の世界へ入ることも、虫との一体感を感じて思いやりを見せることも、めったにないからだ。そんなことをしたら、みな驚くだろう。だがここで想像してみてほしい。自分が人間の顔になっていると気づいたとき、ハエはどんなに恐ろしかったことか。飛ぶことさえできなくなったかもしれない。

この物語を象徴的に読み解けば、ぞっとする感覚を楽しむことを卒業し、私たちの心の中に存在し、さらに奥へ入り込もうとする、招かれざるハエに気づくことだろう。科学者は実験の方程式の中にハエが入り込むことを予想していなかった。しかしその存在が、私利私欲のために生き物の姿を変えようとする人間の試みをくじくことになるのである。

ハエに対する世間の目

この世におけるハエの存在を受け入れ、理解することを困難にしているのは、ハエと汚物が結びついているからだ。私たちは自分が作り出しているゴミや腐敗物を嫌がり、それらをリサイクルしてくれるハエまで嫌っているのだ。

子供たちも幼いときからハエを憎むようになる。マーベル・コミック（子供向けマンガ誌）の人気キャラクター「ハエ男」は、ハエに変身した冴えない男だが、彼が自らの生ゴミ食いを堕落した行為と呼んで非難するとき、それは私たちの心の投影を語っている以外の何ものでもない。

教育界では、ハエに対する偏見を正して正確な認識をもたらそうと努力しているが、偏見で汚染された心の前にはあまり効果がないようである。ハエに関するあるドキュメンタリー番組には「裏庭の怪物」というタイトルがつけられているし、「ハエについて確実に言えることは、ハエは厄介者だということです」という一文から始まる児童書まであるのだから。

このようにしてイメージを植え付けられ、自分の属する文化の視点を明確に教え込まれた子供たちは、それを基にハエに対する自分の意見を形成していく。ハエについての児童書の多くには、人を咬んで悩ませる種類、病原菌を運んだり病気の原因になったりする種類が列挙されている。そんな本を読んで、ハエに親しみを感じるようになる子供などまずいないだろう。こういう内容は事実として述べられているので、私たちがこのハエへの直接的な非難を疑問視することはない。しかし、病気や健康に関する思い込みをとりまく問題はそう単純ではない。何がどんな環境でどんな病気を引き起こすか、明確に定義することはできないのである。

◈病気と健康

病気と健康の問題は複雑であり、本書で扱える範囲をはるかに超えている。そのためここでは、ハエに対する一般的な見解に疑問を投げかけ、私たちに物語を額面どおりに受け入れさせようとする恐怖の正体を特定することが、妥当な線だろう。

私たちがなかなかハエに関心を持ったり保護したりできないのは、病気への恐れが広く行き渡っているためである。私たちは両親や教師から、ハエは病気を広めると教わった。ハエはむかむかするような汚物の上を這いまわってから、飛んできて私たちの食べ物にとまり、細菌をまき散らすと誰もが思っている。専門家は、イエバエは二〇〇万以上の微生物を運んでいると発表したが、いったい社会がどんな反応をすると予想してそんな情報を公表したのだろう？　そのような情報を分析するコンテクストを私たちは持ちあわせていない。発表された数字はハエに対する敵対心をあおることにしかならないのではないか。実際、そのとおりだった。ハエの運ぶ細菌数が具体的に示された結果、ハエは病気をもたらす虫、死を招く虫であり、当然殺してもいい、という見方がますます支持されることになったのだ。

細菌が人に好かれる生き物なら、その数が多くても誰も不安にならないだろう。私たちが一般的に考える細菌とは、羽のある虫に乗ってやってきて、宿主である人間を面倒に巻きこもうとする、狡猾で邪悪な生命体というものだ。しかし顕微鏡で見ると、私たちの体も食べ物も、あらゆる物の表面はすでに肉眼では見えない生命体でいっぱいだということがわかる。うれしくなるような話ではないが、受け入れなければならない事実ではある。細菌に対する通俗的な観点を適切なコンテクストに置き直してくれるものだからだ。

生物学教授ロジャー・M・リッソンは著書『知られざる動物相 *Furtive Fauna*』で、ハエについている細菌で人間の病気の原因になるようなものはない、と述べて読者を安心させている。ナッソンが言うには、どのみち私たちの皮膚にも微生物はいて、ハエが持っている微生物も私たちの皮膚で生きている微生物も似たようなものらしい。ハエはただ私たちを手本にして、微生物をひとりの人間からつぎの人間へ、体には影響を与えずに移動させているだけなのだ。心と体の健康状態が良好で、しっかりした下水処理施設のある場所に住んでいれば、病気の予防は充分できるのである。

身近な細菌

細菌についてもっと学び、細菌が私たちの生活をより快適にしてくれる存在だということを知れば、恐れも減ることだろう。細菌は地球でもっとも勢力のある生命体であり、私たちの祖先であり同時代の仲間でもある。その影響を詳しく述べるには数冊分のページ数が必要だが、手短に言えば、あらゆる生き物が細菌に頼っているということだ。

細菌のもっともすぐれた点は、遺伝子の流動性である。細菌の遺伝子プール（訳註：互いに交配が可能な種の集まりの全個体が持つ遺伝子）はひとつである。つまりどの種類の細菌も、細菌王国全体の化学の力に自由にアクセスできるのだ。彼らは遺伝子をすばやく可逆的に交換することができ、実際日常的に交換している。こうして彼らは日々変化する環境に適応し、人間が使う抗菌性物質から身を守るすべを身につけ、抗生物質に耐性を持つようになるのである。

細菌の分類分けは便利だが、そのような変化しやすい性質に鑑みると本質的には意味がない。伝統的な医学のパラダイムも、病気の因果関係や媒介者に関しては時代遅れである。病気の因果関係は考えられているよりずっと複雑なのだ。細菌も含めて、他者に依存せずそれだけで存在している生き物はいない。あらゆる生命体は安定した状態を求めて、周囲の自然環境の中のあらゆる要素と共に進化しているのだ。新しい伝染病が発生しても、それに関係する細菌やウイルスはまったくの新種ではないというのが定説だ。それまで人間の病気との関連が気づかれていなかっただけなのである。

それゆえ、新たな病気が発生した場合、それは、何らかのバランスが崩れたのだと考えることができる。ハエが媒介すると考えられている病気について徹底的に調査した論文を書くなら、それは必ず、急増する人口とその結果としての生物間のバランスの崩れについて触れたものとなるだろう。

病気を進化のプロセスのひとつとみなしている病理学者マーク・フッペも、新たな病気と生態系のバランスの乱れを結びつけている。森林の伐採、道路建設、水路変更……いずれもそこに住む生き物たちにとっては生息環境の破壊である。生息地の本来のバランスに頼っていた生物種の中には死に絶えるものもある。その一方で、荒らされた地域に住み着く種や新たな地を求めて去っていく種もある。いずれの場合も、彼らは自然の抑止力が働く前に、その機会をとらえて繁殖しようとする。それが病気の発生につながるというわけだ。

真実を探りだす

ハエに関する本の多くには詳しい説明抜きでこう書かれている。イエバエが病気を媒介するのは死んだものを好んで食べるためであり、さらには餌を溶かす物質を吐きかけて柔らかくする習慣があるためだ、と。生物に関する本を読んで、書かれていることに疑問を抱く人はまれだろう。疑問など抱こうものなら、人間と他の生物の切っても切れない関係について調べなくてはならなくなってしまう。ハエを敵のままにしておくほうがずっと楽なのだ。

◈ハエとコレラ

最近刊行された子供向けの虫の本で、著者である昆虫学者はあっさりこう述べている。「コレラは下痢のために死ぬこともある病気ですが、イエバエはこの病気と関係があるのです」。まるで既決案件のような書きっぷりだ。どうも腑に落ちなかった私は、コレラについて調べてみた。その結果わかったのは、コレラの症状と関係がある細菌は下水の中で繁殖するということだった。コレラの大流行は、社会が過渡期にあるとき、特に衛生設備が整わないままに新しい町が急速に発展したときに起こりやすいそうだ。

宿主に害を与えつづけ人を死に至らしめる細菌もいるが、そういう細菌が致死性を持つのは、何かがきっかけで宿主から宿主へ簡単に移動できるようになった場合だけである。移動できるのであれば、宿主を生かしておく必要がないからだ。ところで、コレラ菌が移動するために必要なのは、ハエではなく水である。そのため下水処理設備が整備されていない人口過密地帯では、コレラ菌が人から人へ簡単に移動できるのである。

簡単に移動できない状況では、細菌は宿主の死と同時に自分も死ぬことがないように、一般的には宿主との共存という比較的穏やかな状態へ向かって進化していく。事実、下痢を起こす細菌（コレラ菌も含む）が致死性を保てるかどうかは、水による移動の可能性と直接関係している。つまり、水を浄化すれば致死性の病原菌をより無害なものに変えられるのだ。実際そういった記録も残っている。

しかし人口増加や下水処理の問題に取り組んだり、効果の高いコレラワクチンを開発したりするよりも、ハエを殺すほうがずっと簡単だし費用もかからない。だからこそ政府は私たちを駆り立てて、共通の敵に団結して立ち向かおうとあおるのだ。たとえば、近ごろフィリピン政府は、マニラで蔓延したコレラはハエが原因だと考え、ハエに懸賞金を出すことにした。だが病気の流行は、貧困層の住民が放置された貯水池を公衆トイレとして使っているためだということが判明したのである。

コレラの問題にさらなる謎を加えるのは、大半のコレラ菌、それも汚水の中にもみつかる種類に感染しても、発病しない人がいるという事実である。このように、コレラを取り巻く状況は複雑で、解明されていないことがまだまだ多い。だから、子供向けの本に深く考えもせずにハエを登場させてはいけない。そんなことは敵をつくる手助けをしているようなもので、子供にとってもハエにとっても百害あって一利なしだ。

先ほどの作家は、水によって媒介される他の下痢性の病気、腸チフスと赤痢についても、説明抜きでハエが関係していると書いている。[*1] このふたつの病気について私がちょっと調べてみたところ、コレラの場合と同様、この病気の原因としてハエの存在は重要ではなく、また、ハエがいなければその病気の蔓延を防ぐことができるというわけでもないことがわかった。

一歩譲って、下水や汚物を餌にするハエは充分な衛生設備がない人口密集地帯で増加する、という事実を受け入れたとしよう。そうだとしても、病気は水に媒介されて広まるということや、人間も媒介者として疑わしいということに触れないわけにはいかない。ハエを一掃するために殺虫剤を使用すると、人間や他の動物の健康が脅かされるという警告（および、別種の虫が発生する可能性）も、しごく妥当だ。殺虫剤を使用したときの危険性を考えれば、公衆衛生の向上（あるいはワクチンの開発）が、唯一理にかなった行動指針と言えるだろう。

ハエが関与しているとされる病気について調べると、コレラの場合と同じように、さまざまな出来事や状況が互いに影響し合い、複雑にからみあっていることがわかるだろう。つまり、あまりにも単純な因果関係に基づいて結論を出してはいけないということだ。たとえハエが私たちの近くにいても、心と身体の健康に気を配り現代の衛生学の恩恵に浴しているかぎり、ナッソンが言うとおり病気の予防はできる。死肉や腐敗したものを好むイエバエなどの生き物から病気が広まる心配は、ほとんどないのだから。事実、私たちにはハエがどうしても必要なのだ。ハエの数は、人間の数に比例して増える。そのため、人口が密集してゴミ処理が滞ると、ハエが現れて助けてくれる。それがハエの仕事なのだ。

病気の誘因

別な角度から見ると、たとえハエが新種の細菌を本当に運んできたとしても、必ずしも病気になるというわけではない。罹患（りかん）性、つまり感染しやすさも大きな役割を果たすためだ。生物学者リン・

マーギュリスも、病原菌自体が病気を引き起こすという考えはあまりにも短絡的だとして信用していない。人が病気になるかどうかは、多くの個人的、文化的、環境的条件に左右され、特定の病原菌の特徴だけが原因ではないから、というのがその理由だ。マーギュリスは「私たちは潜在的に危険な病原菌につねに感染しているのに、体調を崩すことはない」と指摘したうえで、「健康な体と適切な新陳代謝を維持するためには、いくらか感染しているほうがじつは有益なのである」*2と述べている。

免疫機能の弱さや低下が病気の誘因になることは一般的に認められている。そして免疫機能をもっとも弱めるのは、戦争、飢饉、革命などが引き起こす危機的状況だ。長引く怒りやうつ状態も原因のひとつとされている。ペストのように外部寄生虫が媒介するほぼすべての病気や、シラミが媒介するいくつかの熱病は、人間の活動が破壊的な状況を生まないかぎり、虫にも人にも蔓延しないことも立証されているのである。

私たちは病気を媒介するものに取り囲まれている。しかし比較的健康な人は感染しても発病しないことが多い。近ごろでは、心理的な要因が病原菌との関係を決めると考える医者も増えている。つまり、病気はそれ単独で存在するのではなく、多くの内的および外的要因と複雑にからみあい、さらには私たちの免疫機能の変化にもおおいに影響を受けているということだ。

こういうことを考え合わせると、人とハエとの緊張関係を緩和することもできそうだ。心と体の調和をはかり、悪意のある想像力を制御して、ハエに不必要な干渉をせずにゴミの再処理をまかせればいいのである。

◈ 和解

ナッソンはこう結論づけている。ハエの完全な駆除は、それが望ましいと考える人もいるが、ハエが引き起こす問題以上に深刻な事態を招くことになるだろう、と。世界にはハエが必要であり、人間にとってもハエは必要なのだ。ハエに関心を向けることを阻んでいる恐怖心に思い切って直面してみるなら、思った以上に自然にハエへの思いやりがよみがえり、どんどん育っていくだろう。

私たちの周囲や体にいる細菌と和解することは、現実的な選択であり、日常生活のためにもなる。それは、ハエを「迷惑な」役割から解放するのみならず、地球共同体との健全な関係を結ぶよう私たちを促してくれるものでもある。細菌に対する恐れを放っておくなら、自分のすぐ身近に奇妙な見知らぬ虫の王国があると考えただけで、私たちは恐怖で身がすくむだろう。だが、虫や細菌に関するさまざまな情報が物語作家に託されれば、想像力が正しい方向へ導かれるかもしれない。物語は不安を消すことはできないにしても、この惑星の長老で無限の力を持つ命の生みの親が、私たちのそばで小さな神として生きる世界を受け入れよう、と語ることはできるはずだから。

存在の暗い側面

私たちは相当なエネルギーと確信をもって、ハエのような生き物を敵であり、厄介な侵入者であり、人間の生命を脅かす存在と判断し、駆除してきたが、そうした姿勢は現在も続いている。この信念の根強さからうかがえるのは、その根はこれまで触れてきた問題以上に深いものではないか、ということだ。もしかしたら、ハエに対する私たちの反応は、存在の本質そのものに対立する人類の在り方を示しているのかもしれない。

おそらく私たちが地球共同体の一員であるさまざまな生き物を排除しようとしつづけるのは、いつか必ず訪れる肉体の死へ向かって人生を歩むにあたって、私たちを精神的に支えてくれるような文化的背景が欠けているからではないだろうか。私たちは存在の根拠については不明なまま、あらゆるレベルで無常な生を生きているにもかかわらず、そのことを声高に否定し、死や衰弱を連想させないものばかりを選ぼうとする。若さを礼賛する私たちの文化にとって、老いや死は生命を否定するものだ。デカルト的生命観にとりつかれた科学者たちは、死は一切の終わりであり、それゆえ、死に対してはそれを阻止すべく果敢に介入すべきであると考えているのだ。

◈生命観の見直し

ハエへの思いやりを育むこと。その小さな一歩が、最終的には私たちの生命観を根底から変えることになるかもしれない。その一歩を踏み出すためには、はかなく一時的でありながら永続的でもある自然界、その死や衰退のサイクル、そして私たち自身の衰えていく肉体をありのままに受け入れることが必要だろう。ハエは消化液で餌を柔らかくするが、その消化液はついさっき食べた糞便や腐肉で汚れているかもしれないと聞くと、確かに胸が悪くなる。ハエは卑しい生き物だという思い込みはますます強まるだろう。だが蜂蜜には蜂の乾燥した嘔吐物が含まれていることや、蝶が人間の尿や汗を吸うことはあまり知りたくないはずだ。そういう虫に与えてきた好意的な投影を損ないかねない事実だからだ。

生き物は、人が名付けてもいない物質を分泌する。人間も唾液を出し、汗をかく。生殖には粘液が欠かせないし、胃自体が消化されないように保護するのも、肺に入り込んでくるゴミや病原菌を捕捉するのも、粘液の働きだ。そんな自分自身の分泌物のこともよく把握していないのに、私たちはハエをあげつらっている。そして自分で嫌だと思っている自分自身の性質をこの虫の中にみつけて、激しく憎んでいるのだ。

生き物への暴力的で理不尽な仕打ちや、ハエをはじめとする生き物を敵に仕立てあげる物語に思い切って目を向けたとき、癒しが始まる。どんな生き物にも価値があり地球に必要な一員だと考えることができれば、私たちの文化は生まれ変わるだろう。その変化は私たちの生活にもおよび、偽りの安心の上につくられた人の心や社会構造、根拠のない優越感をもぐらつかせるはずだ。誰もが新たな経験に心を開き、かつて抱いたことのない疑問を感じ始めるだろう。そして罹患性の本質や、生き物が媒介となっている病気の治療や予防の研究を進めるよう、科学界に求めるようになるだろう。私たちは地球をコントロールし支配するという傲慢な考えを捨てて、地球の共同体に参加し、いつでも人間の思いどおりになるわけではないということを学ばなければならない。そうして自然の中に自らの本来の居場所を見出せれば、私たちは万物との相互依存性や、生命という奇跡、そしてわれわれと同様に奇跡的な存在であるハエをも、祝福することができるようになるだろう。

第5章　ビッグフライの助言

私たちが永遠に続く真実に気づき、喜べるように祈ろう。
そこでは最高位の天使もハエも人間も、平等である。
――マイスター・エックハルト

アメリカ南西部の先住民族の神話でもっとも有名な登場人物のひとりにビッグフライ（大バエ）がいる。ビッグフライは人々の尊敬を集める心の師であり、ナバホ族と神々の間をとりもつスピリットの声でもある。砂絵にもたびたび描かれてきた。ナバホ族の伝説によると、ビッグフライは教えを必要としている者の耳の上や裏側に止まって助言を与えたり、疑問の答えをささやいたり、未来の出来事を予言したりしたらしい。

ビッグフライの物質界の片割れが、土地固有のハエだと考えられている。先住民族の人々は身近にそんなハエを見かけると、じっと身を潜めてハエの注意を引き、その助言（おそらく直観の声として受け取るのであろう）の恩恵を授かりたいと願ったのではないだろうか。

西アフリカのアシャンティ族もハエの神を崇めている。この神の物質界の片割れも、部族が大切にしている土着のハエであるようだ。アメリカ先住民のホピ族のスピリット、すなわちカチーナのひとりで、笛を吹く姿でおなじみのココペリは、ムシヒキアブが擬人化されたものだ。しかし虫の姿で描かれることはめったになかった。おそらくカチーナがアートとして人気が出たので、アーティストたちはココペリの余分な脚を（目立ちすぎる男根といっしょに）取り去り、先住民以外の人にも受け入れやすい姿にしたのだろう。

一方西欧では、ハエに注目するときといえば、うるさいと思って追いはらうときか、かなりいらだって殺そうとするときくらいだ。私たちは例によってこの小さな生き物を、賢い助言者ではなく悪意を持った存在とみなし、その投影に従って反応しているのである。だから、ハエが近づいてくると、ハエはただ遊んでいるだけかもしれないのに、攻撃されるかと思ってしまう。ハエが矢のようなすばやい動きで生活圏内に侵入してくるとき、あるいは数が多すぎてうまくその動きについていけないとき、私たちはどうしたらいいかわからなくなってしまうのだ。

そこで、ハエを仲間とみなして共通点を探してみてはどうだろう。仲間だと思っている生き物と自分に明らかな類似点があると、うれしいものだ。ハエの場合、肉体的な共通点はほとんどないし、あんなに小さくてはまともに見ることもできない。しかし、たとえそうした生まれながらの制約があっても、ハエには悪意があるという考えを、想像力豊かで穏やかな認識に置きかえれば、私たちのハエに対する態度は変わるのではないだろうか。

◈身内としてのハエ

人と他の生き物の類似点をみつけることは、工業化時代以前の文化では古くからの習わしだった。先住民族の文化ではハエは人間の身内だったので、私たちが大好きないとこやおじさんの話をするように、ハエのことを物語るのは自然なことだった。実際、ハエは数多くの先住民族の物語に登場し、その飛んだり咬んだりする能力を部族のために役立てる英雄だったのである。その土地固有のハエの姿や生態を説明している物語もあった。南アメリカに暮らすルイセニョ族の青いハエの物語はその一例だ。この物語では、祖先に哀悼の意を表わす儀式のために、青いハエが棒をくるくると回しつづけて火を起こす。しかしあまりに長いこと回していたので止まれなくなり、いまだに青いハエはくるくる回っているのだ、と説明している。

人間以外の生き物に特有の視点を理解し説明しようという試みの背景には、つねにしっかりした観察と、相互依存性への洞察があった。そういう文化では、大人がハエの物語を聞かせて子供たちを楽しませ、想像力の中に親近感のイメージを植えつけていたと容易に想像できる。

日本の有名な俳人、小林一茶は、ハエを人の祈りの姿にたとえてこんな句を詠んだ。

堂の蝿
数珠する人の手をまねる[*1]

このようなイメージも、想像力をかきたて思いやりの気持ちを生み出すのだ。

◈おとぎ話の中の虫

夢や神話、おとぎ話に登場するハエの象徴的な役割が理解できれば、その物質界の片割れである現実のハエともっと仲良くできるかもしれない。たとえばおとぎ話では、人や動物は人間の精神にみなぎるエネルギーを表わす。おとぎ話の筋立てが描いているのは普遍的な成長のプロセスであり、それは全体性へと向かう内面的な旅と見ることができる。こういう物語では、虫は問題を解決しなければならない場面に登場することが多く、主人公には不可能な仕事を成し遂げてくれる。ヒーローやヒロインの味方になって、困難を乗り越える手助けをするという重要な役割を果たすのだ。たとえばヴェトナムの「ハエの紳士」という物語の主人公は、家に入りこんできたハエにずっとここで暮らしなさいと言って、親切にも食事の世話までする。のちに彼が王女と結婚したいと思ったとき、ハエは王女の父である国王が押しつけた無理難題を解決するために手を貸すのである。

夢や神話に出てくる家は、自己の既知の側面、意識できる範囲の自己の象徴である場合が多い。では、ハエが私たちの家／心に「侵入」してきたときは、どうすればいいのだろう？「ハエの紳士」のような物語を読み解くことは本書の目的ではないが、小さな侵入者を歓迎し彼と友達になれる人には、予想もしなかった利益がもたらされるということは読み取れるだろう。ハエと友だちになった人は、ハエから恩返しされる――それも窮地に陥ったときに恩返しされるのである。

ハエの魂

古代の文化では、ハエはよみがえりを願う魂であると一般に信じられていた。ハエの姿を借りた魂が女性の体に入り、人間に生まれ変わろうとする神話は数多くある。この考え方の背後には、もうひとつ別な信念がうかがえる。すなわち、どんな生き物にも魂があり、魂は肉体に生命を与え、肉体が滅んでも生き延びるということだ。

古代エジプト人はこのような視点でハエを見ていたので、その土地固有の玉虫色のハエをかたどった、人間の霊魂を象徴する宝石をお守りとして身につけた。いまもエジプトの田舎の村では特定のハエを殺すことが伝統によって禁じられている。友人や隣人の魂が宿っていると信じられているためだ。

南アメリカのアウラウカニァン族は、首長や仲間が亡くなるとウシアブになると信じている。そのため儀式や祝いの場にアブが現れると、亡くなった仲間も宴に加わっていると考えて歓迎するそうだ。

ヒンドゥー教や仏教をはじめとする宗教や、輪廻転生の教義を教える先住民族の社会では、生き物が死んでも姿や形が変化するだけで、魂は消滅しないとみなした。肉体の形は永遠ではないが、魂は永遠不滅のもの、というわけだ。だとすると、誰もがこの永遠に繰り返される死と再生のサイクルの中に取り込まれていて、その中で魂はひとつの生き物からつぎの生き物へと姿を変えていく、という考えは理にかなっているのではないだろうか。たとえば、ラフカディオ・ハーン（小泉八雲）が集めた一九二七話にのぼる日本の怪談の中に、お玉という女中の物語がある。彼女は信心深い女性だったが、不慮の死ののちハエになり、かつての主人に自分のために仏式の葬式を出してほしいと頼むのである。ちなみに仏教では、ハエも衆生（訳註：仏の救済の対象となる生き物）の内であり、前世で母親や父親、あるいは祖父母だった可能性もある、とされている。

西欧でハエが嫌われるのは、ハエが死と関連づけられているためだろう。西欧社会では、有力な宗教が死後の生を詳細に述べているにもかかわらず、死が好んで話題にされることはない。ハエはそのように口にするのがはばかられる死や老衰、死んだ生き物と関係があり、生と死の大いなるサイクルで重要な役割を果たしているために、忌み嫌われるのだ。ハエを見ると、肉体の生には終わりがあることや、人間の意思や知性よりも強い力が私たちに影響をおよぼすということを思い出してしまうので、煙たがられるのかもしれない。

ハエに降伏する

オーストラリアの先住民族アボリジニーは、他の部族の文化と同じように、命あるものはすべて目的を持っていると考えている。彼らは地球やその生き物と親密な関係を築いているので、それぞれの生き物の役割を充分に理解しているのだ。定期的にやってくるヤブバエの大群も例外ではない。彼らはこのハエの存在を受け入れ感謝しているが、その姿勢は私たちもぜひ見習いたいものだ。

マルロ・モーガンは、オーストラリアのアボリジニーとともに徒歩旅行をした体験を『ミュータント・メッセージ』（邦訳、角川文庫）という小説にまとめた。その中で、うかつにも荷物といっしょに西欧文化の思い込みを持っていってしまったと明かしている。ある日の夜明けのこと、真っ黒な塊と化したハエの大群がやってきた。ハエが体中を覆い、耳や鼻、目、喉に入りこんできたので、モーガンは吐き気をもよおしてひどくむせた。一方アボリジニーの人々は、いつどこにハエが現れるかを感じとっていたので、立ち止まってじっとしていた。するとすぐに何千匹ものハエが彼らの体にも群がった。

このようなハエの大群に何度も遭遇したあと、「王の黒鳥」と呼ばれているアボリジニーのリーダーが彼女を呼び、どんな生き物にも目的があるのだと説明した。「異常や不釣りあい、偶然といったものは存在しない。人間が理解できないものがあるだけだ」。

王の黒鳥はさらに、あなたはハエが憎らしいと思い込んでいるだけだ、なぜならあなたは愚かで、ハエが本当はどれほど人間にとって必要で有益かを理解していないからだ、とモーガンに指摘した。

ハエは耳に入りこみ、毎晩寝ている間にたまる耳あかや砂をきれいにしてくれる。私たちの耳がいいことは知っているだろう？　そう、ハエは鼻にも入りこんできれいにしてくれる……。これから数日の間にもっと暑くなるだろう。そうしたら鼻がきれいじゃないと息が苦しくなる……。ハエは私たちの体をはいまわって、よけいなものを持ち去ってくれる……。私たちの肌は柔らかくすべすべだが、それに比べて君の肌はどうだ……。君にはハエに肌をきれいにしてもらう必要がある。いつかハエが幼虫を産む場所へ行きつけば、私たちにも食事が与えられるだろう。*2

王の黒鳥はモーガンをじっとみつめ、不快なものを理解しようとせず排除していては人間は存在できない、と話を結んだ。「ハエが来たら降伏するしかない。あなたにもそろそろできるだろう」
彼の言葉を心に刻んだモーガンは、つぎにハエが近づいてくる音が聞こえたとき、部族の習慣にならった。ハエが群がっている間、彼女は心の中で、高級保養地で腕のいいエステティシャンに体中をきれいにしてもらっているようすを思い描いた。ハエが去るとモーガンは心の旅から戻り、ハエに降伏することは正しい選択だったと理解するのだ。

転落

降伏は、私たちの文化では敗北を意味する。だから何事にも屈するなと檄(げき)を飛ばされ、障害にぶつかったらいつでも頑張って乗り越えろと教えられる。だからハエに対するモーガンの最初の姿勢、つまり不快なものにかたくなに抵抗して耐える姿勢は、私たちにはよく納得できる。抵抗することで苦境を耐え抜くことができると人は考えるが、しかし抵抗がもたらすものはストレスと疲労ばかりで、実際は何の進歩もないことが多いのである。

私たちが抵抗し闘っているのは、私たちの願望や持論、判断規準よりも大きな相手だ。それは、自分自身や人生についての観念を超えた地点にまで人間を成長させる、創造の始動エネルギーとも言えるものであり、私たちを魂へ、一人ひとりの内面にあるもっとも純粋かつ固有なものへと向かわせる力なのだ。詩人ライナー・マリア・リルケは「誰かが見ている」という詩で、「大いなる永遠の存在は、人によって歪曲されることを望まない……」ということに気づかせてくれる。

我らが選ぶ闘いの相手の、なんと小さいことか！
我らに闘いを挑む相手の、なんと大きいことか！
我らが理（ことわり）に従い
激しい嵐に支配されれば、
我らもまた強くなり、名前などいらなくなるものを。*3

私たちはいびつな社会の申し子なので、降伏が求められている場面でも英雄的な態度にこだわろうとする。降伏の仕方を学んだ人はほとんどいないだろう。降伏という考え自体が私たちの文化にはなじみがないのだから。人生の可能性を広げる心の深淵へ転落し、そこからふたたびはいあがる精神的な旅について、私たちは何の知識も持ちあわせていない。それは三〇〇年ほど前に、人生をコントロールするための青写真と、科学者が不快なものは排除してくれるという思い込みに取って代わられてしまった。だが、この心の深淵への旅こそが、世界各地の古（いにしえ）の文化や私たちの野性の自己が理解しているように、人生のあらゆる道のりにおいて必要なのである。不可避的な転落に心を開けば、その経験は知恵へと変容する。心を開くことがなければ、その同じ経験は敗北感しか残さないだろう。

◈イナンナの冥界下り

現代の文化で数多くの転落の神話がふたたびよみがえったのは、詩人ロバート・ブライ、物語作家クラリッサ・ピンコラ・エステス、マイケル・ミードといった先駆者たちのおかげである。そのような転落の神話には、私たちを支配してきた偽りの自己の死と、真実の自己への変容が必ず描かれている。この死と再生を主題にしたもっとも古い神話は、シュメール神話の天と地の女神、イナンナの冥界下りの物語である。イナンナの黄泉の国への旅は、降伏の物語なのだ。イナンナは、冥界の女神エレシュキガルが支配する冥界の七つの門をくぐるたびに、身につけているものをはぎとられ、最後には殺される。興味深いのは、その後のイナンナのよみがえりのきっかけとなったのが、水と知恵の神エンキが冥界に送りこんだハエに似た二匹の生き物だったことだ。ハエに似た生き物は、イナンナの死を悲しむエレシュキガルに同情する。エレシュキガルは自分の嘆きに思いやりのある態度を示してくれた彼らに感謝し、イナンナの遺体に手を差しのべる。するとイナンナの遺体は高みへと運ばれ、命を取り戻すのだ。

セラピストにして作家でもあるシルヴィア・ブリントン・ペレラは、イナンナの冥界下りとそれに続く死と再生の物語を、四季の巡りの反映であるとともに、私たち自身の精神のモデルであると考えている。イナンナの降伏は服従的な姿勢に基づくものではなく、やってくるものに心を開く姿勢に基づくものだ。こうした姿勢は私たちを心の深淵に導き、既知の自己に死をもたらす。なじみのあるものは失われるが、それに代わって、より深い価値観に見合った生がもたらされるのだ。

日常性を超えた永遠なるもの、人間のコントロールや理解を超えた出来事や経験に遭遇したとき、変化に抗う(あらが)ことが習い性になっていれば、それらは否定的なものに感じられる。だが、人生をののしり、英雄あるいは犠牲者としての立場をとりつづけるなら、「転落」に際しても剝奪されるのみで、魂の浄化や再生の約束は得られないまま終わるだろう。

私たちは人生の節目を迎えるたびに、私たちを生まれ変わらせようとする大きな力に闘いを挑まれる。その力は、尊敬と明け渡しを要求する。私たちがその価値を認めることを求め、現代社会で賛美されている成長と発展の力に匹敵する権威を要求するのだ。人生の一側面である衰退や死を操る変容の力に、つまりハエが支配する領域に心を開かなければ、私たちは意志に反して容赦なく、無理矢理変化させられるだろう。大いなる力の前には人間の意志や願いなど取るに足らないものなのだから。

◈天国と地獄を去る

意識的に生き意識的に死ぬという研究の草分けであるスティーヴン・レヴァインは、大半の人は天国と地獄を絶えず行き来しながら生きていると述べている。たとえば望みどおりのものが手に入ると天国にいると感じる。それがまったく手に入らなかったり、得ても失ったりすると、自分は地獄にいると感じる。しかし地獄は、ありのままの現実への抵抗でしかない。いわば、ヤブバエの存在と闘うことが地獄であり、ヤブバエが存在しないことが天国なのである。この二分法の罠に陥ると、私たちの心は自分が幸福だろうか、それとも不幸だろうかと揺れ動くことになり、心が自分のいる状況に対して下した判断にしたがって私たちは動くようになる。心の投影と一致したその判断のせいで、私たちは心の重荷をおろしてありのままの世界を経験することができなくなるのだ。そればかりか、私たちを魂の深みへ導く、叡知と変容のエネルギーも遮られてしまう。

自分の願望がつくりあげるイメージの中でこしらえられた世界は、恐怖と影の投影によって象(かたど)られた、きゅうくつでもろい場所になるだろう。不快だと感じるものを排除し、すばらしいと思うものだけを獲得しようとすることで、私たちは生命の源泉から自らを切り離し、自然界と私たちの心の中にある恵みの力に対して宣戦布告してきたのだ。

この天国か地獄かの危険な二分法を回避するひとつの方法に、願望の対象を変えてみることがある。充分な価値のある願望であれば、きっとうまくいくはずだ。万物の一体性、創造されたものが本源において統合されていることを理解したいと望むなら、あらゆる生き物の世界観を理解したいと望むなら、そして生物の多様性を守りたいと望むなら、自分の判断を保留して、自然界とそこに現れる生き物のあるがままの様相に心を開きさえすればいいのだ。必要なのは自分を明け渡すことだけ。見かけだけの自立を捨てることによって、私たちはあらゆる生き物を愛しく感じるようになる。そうすれば、ハエにも心を開くことができるのだ。

かけがえのないすばらしい生き物の消滅

生き物の数の減少を示す統計データは、いまや危険な領域に達した。何かが根本的に間違っているとしか思えない。そうでなければ、数多くの本で実証されているような大規模な環境破壊が許されることはなかっただろうし、ましてや私たちが自らその破壊に手を染めることなどなかったはずだ。昆虫学者は何千種ものハエを分類してきたが、死んだ虫をピンで留めて標本にしたところでその生き物を理解したとは言えないし、生態系の中で彼らが果たす役割についても知ることはできないということに、私たちはようやく気づいたのである。

近ごろカリフォルニアの昆虫学者たちが、七種類のクモ類と六種類の昆虫を絶滅寸前、あるいはその危機にあると認定しようとした。しかしすべて却下され、どれも絶滅危惧種リストに載せるには「不充分な危機」とみなされた。リストの「慎重な適用」を提唱する全米荒野協会（The National Wilderness Institute）のようなグループは、彼らが言うところの「醜いちっぽけな生き物」を守りたいとは思っていないからだ。事実彼らは、あらゆる種を保護することが目的の絶滅危惧種保護法を、国が破棄することを願っている。そればかりか、公式見解の決定プロセスを誘導し、一般大衆の好みに合う生き物を優先させようとしているのだ。これは時代に逆行する動きであり、いずれ私たちに大きな打撃をもたらすことになるだろう。

専門家たちは、生物種が減ることは警告であり、何かが根本的におかしくなっていることを示す最初の兆候だと口を揃える。そこで行動を起こさないのは不作為の罪であり、いずれめぐりめぐって私たち自身を苦しめることになるかもしれないのだ。

◈絶滅の危機にあるハエ

数年前、花を好む体長三センチほどのデリーサンドバエが、ハエとしては初めて絶滅危惧種リストに載った。とある方面からの猛反対を押し切った結果だった。デリーサンドバエは、光の反射によって目の色が変わるという特徴を持っている。生息地はカリフォルニア州サンバーナディーノ。寿命はわずか数週間だが、生態系では重要な役割を果たしている。その生息地もいまでは五〇〇エーカー、元の広さの三パーセントにまで減ってしまった。同種のハエで同じく花を好むエルセグンドバエは、一九六〇年代初頭に地上から姿を消している。

たとえデリーサンドバエがその狭い生息地で生き延びたとしても、闘いは終わらない。ハエを保護すると聞いただけで憤慨する人が大勢いるからだ。絶滅危惧種のリストからはずそうと提案した人たちもいるほどである。ハエのような虫はみな、生息地でどんなに大切な役割を果たしていても、なかなか保護はしてもらえない。ハエは敵だという考えを鵜呑みにしている世間がハエの保護に反発する人々に賛同したり、大規模なプロパガンダが問題を人間対ハエ、あるいは仕事対ハエという小さな構図に引きおろしたりするためである。

絶滅危惧種保護法は、「人間に圧倒的かつ決定的な危害をおよぼす」害虫と判断された虫には適用されない。しかしその危害とは経済活動への危害のことであり、命を脅かすという意味ではないようだ。私たちは金銭的に損をしたり、不自由な思いをしたり、苦痛を感じたりする危険を冒したくないのだ。だが、人間にとって本当に危険なものは、ハエでも害虫というレッテルを貼られた虫でもなく、生態系全体を傷つける有毒な化学物質を使った何年にもわたる虫との闘いなのである。なんとも悲しい皮肉ではないか。かつてレイチェル・カーソンは著書を通じて警鐘を鳴らした。だが、それだけでは足りなかったようで、殺虫剤の使用量は危険なほど高いレベルに留まったままなのである。

〃一体〃である世界を良い種と悪い種に分けたうえで悪い種を排除することに躍起になっていると、私たち自身の生命が依存している相互関係の網を破ることになる。相手がどんな生き物であれ、彼らに闘いを挑むことは自分自身に闘いを挑むことなのだ。同じように、絶滅の危機にさらされている生き物を助けようとしないのは、自分自身の一部を見捨て、地上のあらゆる生物を減少させることとなのである。

絶滅の危機にさらされた生き物を適切に扱うためには、現在の社会の習慣や規範を見直し、生き物の利益になっていないものを打ち捨てなければならない。また、どの生き物を生かしどの生き物を死なせるかを、一握りの政策担当者に決定させてはならない。手始めに、どんな虫もその生息地では役に立っていると考えてみてはどうだろう。そうすれば過ちをずっと減らすことができるのではないか。そう考えるだけでも、現状を変えると同時に虫への本当の思いやりを育むことができるはずなのだ。

ハエとのコミュニケーション

私たちが他の生き物とさまざまな面で持ちつ持たれつの関係にあるということがわかると、伝統的な科学の研究結果とは無関係に、大衆文化の中で人々の興味や支持を得る現象が起こった。異種間コミュニケーションである。

異種間コミュニケーションとは、異なる生物種間で交わされるコミュニケーションのことで、研究が盛んな分野だが、画一化された科学界には相手にされてこなかった。従来の伝統的なパラダイムにはなじまないためである。現代物理学や他の科学分野は生き物を冷徹な機械とみなす理論を克服したが、伝統的な生物学はいまだにそれに支配され、他の生き物をコミュニケーションの能力のないただの複雑な機械へ貶(おとし)めているのだ。

だからといって異種間コミュニケーションの現象そのものがなくなったわけではない。事実、他の生き物とのコミュニケーションの体験談や動物の不思議な行動の報告は増えているのだ。世界的に有名な生物学者にして動物愛護家でもあるルパート・シェルドレイクは、異種間コミュニケーションは素人でも研究できる科学分野だと考えている。彼の言う素人とは、それが大好きだからという理由だけで何かができる人のことだ。シェルドレイクはその言葉どおり、動物を飼ったり動物関係の仕事をしたりしている数千人もの人々を五年間にわたって詳しく研究した。その結果、動物と動物、動物と人間、そして動物と彼らが暮らす家を結ぶ目に見えない強い絆の存在が証明されたのである。

『言葉より古い言語 *Language Older Than Words*』の著者デリック・ジェンセンは、コヨーテとの「会話」を経験した。その後同じような体験をした人を探しはじめると、すぐにそれが自分だけの体験ではないことがわかった。彼が訪ねた大半の人々は、頭がおかしいと他人に思われたくないから動物と会話したことは誰にも言わなかった、と答えたそうである。

私も動物の相棒たちとよく「会話」をしている。しかし初めての自然な異種間コミュニケーションは、虫が相手だった。彼らのために声をあげる仕事を始める数年前のことで、J・アレン・ブーンのハエのフレディの物語（『動物はすべてを知っている』ソフトバンククリエイティブ）を読んだ直後だった。これについては次節で詳しく述べるが、その不可思議で思いもよらない出来事が、異種間コミュニケーションを日常的に実践している人へつながる心の扉を開け放ってくれたのである。

動物を愛する多くの人が、すでにこの分野に引き込まれており、異種間コミュニケーションのワークショップも世界中で開かれている。作家にして異種間コミュニケーションのパイオニアでもあるペネロペ・スミスは、これはつぎの世代へ伝えるべき遺産だという信念の下、何百人もの人に異種間コミュニケーションの方法を伝授している。スミスは動物や鳥だけでなく、ハエや蚊のような虫ともテレパシーでコミュニケーションをとる。懐疑論者からはきびしく検証され科学者には無視されながらも、スミスは、他の生き物とテレパシーでコミュニケーションをとると、自分とその生き物との間に何かが起こり、その生き物の行動が変化するということを、機会あるごとに見せてきたのである。

スミスによると、真心をもって虫と意志疎通すると、好ましい結果が生じるらしい。実験者が、協力しあうことのできる知性的な生き物として虫を扱うと、虫は実験者の望むとおりに反応する。その際もっとも重要なのは、相手に抗わず他者の世界観を認める心構えだとスミスは言う。たとえば、虫が引き起こす問題を解決するためにコミュニケーションをとるときは、最初に彼らがなぜそんな活動をしているのか理由を聞き、その目的がかなうように手助けすることを約束するそうだ。とはいえ虫の話を聞くというプロセスだけでも、ざわめく心を静め渦巻く思考を止めることに慣れていない人にとってはなじみが薄い。だが話を聞く技術は誰でも身につけることができるとスミスは強調する。彼女自身も大半の時間をこの訓練に当てているのである。

普遍的意識

スミスの能力は、量子論の本質をなす考え方のひとつである非局在性の証拠となるかもしれない。非局在性とは、制度的な科学では現在のところ認められていないが、時空の制約を超えた結びつきのことである。医師にして作家でもあるラリー・ドッシーは、宇宙に広がる非局在的な意識があらゆる生き物をつないでいると考えている。そのほうが生き物が生存しつづけるためには有利なのだから、生物学的にも理にかなっている、というのが彼の主張だ。

先住民族の文化ではシャーマンが生き物と特別な結びつきを持っており、生き物との正しい関係を築くための助言を人々に与えていた。通例、シャーマンはつらい体験の末に知恵を獲得するが、そうした体験の中には、人間以外の生き物が関わる通過儀礼や、意識の鍛練も含まれていた。

しかし現代社会には、私たちを導いてくれるシャーマンは存在しない。そのため私たちは、自分でシャーマンの能力を培（つちか）わざるをえなくなっている。しかし、科学者たちがスミスの異種間コミュニケーションを裏付ける新たな自然法則を発見したり、シャーマンのもつさまざまな意識レベルについて解き明かしてくれたりするのを待つ必要はない。習慣となってしまっている旧来の認識の仕方を刷新するのに必要なのは、他人の話や本から得る知識ではなく、自分自身の体験なのだから。

◈ハエと友達になる

ここでは人とハエが友達になった例をいくつか紹介しよう。六世紀アイルランドの聖職者、聖コルンバの友人で文通相手でもあったゴールウェイのコルマンは、一羽の雄鶏、一匹のネズミ、一匹のハエとともに泥壁のあばら屋に住んでいた。コルマンは彼らに食事を与えて優しく語りかけ、みな友人になった。雄鶏、ネズミ、ハエにはそれぞれ役割があった。ハエは、聖人が読書中に席を立つとき、どこまで読んだかわかるように、開いた本の読み終えた箇所にじっととまっていた、と言われている。彼らが亡くなったとき、聖人は友を失った悲しみを聖コルンバへの手紙にしたためたそうだ。

つぎに紹介する先住民族の賢人サラ・ウィロウは作家にして「アニマルスピリット AnimalSpirit」というウェブサイトの創設者でもあり、日常生活で出会うすべての生き物から学ぼうとすすめている。ウィロー自身は、気持ちを落ち着かせる方法をハエから学んだらしい。動かず沈黙を保つ修行をしていたときに、ハエが彼女の指にとまりひたすらじっとしていたからだ。

大半の人は、自分で経験しないかぎり、虫から何かを学んだり虫とコミュニケーションしたりできるとは思わないだろう。だから必要なのは、あるとき思い切って、自意識を脇に置き、他人に滑稽に思われるような行動をしているのではないかという恐れを捨てて、虫とのコミュニケーションを試してみることだ。精神科医ゲイル・クーパーは、実際に試してみたひとりだ。ある夏の日、ダイニングルームで座っていると、ハエが彼女の横をブーンと飛んでいき、窓ガラスを通りぬけようと無駄な努力を始めた。クーパーはとっさに、外へ逃がしてあげると言い、座ったまま人差し指を伸ばした。ハエはぐるぐる飛びまわっていたが、やがて指にとまった。そして彼女が外へ歩いていく間、そのままじっとしていた。不思議なことに、クーパーにはハエが自分の考えを理解したのだということがわかった。すると涙があふれてきた。生き物との絆という大いなる神秘に触れたためだろう。

出版物に目を転じると、ハエは害虫だという一般的な見方をくつがえす物語はほとんど出されていない。ましてやハエとのコミュニケーションや友情の可能性を示唆するものとなると、その数はもっと少ない。それでも誤った認識に基づいて行動することをやめれば、何か前向きで新しいことが始まる可能性が生まれるはずだ。たとえば小説家J・R・アッカリーは、「頭がうまく働かなくなりはじめた」母親がハエとの友情を築いたと書いている。アッカリーはいちどもそのハエをみかけたことがなかったのだが、母親はハエについてあれこれと話し、ハエに話しかけてもいた。冗談まじりに話すこともあったが、ハエがバスルームに住んでいるというのは本気で言っていたらしく、毎日入浴中にバスタブの縁にハエのためのパンくずを並べていたそうだ。

私たちの社会にはハエとの関わりあいを考慮するコンテクストがないので、ハエと交流ができるようになったと言っても、非難されたり相手にされなかったりしがちである。本書の初版が出たときは、そんな物語を紹介していることに憤慨し「くだらない主張」と呼んだ読者もいた。アッカリーも、母親は認知症になったのだと思ったらしい。おそらく母親は、判断力や決断力を失うことで、心が自然な状態に戻っただけだったのだろう。投影を払拭し、一瞬の可能性に心を開いたのだ。私たちも、ハエとの友情を育むなんて頭がおかしいと思われることを恐れる必要はないのだ。

◈ハエのフレディ

先に触れたJ・アレン・ブーンは、『動物はすべてを知っている』という異種間コミュニケーションについての傑作を著した。ブーンはその中で、ハエとの友情の見本を示し、フレディと名付けたイエバエとの間に友情が芽生えた経緯を語っている。

ブーンは、心から学びたいと思いながら他の生き物に接すれば、知性のある生き物と友人になれるということを学んだのだ。ある日、さまざまな種類の生き物との有意義な交流を終えたあと、一匹のハエが現れて部屋から部屋へついてくることに気づいた。ハエともコミュニケーションがとれるかもしれないと思い、ブーンは試してみることにした。そこで、来たるべき会話の準備を整える第一歩として、ハエのすばらしい点を書き出した。そのリストを手にして、これだけの長所を認めているのだという思念をハエに送り、心の中で指に止まるよう願った。するとハエがそれに応えるかのようにブーンの指へ飛んできて、元気いっぱいに指の付け根から先まで上ったり下りたりしはじめたのだ。

その後数週間にわたって、ブーンはフレディとゲームをしながら、お互いにどの程度理解しあえているか調べていった。たとえば、一本の指に数色のインクを塗り、フレディにその中のある色の部分に飛んでこいと言う。するとフレディは、ブーンに言われたことを理解して、迷うことなくその色のところに飛んで来るのだ。

やがてフレディのことは噂になり、大勢の人がフレディに会いに来るようになった。ある俳優はブーンにすすめられて、自分の指に止まるようフレディに命じてみた。しかし何度指示を出しても、フレディはブーンの指から天井へ向かって飛んでいってしまう。フレディの行動にブーンは困惑した。客が興味津々でフレディに会いに来るように、フレディの方もたいていは来客に好奇心を持つからだ。そこでブーンが男性に根掘り葉掘り質問すると、その俳優はばつが悪そうに、じつは昔からハエが嫌いでいつも殺していたと打ち明けたのである。フレディはその男性のハエに対する本当の気持ちに気づき、彼との交流を拒むことでその認識力を示したのだろう、とブーンは結論づけている。

そんなブーンも、フレディに出会うまではハエの何もかもが嫌いだった。そして考えたことをそっくりなぞるような体験をした。ハエには敵意があると思うと攻撃されたし、ハエにはいらいらすると考えると実際いらいらさせられた。咬まれるかもしれないと予想すると、本当に咬まれもした。ところがハエに対する態度を変えたとたん、悩まされることはなくなったのだ。ハエだらけのジャングルでもいらいらすることはなかった、とブーンは述べている。

人間の恐れや批判、意見などどこ吹く風で、どんな生き物も彼ら独自の世界と知恵を持っている。先住民族の人々は、ハエも含めたあらゆる生き物には、思いがけないことを知らせてくれたり、全体性の一面を見せてくれたりする力があると知っていた。ハエのフレディは、生き物を「それ」ではなく「あなた」と呼んで礼儀と感謝を表わせば、仲間意識を感じてコミュニケーションをとることが可能になると、ブーンに教えたのかもしれない。

◈ハエの教え

ニューメキシコの仏教寺院で行なわれたサティヤ・サイ・ババのリトリートに参加したカレン・ヒルドたちは、あたりを飛び回るハエからすばらしい教えを学んだ。寺院の大食堂には何十匹ものハエがいて、手や食べ物に止まっては修行者をいらいらさせた。だがそこは非暴力の実践者たる仏教徒のこと、ハエには何もしなかった。

そこでは沈黙の行が実践されていた。だがあるときひとりの修行者が木から落ちて脚の骨を折り、沈黙は破られた。事故について活発な議論が交わされたのだ。ヒルドと友人も事件について話していたが、ハエが何匹も頭のまわりをぶんぶん飛びまわり、ときどきふたりの口元に止まろうとしていることに気づいた。ハエのフレディもメッセージを伝えたいときはブーンのまわりを飛びまわったというこことをヒルドは思い出し、このハエも何か伝えようとしているのかしらと考えた。もしかしたら、こんな会話に没頭していてはいけないというメッセージかもしれない。この仮定を確かめるために、ヒルドは友人と話すのをやめてみた。するとハエは飛び去ったが、議論が始まるとまた戻ってきたのだ。ヒルドの友人はこの出来事をサティヤ・サイ・ババに報告した。するとサティヤ・サイ・ババは、ヒルドから修行者全員にこの体験を伝えてほしいと言った。大勢の前で話すのは苦手だったので、ヒルドは気乗りしなかった。だがふたたびハエが飛んできたとき、自分の体験を語るのは重要なことなのだと彼女は確信したのである。

その二回目のハエの飛来があったのは、会合が始まる直前だった。一匹のハエが彼女の横に止まったのだ。ヒルドは、その前のハエの体験をグループに話すべきか否か確かめるチャンスだと考えた。「私はハエの中に神が宿っていることを暗黙のうちに理解し、指をそっとハエの横に置いて（こうたずねた）、神よ、グループ全員にこの話をしてほしいと私に願うなら、どうか指の上に乗ってください」。するとハエは軽くはばたき、半ば飛び跳ねるように指に乗ったのである。あっという間の反応だったので、ヒルドは驚いた。

ヒルドはこの体験のことも、その前のハエの不思議な行動のことも、グループに語った。信じられないという表情で彼女を見る人もいたが、すっかり話に夢中になってどの本にフレディの物語が書いてあるのかとたずねる人も多かったそうである。

だが、ヒルドの不思議な体験はこれで終わりではなかった。驚いたことに、そのときから修行が終わるまで、大食堂のハエに悩まされることがまったくなくなったのである。ハエは相変わらず群れていたが、窓辺に止まってじっとしていた。まるで修行者の意識を研ぎすますことが当初からの目的だったかのようだ。[*4]

ブーンの体験にならい、親愛の情をこめた視点に立てば、私たちもハエと意思の疎通をはかることができるのではないだろうか。生物共同体の輪にハエも招き入れ、彼らが助けを必要としているときに手をさしのべられるようになるのではないだろうか。そうなったら、「君のいる世界では、どんな虫に恵まれているの？」とハエに訊かれても、自信を持ってこう答えられる。「ハエです！」と。

ハエを賞賛し尊敬することは、努力と忍耐が求められる共存共栄へのアプローチとしては極端な例かもしれない。しかしハエ一匹一匹に礼儀正しく感謝したり、ハエが持つナビゲーション技術や並ずれたリサイクル能力、そして授粉能力を賛美したりするだけで、ハエへの思いやりをもとにした環境倫理の土台をつくることができるのだ。ハエを恵みとみなす道も開けるだろう。ハエを正しく理解すれば、彼らに助言を求めようという気持ちにもなれるかもしれない。心の深淵への避けがたい転落を見届けて、その後の解放と再生の旅路を見守ってくれるようにと、ハエに願う日もいずれ来るはずだ。複雑な現代社会を生き抜くためには、ビッグフライの助言も必要だろう。私たちの意識にひそやかに入ってくる訪問者、我らが神、ハエの王の声をふたたび聞くために。

第6章　神がかった天才

ゴキブリ、その輝く背中と髪の毛のように細い脚、
タイルの上をかさこそ走るその音は、
だいじょうぶ、ひとりぼっちじゃないよ、
と教えてくれる夜の音楽。

——リンダ・ホーガン（チカソー族の作家）

作家エリザヴィエッタ・リッチーは、二三年間におよぶ結婚生活が破綻したあと、マレーシアで一年間孤独な日々を過ごした。来る日も来る日も夜遅くまで執筆していたが、ある夜一匹のゴキブリが現れ、以来、彼女の近くでじっとたたずむようになった。ゴキブリは彼女を観察しているようにも見えたが、ただそばにいたかっただけなのかもしれない。リッチーはそのゴキブリに感謝にも似た気持ちを感じた。

このように人がゴキブリに感謝の気持ちを向けることはめったにないが、科学界では妬みにも似た尊敬を集めている。なぜなら彼らは太古の世界からの生き残りだからだ。

一五歳のとき、両親によって精神病院に入れられたエディ・ルービンは、精神病棟で生き延びるすべを学んでなんとか自由を手に入れたい、と考えた。「サン」紙にあてた手紙でルービンは、最初の数日の夜は壁にクッションが張られた部屋で過ごしたと明かしている。持ち物はすべて奪われ、それがなければ法定上は盲目だったにもかかわらず眼鏡も奪われた。病室の外からは、他の患者たちがあげるののしり声が聞こえてくる。しばらくすると、視界のすみで何かが動くのに気づいた。茶色の染みのように見えたが、少し近づいてみるとゴキブリだった。ゴキブリは以前から嫌いだったが、そのときばかりは仲間ができたようでうれしかった。彼は床のゴキブリのあとをついてまわり、ゴキブリがマットレスの上にはい上がったり降りたり、体を掃除したり、餌を探したりするようすを観察した。しかし突然ゴキブリは壁の狭いひび割れの中に姿を消した。逃げてしまったのだ。その瞬間ルービンは、自分自身が自由になるための手本を目撃していたのだと気づいた。監禁状態から逃げる方法をゴキブリがみつけられるなら、自分にもできるはずだ。そして彼は病院から脱走したのである。

人間とゴキブリが積極的に関わる物語は珍しいが、ものめずらしさから公になった話もある。そのいくつかは、囚人の物語だ。一九三八年、テキサスの刑務所に収監されていた男は、ゴキブリを手なずけて、口笛を吹いたら自分の独房へ来るようにしつけたと語った。一九九五年には、「ウィークリーワールドニュース」紙が囚人とペットのゴキブリのエピソードを特集し、囚人がゴキブリにチーズのかけらをあげたり、細い糸をゴキブリに引き綱のように結びつけて部屋の中を歩かせたりしているようすを紹介した。しかし看守がそのゴキブリを殺したため、囚人が刑務所を相手取って訴訟を起こす結果となった。

しかし刑務所や病院の外では、誰もゴキブリと出会いたいとは思わない。嫌悪の対象にはなっても、興味や賞賛の対象になることはまずない。この地球の長老のことを知りたがる人など、めったにいないのだ。急激に数を増やす好戦的な人類と同じ世界に住みながら、そこに順応するという厳しい試練をゴキブリたちがどのようにかいくぐってきたのか、不思議に思う人はいないのだろうか？

一九八〇年にイェール大学が生き物の人気ランキングを調べたところ、ゴキブリが蚊をおさえて堂々の最下位だった。誰もが納得する結果だったろう。暖かくて暗い場所や人間の食べ残しを好む種類は、私たちの生活圏内にもぐりこんでくるので、それに耐えられない人も多い。たしかに、私たちの目を盗んで暗闇で活動しているかと思うと、気持ちが悪いしぞっとする。だから私たちはゴキブリは壁の裏側で薄汚い生活をしているのだと決めつける。一方彼らを殺す製品を売って何百万ドルも儲けている会社は、数え切れないほどの虫が私たちのすぐそばで汚れをまきちらし、病気を広め、私たちの生きる場所を奪おうとチャンスをうかがっている、と吹聴している。

じつはこの穏やかな生き物は、咬んだり刺したり、直接人間を傷つけたりする力は持っていないのだが、それよりもゴキブリと汚物、つまり私たちが出す汚物との関連ばかりがことさら注目されるようだ。そんななか、生物学者ロナルド・ルードは、ゴキブリが人間に害をおよぼすことはなく、人間に悪影響を与える細菌を媒介することもめったにないと主張している。

文化が生んだゴキブリへの嫌悪感を正当化しようとするかのように、多くの研究者がゴキブリと特定の病気を結びつけようとしてきた。しかし結果はどれも二義的なものだった。ゴキブリが伝染病の伝播に直接関わったことはなかったのである。事実、大半の科学者はゴキブリが病気を媒介するという噂は不当だと認めている。ゴキブリは健全で清潔な一生を送るようだし、人間が食べる前にゴキブリが食べ物に近づいたとしても、ゴキブリにしかできないような汚染は残さないらしい。しかし大半の人はそんなことは知らない。たとえ知ったとしても信じようとはしないだろう。ゴキブリには過剰反応する人がとにかく多いので、現在わかっている四〇〇〇種類のゴキブリのうち、人間の生活圏内だけで生きている四、五種類のために、アメリカ全体の殺虫剤使用量のおよそ二五パーセントが費やされているのである。

ゴキブリと汚れ

家にゴキブリが出る人は、ゴキブリ（cockroache）をウォーターバグ（water bug）、クロトンバグ（Croton bug）、ボンベイカナリー（Bombay canary）、パルメットバグ（palmetto bug）などと呼ぶことがある。どれもゴキブリを表わす言葉だが、ゴキブリが出ると言うと不潔な家だと思われそうなので遠回しな言い方をするのだ。家にゴキブリがいるのはだらしない証拠で恥ずかしいことだという思い込みは、文学や映画にも浸透している。もっとも厄介な虫はゴキブリだという意識調査の結果も、この思い込みが原因かもしれない。このように、ゴキブリが家にいることは非難されてしかるべき、恥ずべきこととされている。だから生活様式そのものを反省しない人は、この虫さえ家から駆除するば非難されずにすむ、と考えているのだ。

だが皮肉なことに、どんなに家をきれいにしても、温暖な地方のゴキブリは人間のルームメイトとしてそこに住みつづけるようである。彼らが食べ物にありつくチャンスを逃すことはめったになく、そもそも本の装丁の糊まで食べるほど好き嫌いがないので、清潔な家でも楽々と生き延びるのだ。かたい物でもやわらかい物でも、ほとんど何でも嚙めるし、食べ物のほんのわずかなかけらでも感知できるので、パン屑さえみつけ出す。食べ物がないような厳しい環境でも三カ月ほど生きつづけ、また、水なしでも一カ月は生きられるらしい。

人間が出すゴミや下水溝の中で暮らしているゴキブリがほんの数種類いるために、大半の人はゴキブリは汚いと決めてかかっている。だが実際は、彼らの習性は驚くほど清潔だ。たとえば、ゴキブリは猫が毛繕(づくろ)いをするのと同じように体をよじらせ、脚や触角を口でしごく。人間に触れられたあとも体を丹念にきれいにする。この事実を知ったら、作家メアリー・ジェームズはさぞおもしろがったことだろう。彼女はカフカの『変身』にひねりを加えた小説『シューバッグ *Shoebag*』で、ある朝目覚めると少年に変身していた若いゴキブリを登場させているからだ。細菌だらけの人間になった彼は、ゴキブリの家族や友人に嫌われるのである。

ゴキブリは壁の裏で悪だくみをしていると想像するのは誤りで、何時間も体の手入れをしていると考えるほうがずっと正確なのだろう。だが人目につかない暗い場所での出来事なので、ゴキブリが毎日こういうみそぎの儀式をして過ごしていることにはなかなか気づかないのが実情だ。おまけに殺虫剤の会社が、世間が好む猫のような生き物とゴキブリとを比較させまいとするので、私たちはますますゴキブリの本当の姿から遠ざけられる。理由はひとつ、儲けが少なくなるからだ。

ゴキブリとアレルギー

近ごろゴキブリは、アレルギー症状と関連づけられた。ある大手の新聞は、いつもの悪意のある論調で「これでまたゴキブリが嫌いになる新事実発見」という記事を載せ、この「世界中で嫌われている」生き物は、冬場のアレルギーや喘息の主たる要因であると発表した。ゴキブリの死骸のぼろぼろになった外殻に含まれる化学物質を吸いこむと、アレルギー体質の人にはブタクサや猫の毛の場合と同じ症状が現れるという、最近の研究結果に基づいた記事だった。

しかしアレルギーとその原因物質との関係は、私たちが考えるほど型にはまったものではない。アレルギーは非常に複雑な症状なので、簡単に原因をつきとめることはできないのだ。事実、私たちがアレルギーと呼ぶ症状の根本原因はいまだに解明されていない。わかっているのは、現在アレルギー症状に悩む人は四〇年前の二～一〇倍にもなっているということだ。最近の環境医学に関する本は、大気や食料、水に含まれる大量の有毒な化学物質が、巡りめぐって私たちの体内に蓄積されることが原因としている。その本は屋内の空気の汚染レベルが非常に上がっていることにも触れているが、それは現代建築で使われる建材が原因だ。近代化された農業でも、化学肥料のために野菜の栄養価が低下している。

このように、倫理観の強い記者や名のある新聞でさえ、文化が持つ影の側面を知らず知らずのうちに広めてしまうことがある。だから私たちは、自分自身の責任において自分が読むべきものや信じるべきことを選択する目を持たなければならないと言えるだろう。私たちを地球共同体の動植物との闘いに向かわせようとする推論には、特に注意が必要だ。というのも、一九九七年にブラジルのアレルギー研究者が発表したところによると、ゴキブリの外殻に含まれるアレルギー誘因物質は全体のほんの二、三パーセントにすぎないのだ。つまりゴキブリがアレルギーの「主たる要因」とはとても言えないのである。

ブラジルでは、ゴキブリからみつかった物質を使ってワクチンを開発する研究も進められている。同種療法とも呼ばれるホメオパシー（訳註：薬のかわりに植物や鉱物を使い、患者に現在出ているのと同じ症状を引き起こす物質を極微量与えて治療する方法）に基づいた一連の研究である。ゴキブリは、なかなか治らない喘息やアレルギー、呼吸器系疾患の治療に役立つとわかっているので、長い間ホメオパシー治療に使われてきた。そのため、ゴキブリとアレルギーの間には正当な関係が存在する。つまりゴキブリはホメオパシーの「処方箋」なのだ。

だが、いくらゴキブリの安全性が保証されても、私たちが何を観察するか、そして発見したものをどう解釈するかは、悪意に影響されてしまう。ゴキブリを嫌悪し殺したところで、化学物質があふれている世界へのアレルギー反応はけっして治まらないだろう。また、そうした行為を続けるなら、ゴキブリを敵に仕立てあげた結果生まれた問題も、それを支える歪んだプロパガンダも、けっしてなくならないだろう。

ゴキブリへの恐怖反応

ゴキブリへの反応は、ヒステリー症にそっくりになることが多い。そして、理性を欠いた恐怖は、人々に必要もないのに殺虫剤を使わせてしまう。たとえば最近の新聞記事によると、二〇歳のイスラエル人女性が自分の口の中に殺虫剤をスプレーしたそうだ。ゴキブリが飛んできて舌の上にとまったためである。殺虫剤の化学物質で口内や舌、声帯、喉頭がただれ、女性は入院した。彼女によると、ゴキブリが大嫌いなので気づいたときにはスプレー缶をつかんでいたそうだ。また、スー・ハベルの『虫たちの謎めく生態――女性ナチュラリストによる新昆虫学』(邦訳、早川書房)には、ある大学教授の告白が載っている。彼は幼いころからずっとゴキブリを恐れており、ゴキブリを見ると文字どおり恐怖で体が麻痺し、動くことはおろか話すことさえできなくなるそうだ。

病的恐怖症の反応は非常に激しいため、病気のひとつとみなされている。この教授もイスラエルの若い女性も、その感情の強さゆえに病的恐怖症に分類できるが、そういう反応を示すのはもちろん彼らだけではない。病的恐怖症とそれに関連する不安障害は、現代社会に見られるもっともありふれた心理的問題なのだ。治療では、過敏すぎる反応を鈍らせ、恐怖症の対象のイメージを使ったリラクセーション訓練を実施する。しかしそれも根治治療ではなく、症状を若干緩和するにとどまっている。深層心理学者によると、他人や特定の状況に対する過剰な反応は、何かが心の中で作用している確かな兆候らしい。そのようなときは自分自身の中にあって、それに目を向けることを拒否しているもの、つまり私たちが世界に投影しているものが私たちを支配し、舞台裏から操っているのだ。このようなことが起こるのは、ベルベットのカーテンに隠れた魔法使いのせいではなく、いまやおなじみとなった「影」のためである。私たちはカーテンを開き、投影された自分の一部を認識しなければならない。そうして影の力をはぎとって自分自身を解放し、ゴキブリのような生き物にも正しく接していかなければならないのだ。

たとえゴキブリには恐怖症の反応は示さなくても、ほとんどの人は自分の理解を超えた存在に対しては激しく反応する。こうした反応は当然とみなされじっくり検討もされてこなかったので、ゴキブリを否定的にとらえるプロパガンダの連続攻撃を受けても誰も反論しようとしない。私は地元の新聞のガーデニング欄にその一例をみつけた。特集されていたのは害虫駆除業者から都市昆虫学者に転身した人物で、彼はゴキブリに殺虫剤をスプレーしたり叩きつぶしたりするときの「満足感」について語っていたのだ。皮肉なことだが、ゴキブリをトレードマークにしているラップ・ヘヴィメタル・グループ、「パパ・ローチ」が大衆文化の嫌われ者になりきって楽しんでいるのも、その満足感のためだろう。

ゴキブリを駆除することで、自分には強い力がありすべてを支配しているのだと感じる人もいる。「〝我ら人間〟対〝奴ら〟」という二元論的な視点に立てば、ゴキブリさえ殺せば架空の安全地帯に近づくことができるかもしれない。しかし、私たちが敵とみなした相手を殺すことで得られる満足感は、けっして長続きはしない。他の生き物を敵に仕立てあげた人にとって安全な場所など、どこにも存在しない。このような投影に支配されて猜疑(さいぎ)心に基づいて行動し、嫌いなものや理解できないものを殺しているかぎり、私たちはこの星での逃亡者でありつづけるだろう。

◈いかにしてゴキブリへの嫌悪を身につけるか

ゴキブリへの敵対心が理にかなっているように思えることは多々ある。彼らの姿や行動は人間とは非常に異なるし、私たちの要求には腹立たしいほど無頓着だからだ。彼らはあまりにもすばしこいし、そればかりか私たちが行ってほしくないと思っている所へも入りこむ。たとえば、家の中に侵入してきて、寝ている私たちの体の上にのぼったりするのだ（私たちがそんなふうに思い込んでいるだけかもしれないのだが）。このように、お互いの生活圏の境界をずうずうしく無視すると同時に、ゴキブリは私たちの心の境界線をも越える。家への侵入は、プライバシーの侵害でもあるからだ。ゴキブリが人間とともに暮らすことを選んだために、彼らがいるかいないかが家事の手抜き具合を判断する基準となった。数が多いために頻繁に見かけるし、もっとたくさんいるのではないかと想像もしてしまう。彼らの無頓着さときたら、傲慢なほどだ。だからゴキブリを見下して殺すことは、こうした犯罪への報復として当然のことのように思えるのだろう。

しかし、ゴキブリに対してすべての文化がこのように感じたり行動したりするわけではない。だから私たちの反応は生来のものではなく、経験から身についた反応だと言えよう。たとえば東インド諸島やポリネシアの人々は、ゴキブリへの賞賛のしるしとしてゴキブリを象（かたど）った装身具や装飾品をつくったし、ジャマイカの民間伝承ではゴキブリは好意的な役割を与えられている。アフリカのナンディ族はゴキブリのトーテムを持つ。さらに、ロシアとフランスの一部の人々はゴキブリを守護霊と考え、家の中にゴキブリがいることは幸運だとみなしている。そのためこういう地域では、ゴキブリがいなくなることを不運の前触れととらえるのだ。

ゴキブリへの嫌悪感が生まれつきのものではないとすると、私たちは経験から嫌悪感を身につけ、つぎの世代へと伝えているにちがいない。私たちは嫌悪感を世代から世代へ手渡しているのだ。研究によると、ゴキブリと接触したことがない子供でさえ、ゴキブリを嫌う大人のそばにいるとゴキブリを嫌うようになるという。四歳くらいまでは、子供たちはまったくゴキブリをいやがらないのだ。

ゴキブリに関する多くの入門書にも否定的な見解があふれている。これも文化的な敵意を伝える方法だということは、こんな冒頭の一文を読めばすぐにわかる。「ゴキブリは本当に不快な虫だが、好き嫌いは別として、じつに驚くべき生き物だ」

敵意を伝えるもうひとつの方法は、ゴキブリの体や能力について説明するときに感情的な表現を用いて、攻撃的なイメージを植えつけることだ。ある女性作家の児童書はその好例だろう。アジアのゴキブリを他の地域のゴキブリと比べて彼女は、「胸が悪くなるほど異様である」と述べている。彼女がそんなふうに感じるのは、アジアのゴキブリが飛べるからだ。彼女はゴキブリとバッタを比較し、バッタは地面にびっしりと密集して群れるので、「一度に二五匹から三〇匹は踏みつぶすことができる」とも書いている。

この作家が「踏みつぶす」というイメージを使って虫の群れる習性を説明した裏には、虫の群れは厄介なことの前触れではないかという疑いがあるのだろう。もしこれがスズメのような鳥や子猫の群れだったら、こうした表現は誰の目にも不適切だということがわかるだろう。ゴキブリの意図を疑う気持ちをうまく制御できたら、群れを見たときに生まれる疑問はつぎのような内容に変わるかもしれない。この虫の集まりには秩序や目的はあるのだろうか？　彼らをまとめる共通の任務があるのだろうか？　彼らはひとつの思考のもとに、ハチの群れのようにまとまって行動するのだろうか？　個を捨てて集団となって、何を感じているのだろう？　このような疑問に反映されているのは、人間以外の生き物を気まぐれに殺す心ではなく、科学的な探究精神である。

相手についての情報をもっと得ることによっても、空飛ぶゴキブリに対する恐れをやわらげることができる。たとえば、ゴキブリは力強く飛ぶことはできるが、うまく方向を定めることはできない。ハワイでは、暑い夜に数種のゴキブリのオスが飛びまわり、人や物にぶつかるそうである。そのため多くのハワイアンは彼らを「B－52コックローチ」（訳註：B－52は米軍爆撃機）と呼んでいるが、ゴキブリにナビゲーション技術が欠けていると知れば、不器用に飛ぼうと試みてしばしば人にぶつかってきたとしても、それを攻撃とみなすことはなくなるだろう。

ゴキブリの共同体

ゴキブリのことを知るにつれて、ゴキブリは敵だと私たちに思わせることで得をする人間がいることや、彼らが私たちにゴキブリはロボットのように機械的に反応し目的もなく生きていると信じこませようとしていることがわかってくる。ゴキブリと「闘う」ための手引き書は、ゴキブリをただ生きようとするだけの機械と呼び、集団になって隠れるが互いへの愛情はないと決めつけている。

一方ゴキブリを殺す道具や薬で生計を立てていない人は、ゴキブリは秩序ある共同体で生活しているようだと報告している。アリのような社会性昆虫を除けば、子供の世話を熱心にする虫はほとんどいないが、ゴキブリの多くの種類には家庭生活をおくっているらしい兆候が見られるというのだ。巣に戻ってきた活発な若いゴキブリが、大人のゴキブリの口の部分に残っているわずかな餌のかけらをもらうこともあるらしい。

休息するときは互いに身を寄せあってじっとしているが、触角は触れあってかすかに動いている。危険を察知しようとしているのか、互いの存在を確認しあっているのか、あるいはコミュニケーションをとっているのかもしれない。科学者によると、ゴキブリはつねに体の表面がどこかに接触していることを好むそうだ。これは接触走性と呼ばれる習性である。この現象が彼らの共同体への愛情を支えているのかもしれない。しかしそれだけではゴキブリが互いに毛繕いをする理由は説明できない。大半の虫は互いに無視したり闘ったりするのだから、彼らの仲間意識は虫の世界では珍しくも興味深いことなのだ。

ゴキブリを機械とみなす考え方とは対照的に、迷路をうまく抜けられる「賢い」生き物とみなす研究者も多い。一九一二年にはC・H・ターナーがゴキブリを電気ショックで訓練する研究実験をしている。これと同じ疑わしい方法が、ゴキブリが人を襲う映画「クリープショー *Creepshow*」（一九八二）でも使われていた。

学習への積極的な動機づけは、人間などの哺乳類では効果的で持続することがわかっているが、ゴキブリにはそれ以上の効果があるそうだ。ナチュラリストのロナルド・ルードのクラスメートのひとりは、ゴキブリに単純な迷路で左右を区別することを教え、電気ショックを使わずに成功したらしい。ゴキブリはテストに見事に合格したのだ。

◈科学研究の影

ゴキブリは頻繁に実験材料として使われる。神経生物学者に言わせれば、ゴキブリには敏感な触角と非常に大きな細胞でできた神経系があるので、神経細胞の働きを研究するには理想的な実験動物らしい。この非常に大きな神経細胞は、ゴキブリに並はずれた生への感受性があるということを示唆しているのではないだろうか。

伝統的な科学研究では、ゴキブリなど実験対象への共感は、結果に悪影響をおよぼす汚染のようなものとみなされるが、実際の汚染要素である敵意はそうはみなされていない。その例を紹介しよう。ある研究者は、ゴキブリの頭部は胴体から切り離されたあと少なくとも一二時間は生きつづけ反応すると発表し、「ゴキブリは理想的な実験動物だ」と誉めたたえる独りよがりな言葉で研究報告を締めくくっている。ゴキブリにどんな実験をしようとも、動物愛護団体が研究所に押しかけてゴキブリを守れと要求することはほとんどないだろうから、というのがその研究者の言い分だ。

しかし彼の満足感は長続きしないだろう。二〇〇〇年春にブリストル大学で行なわれた一連の研究結果が広く知れわたるようになれば、実験動物にも苦痛の少ない方法を使おうという努力が、ようやく虫にも向けられることになるかもしれないのだ。その研究によると、一般的な見解とは正反対に、ゴキブリなどの虫も痛みを感じ苦しむというのである。実際に、ある実験では電気ショックをいやがって虫が猫や犬のように反応したそうだ。

だがこのような研究成果も、現代の最新技術の研究を止めることはできない。たとえば日本の筑波大学の生物学者たちは「スパイゴキブリ」と呼ばれる代物をつくりだした。彼らはゴキブリの羽を外科手術で取り除き、それから非常に小さな通信装置のような物体を移植して、ゴキブリの動きをコントロールできるようにした。触角も電子信号を発する電極と取り替えた。信号が装置に送られると、それが電極を刺激し、ゴキブリは痛みで前後左右に動きまわるという仕組みだ。このスパイに変貌させられたゴキブリは、数カ月間生き延びることができるが、時間がたつにつれて電気刺激への反応が鈍くなるらしい。だが実験の中心となっている研究者は楽観的で、その問題も克服できると考えているようだ。

彼はこうした研究報告の最後につぎのように述べているが、そこで感情をまじえないはずの科学者の仮面が滑りおち、影の側面が明らかになっている。「ゴキブリはすばらしい虫とは言えない。少し臭いし、触角の動きもどことなく不快だ。しかし羽を切り取って背中に小型回路を積んでやると、いい奴に見えてくる」

敵意の賛美

科学界の外の世界では、ゴキブリを嫌うことが当たり前になっているため、影の投影はより顕著だ。パーデュー大学の「全米ゴキブリ競技会」はその好例と言えるだろう。この大会の主役は死んだり捕まったりしたゴキブリで、一九九一年以来、昆虫学科の学生とスタッフが住民を招いて開催している。種目はふたつ、ゴキブリレースとトラクター引きだ。ゴールライン目指してミニチュアのトラクターを引かされるのは、巨大な外米種であるマダガスカル・ゴキブリが三匹。一方死んだゴキブリは、応援するファンの格好をさせられてミニチュアのスタンドに置かれている。競技会は、レースに賭けるためにつめかけた何千人もの人で大盛況だ。

敵意のある想像力を育むもうひとつの文化的行事が、コンテストである。そこでも当然のように歪んだ創造力が競われている。たとえば数年前にフロリダで開かれた国際ゴキブリ大会では、ゴキブリをウィンドサーファーや日光浴をする人にみたてて飾りたてた男性の創造性が評価され、表彰された。似たようなコンテストは他にもある。テキサス州の「ゴキブリの殿堂」では、テキサス州プラノの企業がゴキブリ「アート」コンテストのスポンサーになっている。彼らは、ゴキブリをみつけたら殺し、人間のように衣装を着せて靴箱の中に飾ってコンテストに参加しよう、と呼びかけているのだ。

バーコードをつけた一〇〇匹のゴキブリを放つ広告も人気がある。最大のゴキブリを持ちこんだ人が表彰されるゴキブリコンテスト用の広告だ。テキサス州ダラスの害虫駆除会社が、一九八六年に賞金一〇〇〇ドルで始めたのが最初である。すぐにフロリダ州オーランド市がまねをした。一九八九年にはアメリカ中で巨大なゴキブリをみつけるコンテストが開かれるようになり、その大半はゴキブリ駆除会社がスポンサーになっている。いまでは巨大ゴキブリの捜索は世界中に広がり、南アフリカやバミューダ諸島も参加しているほどだ。

◈長老の目撃

これらのイベントと、環境心理学者ジェームズ・スワンの著書『自然のおしえ 自然の癒し』の中の一場面を比べてみよう。ある日、ユーコン準州の砂利道を車で走っていたスワンは、先住民のサケ釣り場に立ち寄った。

先住民たちが魚を仕掛け網から取るのを彼は見ていた。すると誰かが「見ろ！」と叫んだ。網の底には一メートル以上ありそうな大きなサケがかかっていた。それを見た年長者のひとりがこう言った。「逃がしてやれ、そいつは長老だ」。そこで仕掛けを開けると、巨大なサケは飛び出して川の流れに戻った。

「どんな部族でも長老は尊敬しなければならない」と年長者がスワンに言った。「植物、動物、山々、鳥たち。彼らにもたくさんの部族がある。彼らを大事にしなければ、あとで罰を受けることになる」[*1]

スワンはこの体験を、世界をありのままに見るための教えとみなした。部族社会の人々は、巨大なサケがやってきたことを、現代人がもはや認識できなくなった大いなる力によってお膳立てされた、人間と人間以外の生き物との出会いと受け取った。作家兼弁護士、「スタンディング・ロック・スー」という団体の一員でもあるヴァイン・デロリア・ジュニアは、このような長老の目撃を「意識の別な次元をかいま見ること」[*2]と呼び、そこに自然や他の生き物と人間の絆の根源があると述べている。

ゴキブリであれ他の生き物であれ、最大のものをみつけるコンテストは、部族の長老を目撃してもっとも基本的な自己の土台に触れようとする試みの著しく歪められた姿なのだろう。私たちは長老を目撃したいという衝動をもはや理解できず、最大のものを憎み殺せという文化の圧力に盲目に従っている。しかも殺すだけではなく、報償まで受けとるのだ。人間が自然界で完全に孤立していることや、種を問わず長老を尊敬するという気持ちが社会に欠けていることを実感させる悲しい事実だ。

宇宙人か他者か？

人はよくゴキブリを（その他の虫も）エイリアンや怪物呼ばわりする。人間と昆虫はこんなに見た目が違うのだから、理解しあえないのは当然だと私たちは正当化する。しかし、本当に彼らは排斥や対立、敵意の象徴たるエイリアンや怪物なのだろうか？　それともただ「姿形が違うだけの同胞」なのだろうか？

私たちは怪物をつくり出す名人で、特に自分と見かけが異なる生き物に関しては抜群の腕前を発揮する。しかし、こうした傾向は、じつは差別を生み仲違いを後押しする何かにではなく、もっと生きることに貢献するようなものに根ざしているのではないだろうか。

「怪物」を意味する「monster」という英語は、神の出現の前触れを表わすラテン語に由来する。であれば、ゴキブリが怪物なら、彼らの出現は重大な何かが水面下で起こっていることの表われと言えるだろう。神話学者ジョゼフ・キャンベルによれば、慣れ親しみすぎてもはや役立たずになってしまったものに死をもたらし、私たちの精神を再生させるという大事業、すなわち何らかのスピリチュアルな道へと私たちを連れ出す役目は、つねに気味が悪くて嫌われている生き物が受け持つのだという。そうした生き物は——カエルであれ蛇であれ昆虫であれ——、人生において否定され、認められず、いまだ成長していない要素のすべてが存在する無意識の深層を体現している。だからゴキブリのような嫌われ者を見かけたら、それは、いまが新しい世界へ足を踏み入れる時だ、という合図なのかもしれない。いまこそよく見知った世界から離れて、未知の——だが知ることはできる——世界へ向かって動きはじめよ、という呼びかけかもしれないのだ。従来の限界を超えて新たな世界へ参入し、自分自身の魂や本質に向きあうとき、あるいは向きあわされるときは、つねに不安がつきまとう。変化が深刻で持続時間が長くなれば、未知のものに対するこの不安も大きな恐怖となるのである。

◈境界領域に住む虫

生態心理学者の故ポール・シェパードは、人間が決めた分類のどこにも当てはまらない生き物は渾沌を意味し、秩序を生みコントロールを維持しようとする人間の努力を脅かす存在だ、と考えていた。家にいるゴキブリが私たちを脅かし、虫と人間とを明確に区別したいという人間の欲望の裏をかいていることは容易に理解できる。ゴキブリは配水管、冷蔵庫に隠れた床のひび割れ、壁と壁の隙間といった、境界領域に住んでいるからだ。

しかしながらそういう境界領域は、変化が起こり新しいものが生まれる場所でもある。カオス理論では、「カオスの縁」と呼ばれる領域がある。それは渾沌と安定のはざま、カオスと秩序のはざまのどっちつかずの場であり、安定性を失ったシステムや組織が渾沌の中へ崩壊することなく変化や変貌、刷新へ向かう場でもある。哲学者デイヴィッド・シュパングラーは、この境界領域を「生命の本質」と呼んでいる。そこでは、既知の慣れ親しんだものと未知の予見不能なものが、互いの創造性を生かしつつ協力しあうのだ。

そうするとゴキブリは、この境界領域のスピリット、変化を促す内部からの力――私たちを不安でいっぱいにする深層の本質的自己からの呼びかけ――を伝えるメッセンジャーと言えるのではないだろうか。ゴキブリは、私たちの内なる土台の変化に気づかせ、思考に無秩序や不安をもたらして、現状維持という安定した状態を妨害する役目を担っているのである。おそらくゴキブリの存在は、カオスの縁に立つ私たちの背中をそっと押して、自ら組織化し展開していく原初の力に触れさせてくれるものなのだ。

◈覚醒

バイロン・ケイティという四三歳の女性は、ゴキブリを見かけたことで背中をそっと押されて、いや、激しく投げ出されて、新たな世界の見方や存在の仕方に目覚めたという。それは一九八六年二月のことだった。ある日の早朝、ケイティは摂食障害の女性の回復を支援する施設の、鍵のかかった屋根裏部屋の床に横たわっていた。彼女はもう二週間もそこで過ごしていたが、ずっと取り乱し、怒りと恐れにとりつかれたままだった。クリスティン・ロー・ウェーバーが著した『砂漠の叫び――バイロン・ケイティの目覚め *A Cry in the Desert : The Awakening of Byron Katie*』で、ケイティは「ゴキブリが足の上にはいあがってきた。そのとき私は覚醒した」[*3]と告白している。最初ケイティは、足の上をゴキブリが動きまわっているのを感じた。それから足に目をやったが、それが自分の足だとわからなかった。つぎの瞬間ゴキブリの姿が見え、ケイティはこれは自分自身なのだと思った。すると突然喜びと不思議な感覚が彼女の中の恐怖に取って代わったのだ。ケイティはそれまでの人生の果てしない渾沌が完全に遠ざかり、感覚が研ぎすまされ、多くの人が覚醒と呼ぶ状態に自分がいることに気づいた。人生の転機となったゴキブリがはいあがってきた瞬間のことをよく考えてみたケイティは、その覚醒を復活と呼んだ。彼女は耐え難くなっていた心の痛みから目覚めたのだ。喜びという現実を生きるために。

ゴキブリをエイリアンではなく「姿形が違うだけの同胞」とみなせば、ケイティが体験した目覚めを恩寵の瞬間と考えることができるだろう。彼女はゴキブリという効き目の強い薬のおかげで、あらゆる他者は万物の背後に存在する本質的な一体性から生じると気づいたのだ。私たちもあらゆる生き物をそうした「同胞」とみなせば、自分自身の復活や覚醒へ向かって進み、人生に恩寵を呼びこむことができるはずなのである。

いまのところ私たちは例によって、自分とは異なるものや自分の中の受け入れられない部分を押さえつけ、型にはめようとしている。ひとたび押さえつけてしまうと、こんどはそれを他の生き物に投影し、警戒する。私たちは自然界のトップに昇りつめるために思い込みという名の不安定な足場を築きあげ、そこで長い間ゴキブリの存在が投げかける影に怯えながら生きてきたのかもしれない。

ではゴキブリは（あるいは他の生き物は）、私たちの知らないどんな不快な自己を呼び覚ますのだろう？　彼らによって覚醒されないままで、何をすべきか教えてもらわないままで、私たちはいつまでもちこたえられるのだろうか？　私たちは成長を促す合図をいったい何回無視するのだろうか？　そして本質的な自己を発見するためにはあらゆる種類の他者を受け入れなければならないと、私たちはいつになったら気づくのだろう？

共感の力

他者であってもその本質を受け入れて理解すれば、自分とはまったく見た目が違う存在にも共感することができる。他人に共感する能力は、心理学者ダニエル・ゴールマンが提唱する「心の知能指数」のモデルでもある。他者の世界観を共有するこの能力は、他の生き物との間には絆があるという前提に立っている。さらに、一般的な見解に反して形態的な類似点が求められるのではなく、自分と他者を区別する境界線を曖昧にして協調することが求められるのだ。

虫への共感を身につけようとするときは、共感とは相手を擬人化することでもなければ、心の存在を考慮せず行動が示す客観的事実だけに注目する行動主義でもないということを思い出すといいだろう。その目的は、アメリカのユーモア作家ドン・マーキスが生んだ、詩を書くゴキブリのアーチーや、インターネット上のマスコット、ロドニー・ローチに代表されるような人間そっくりのゴキブリをつくることではない。行動主義に基づいてゴキブリは機械と同じだと決めつけることでもない。彼らは人間にも機械にもなりたいとは思わないだろう。本当の目的は、私たちが想像力を駆使して彼らの世界に参加し、彼らについて学ぶことなのである。

伝統的な科学界は生物への共感と聞くと顔をしかめ、理性を狂わせるものと考える。共感の影響で、適切な行動が妨げられることがあるからだ。しかし共感は、自分と他人を理解するためには欠かせないものなのである。新米科学者が生き物に共感し彼らの生命を心配すると、まわりに馬鹿にされ恥ずかしい思いをするかもしれない。そうなると感情を捨てるか業界を去るか、どちらかしかないのだ。

◈生き物の知性

幸いなことに、すべての研究者が完全なる客観性を旨とすべしという圧力に屈しているわけではない。生物学者ウィリアム・ジョーダンもそうした例外のひとりだ。ジョーダンは大学院生のとき、学部のゴキブリ飼育係だった。さまざまな種類のゴキブリの行動をつぶさに観察した結果、彼はゴキブリには知性があり、人間との共通点もあるのではないかと考えるようになった。彼はゴキブリを、環境に柔軟に適応することもできれば新しいことを取り入れることもできる、知性のある生き物とみなしたのである。しかし、ジョーダンのこのような観察結果は、ゴキブリを生存だけが目的の機械的存在とみなす通念にはそぐわなかった。

食べ物を探したり縄張りを主張したり、社会的地位や伴侶を求めたり、といったゴキブリによく見られる行動は、人間と共通するものであることにジョーダンは気づいた。そして人間が動物から進化したものであるなら、理性が感情に操られるというのは理にかなっていると推測した。

ジョーダンは、あらゆる生き物の脳は知性を有し、基本的な生活に関するかぎり驚くほど似通った行動を生むと結論づけた。人間の場合、意識的な心は本能の上に覆いかぶさっているだけで、その心が記憶や感情、衝動などを結びつける本能の働きを観察している――これを私たちは理性的思考として経験しているのだ。ノエティック・サイエンス研究所の所長だった故ウィリス・ハーマンもジョーダンに同意したはずだ。ハーマンは、生き物が目的や目標を探すことは（伝統的な生物学では、人間の特徴を自然に投影したがる傾向としてはねつけられるが）、宇宙の大いなるスピリットが自らの進化を見守り導くためのプロセスのようだ、と語っていたのだ。

大学でゴキブリの共同体を観察して過ごした長い時間は、ジョーダンの胸に深く刻みこまれた。彼は、進化の基本的な目的は生き残ることであり、その最終目標は永遠に存在しつづけることだろうと推測した。大昔から地上に存在するゴキブリは、数億年もの間現在とほぼ同じ姿で生きてきたのだから、永遠の存在に近づきつつあるのかもしれない。脳の基本的な目的が生き残りを助けることだとすれば、ゴキブリは間違いなく「神がかった天才[*4]」なのである。

生きることの達人

ジョーダンがゴキブリで発見したことを証明するために、実際にゴキブリを観察したり、観察したいと思ったりする人はあまりいない。『地上の天使たち――本当にあった動物たちの無償の愛の物語』（邦訳、原書房）の著者ステファニー・ラランドもゴキブリについてはほとんど何も知らず、そばにいてほしくない存在としか思っていなかった。しかしラランドがどう思おうと、どのみちゴキブリは彼女の家にいた。そこでごく一般的なゴキブリ駆除の方法であるホウ酸や粘着型のゴキブリ捕獲器を使ってみたが、あまり効果はなかった。ゴキブリを食べると言い伝えられているトカゲを飼うつもりはなかったし、イヌハッカという植物に含まれる成分に強力な防虫効果があることは知らなかった。なんとやけになった彼女は、J・アレン・ブーンの異種間コミュニケーションを試すことにした。なんといってもブーンは、アリやハエのフレディとコミュニケーションをとることに成功しているのだから。

ブーンによると、異種間コミュニケーションの第一段階は、これから意志疎通を図ろうとしている相手の長所をみつけることだった。そこでラランドは、キッチンにいるゴキブリを落ち着かない気持ちで観察したが、好きになれそうなところなどみつかりそうもない。ついに彼女は、家からいなくなってくれたら「それこそが」すばらしい点だと思うとゴキブリに話しかけ、そうしてくれたら、誰かに会うたびにゴキブリのことを誉めてあげる、と約束した。それで気持ちが伝わったかどうか確信が持てなかったので、ラランドは同じメッセージをゴキブリあての手紙にしたため、生ゴミの中に入れた。そして頭がおかしくなったと友人に思われないように、人目につかない場所に隠した。すると翌日、驚いたことにゴキブリは家からいなくなっていたのだ。彼女はその後二年間そこに住みつづけたが、ゴキブリは二度と戻ってこなかったそうである。彼女は約束を守り、ゴキブリはすばらしいとあちらこちらで誉めてまわっている。

私はこの物語が気に入っているが、ラランドがゴキブリのすばらしい点をひとつもみつけられなかったことには意外な気がした。ゴキブリはああ見えても、どんな気候にも適応して生き残る戦術を発展させてきた、いわば生きることの達人なのだ。それにゴキブリの大半の種類は赤道直下に生き、そこで植物の受粉を助け、ゴミを再生処理し、食べ物を他の生き物に分配している。でもそれも、キッチンでゴキブリを見かけるだけではわからないことかもしれない。

しかし彼女は自分自身の経験から、ゴキブリにこっそり忍び寄ることはどんなときでも不可能だと知っていたはずだ。空気中の分子から情報を集めているかのように、精密機器のような触角で空気をなでているようすも目にしていただろう。ゴキブリの研究者にはよく知られていることだが、ゴキブリはあらゆる方向の危険を察知し、地震まで予知できるすばらしいセンサーを備えているのである。

皮肉なことに、私たちが自分自身に毒を盛るかのように化学物質を使いつづけると、ゴキブリの殺虫剤への抵抗力も増していく。これには科学者たちも困惑している。どうやらゴキブリは致死性の物質を餌にしても問題ないらしい。ゴキブリのこの特徴を利用すれば、がんの治療方法もみつけることができるかもしれない。

ゴキブリ研究家が言うには、ゴキブリは人間の存在に順応しているが、それ以上に深遠な生き残りの技をさまざまな角度から教えてくれるそうだ。だからゴキブリを邪悪な生き物だとみなし、なんてしぶとい奴らだとののしって敵視するのはやめようではないか。私たちはこの非凡な生き物を心から賞賛し、自分自身と彼らのために貢献するべきなのだ。そうすれば困難をものともせずに生き残った人を、いつかこう誉めたたえる日が来るかもしれない。「あなたはまぎれもないゴキブリだね!」

マダガスカルオオゴキブリとの関係

神がかった天才の化身のひとつが、体長一〇センチはあるマダガスカルオオゴキブリだ。堂々たる物腰、磨かれた木のような外殻、そして空気を切り裂き四メートル先の敵を驚かせるシューシューという鳴き声の持ち主である。個人的に飼育して珍しい土産物として売っている人もいる。大半はカラフルなプラスチックケースの中で人間を楽しませ数カ月で命を落とすが、もっと条件の良い環境なら寿命は二年ほどである。

私がこの昆虫に興味を持ったのは、ある実話を読んだことがきっかけだった。私の想像力を思いがけない方向へ引きのばしてくれたその本とは、ロサンゼルスの精神科医ゲイル・クーパーの『動物に魅了された人々 *Animal People*』である。そこには並はずれた熱意で動物との関係を築いている人々が描かれている。

そのひとりがジェフ・アリソンだ。幼いころから目が不自由だったアリソンは、虫といつもつながっているような気がしていた、と述べている。子供のころ、兄が手にのせてくれた虫のおかげで、彼は裏庭の生き物の世界に出会った。さまざまな虫をとおして彼の意識は目覚め、生き物に対する感受性が育まれたのである。

一八歳を過ぎたころ、友人がマダガスカルオオゴキブリを四匹くれた。やがてアリソンは四匹それぞれに個性があり、同じ状況でも異なる反応を示すことに気づく。それでアリソンは一匹一匹区別できるようになった。好奇心旺盛なもの、慎重なもの、いつもびくびくしているもの。そしてもう一匹は驚くべき記憶力を見せた。

アリソンは数カ月の間ゴキブリたちと親しくつきあい、ゴキブリがオスとメスのペア以外でも友情を築いていることや、数日間整然とコミュニケーションをとったのちに年長のオスから若いオスへリーダーの権限が委譲されたことを知った。しかしこのような行動は、あらゆる生き物には彼らを導く知性があると理解しているアリソンのような人にとっては、特別なことではないのかもしれない。

◈死に方

自然死を迎えたゴキブリはなぜ仰向けになるのか、が長い間科学者たちを悩ませてきた。しかしアリソンは、ゴキブリがさまざまな段階を経て穏やかな多幸感へ、つまり死へ進んでいくことを発見した。まるであらゆる無意識の体の働きがすべてコントロールされるヨーガの境地のようである。第一の段階で、ゴキブリは食べることと動くことをやめる。すっかりリラックスしているように見えるが、外界とのつながりは断たれている。こうして徐々に物質界からの解放が進むと、ゴキブリは自発的に仰向けになり脚の力を抜くのだ。ゴキブリは数日間そのまま横たわりつづけ、その後本当の死が訪れるのである。

ゴキブリとのコミュニケーション

ときに不運は、他の状況では考えられない関係を結ぶ機会をもたらす。アリソンの場合は、ゴキブリの体が不自由になったときにその機会が訪れた。年老いたメスがカビにやられて脚を失ったのだ。アリソンはそのメスを特に気にかけて世話をするようになり、餌をあげるときはいちばんいいものを選んですぐそばに置いてやった。アリソンは、ほかのゴキブリも彼女を気にかけていることに気づいた。自分たちが動きまわってもゆっくり眠れる場所を与えていたのだ。やがてそのメスは、必要なものはすべて与えてもらえると知り、安心しはじめたらしい。アリソンは彼女の穏やかな気持ちを感じとり、ある種の「親しい関係」が結ばれたような気がした。

自分が顔を見せると、彼女が本能を超えた反応を示していることもアリソンにはわかった。好きな餌をあげると喜んでいることも直観的にわかった。しかし彼はもっと非現実的な、自分自身のものではない思考やイメージも感じとった。それはそのメスの思考で、アリソンといっしょにいることを喜び、彼の対応に感謝しているという気持ちだった。

死期が迫ったときも、メスのゴキブリはアリソンに合図を送った。ある日アリソンが部屋に入ってきたときはもう仰向けになっていたので、アリソンはそっと手に取った。すると彼女は死ぬときが来たこと、すぐに小刻みに震えはじめやがて体中が激しく震えるだろうということを、アリソンの心に映しだして見せたのだ。その抵抗しがたい流れに遠く連れさられる前に、アリソンにお別れを言いたかったのだろう。彼女はいっしょにいられて楽しかったと伝えたのだ。これがふたりの最後のコミュニケーションとなった。メスのゴキブリはぐったりして動かなくなり、数日後に一年の生涯を閉じたのである。

アリソンとゴキブリとの結びつきは、私たちの文化のひな型には当てはまらない。しかし人と虫とのつながりを可能にする物語、現代の子供のための物語だと言えるだろう。

もうひとつの魅力的な物語には、イギリスのカレッジ・オブ・サイキック・スタディーズが発行する「ライト」誌の編集者、ブレンダ・マーシャルが登場する。マーシャルと夫がブラジルに数週間滞在したときのことだ。ある朝ふたりはものすごく熱いお湯をバスタブに張った。すると大きなゴキブリが排水溝から飛びだしてきたのだ。その後ふたりは、ぬるま湯を張るように気をつけた。それから間もないある夜、長い廊下の先のバスルームから離れたリビングでふたりがくつろいでいると、一匹のゴキブリが入り口に現れた。ゴキブリは部屋を横切りまっすぐにマーシャルの夫のところへやって来て、椅子に上ってそこでじっと動かなくなった。夫は餌をやり、固ゆで卵のかけらが好物だと発見した。ふたりはブラジルにいる間、ゴキブリとともに静かな夜をしばしば過ごしたそうである。

イギリス生まれのフェイス・マロニーは、ユタ州カナブにある動物保護施設「ベストフレンズ・アニマル・サンクチュアリ」の所長を務めている。彼女はメキシコのココナッツ農場で暮らしていたときに、動物とテレパシーでコミュニケーションをとっていた。初めてのコミュニケーションの相手は、飼っていた犬たちだった。そこから彼女は仲間の輪を広げ、ゴキブリともコミュニケーションをとるようになる。するとゴキブリは「親切な生き物」だということがわかった。彼女がいなくなってと願うと、ゴキブリはいつでも聞き入れてくれたのだ。その後シカゴに移り住むと、ゴキブリがバスルームに頻繁にやってくるようになった。ゴキブリは姿を見せたかと思うとちょっと立ち止まり、まるで声をかけられるのを待っているかのようだった。そこで彼女があいさつをすると、ゴキブリはまたどこかへ行ってしまったそうである。

ゴキブリの教え

ある日、「虫のように考えよう」という授業でこんなことがあった。いつものように、虫との前向きで敬意に満ちた関係をどのように築くかについて、みなで意見を出しあったあと、地元の昆虫市で出会った節足動物が大好きな青年にいろいろな虫を持ってきてもらった。その中にはマダガスカルオオゴキブリもいた。青年がゴキブリについて話していると、クラスのお調子者ブライアンが横目で私を見ながら、「踏んづけたら、そいつの体はつぶれるの？」とたずねた。ブライアンが望んだとおり、クラス中が笑った。私は青年の話をさえぎり、ゴキブリの外殻の強さが知りたいなら別なたずね方をしなさい、とブライアンに注意した。自分が何をしたか充分に理解していたので、彼はばつが悪そうににやりと笑い、ちょっとふざけただけだよと答えた。

その授業のあと、ゲストの青年が子供たちにタランチュラをさわらせている間に、私はその色からシーダー（ヒマラヤスギ）と名付けたゴキブリを教室に連れてくることにした。大半の子供たちはシーダーを手にのせてみたいと言ったが、シーダーに敬意を表して彼自身に手に乗るかどうかを決めてもらうのがいちばんいい、と私は言った。そして手のひらを上にして私の手の隣に並べるように言った。シーダーは私の手のひらでは安心するので、そこから子供たちの手へ乗り移るときもあれば、乗り移らないときもあるだろう。子供たちもそのアイディアが気に入り、並んで順番を待った。

先頭はブライアンだった。私はブライアンに、あなたはとても乱暴な言い方でシーダーの外殻の強さについて質問したから、シーダーはあなたの手には乗らないかもしれないと言った。子供たちにはハエのフレディの話もしたのだが、ハエが嫌いでいつも殺していた客にフレディが気づいたように、ゴキブリもブライアンの態度に気づいているかもしれないということを、当の本人はまるで信じていなかったようだ。

ブライアンは腕を伸ばし、手のひらを上にして私の手の隣に並べた。シーダーは私の開いた手の端に上ってきたが、触角が一瞬ブライアンの手に触れたとたん後ずさりして向きを変え、離れていってしまった。ブライアンはがっかりしたが、ゴキブリが気づくわけがないという確信が急に崩れたようだった。彼はその場に留まり、つぎつぎと子供たちがやってきては私の隣に手を出すようすを観察した。シーダーはゆっくりと動き、ためらうことなく子供たちの手に乗り移り、くまなく探検している。

しばらくするとブライアンは列にもどり、もう一回やってみたいと言った。私はうなずき、もう一度手を並べた。またシーダーは私の手の縁に上り、触角を動かした。だがブライアンの手に達すると、立ち止まって向きを変え、また歩き去った。今度はブライアンも明らかに動揺していた。私は彼に、心から虫にあやまり絆を結びたいという気持ちを送れば虫と仲良くなれる、と教えた。

その後もゴキブリを手のひらにのせたい子供たちが集まり、列はどんどん長くなった。どの子にもシーダーは好意を示した。そのとき小さな女の子が近づいてきて「うわっ！ 気持ち悪い！」と叫んだ。彼女には私が教えたことが何も伝わっていなかったのだ。伝わっていれば、嫌悪感もあらわに叫んだりしなかっただろう。それでも彼女は私の隣に手を差しだした。だがシーダーは彼女の手には乗ろうとしなかった。そちらへ向かおうとさえしなかった。シーダーはつぎの子供の手には躊躇なく乗ったので、自分を侮辱した人間がわかっているかのように行動したと言える。少女はそんな事実を理解することもなく去ってしまったが、これは私たち全員の心に残る教えとなった。

授業時間が終わりに近づいたので、私は子供たちにそろそろ終わりにしようと言った。するとブライアンが、もう一回だけ手のひらにシーダーをのせるチャンスがほしいと言い出した。本当に真剣に考えて準備ができたのだと訴えて、彼は私の隣に手を出した。シーダーはまた私の手の縁に上り、それからブライアンの手に乗った。誰かがブライアンの喜びと勝利の表情を見ていたら、何かすばらしい贈り物をもらったのだと思ったかもしれない。そのとおり、ブライアンはゴキブリから贈り物をもらったのだ。この認識力のある虫は彼の努力に応えて、信頼関係が回復したことを彼に知らせたのである。

教室でのこのような体験は、生き物に関する答え以上に疑問を生み出す。その疑問が私たちを正しい方向へ向かわせてくれるのだろう。ゴキブリへの思いやりは、生き物との神秘的な結びつきへ誘う道であり、行く手を照らすランプでもある。生き物とその柔軟な適応力について知るべきことはまだまだある。生き物に直感と共感をもって近づけば、その秘密が美しい真珠のように、思いがけないときに差し出されるのだ。

第7章　アリに教えを請う

アリのところに行き、そのすることを見て、知恵を得よ。
——旧約聖書「箴言」第六章六節

イエズス会の神父アントニー・デ・メロの著書『飛翔——瞑想の物語 *Taking Flight : A Book of Story Meditations*』には、何年も独房で過ごした囚人のことが書かれている。食事は壁の穴から受けとるので、その囚人はずっと誰の顔も見ず、誰とも話さず過ごしていた。ある日、一匹のアリが独房に入りこんできた。アリが部屋中を歩きまわるのを囚人はじっくり観察した。彼はその小さな虫にうっとりし、もっとよく見ようと手のひらにのせた。そして一粒、二粒餌を与え、夜になるとそっとブリキのカップをかぶせた。そしてある日、アリの愛らしさに気がつくのに、一〇年もの孤独な時間が必要だったのだという考えに襲われた。[*1]

アリの愛らしさに目をとめている人は、いったいどれくらいいるだろう？　レイチェル・ナオミ・

リーメン医師の『失われた物語を求めて』（邦訳、中央公論新社）を読むと、人生が私たちに求めているのは授業中に先生から言われたのと同じことなのだとわかる。つまり「気をゆるめず、集中する」ということだ。私たちは虫には注意を払わないし、想像もつかないほどの数でこの惑星を覆っているアリについてもほとんど何も知らない。控えめに見積もっても、アリは数兆匹はいるだろう。

先住民族の人々は、アリを研究してその知恵を生き方に反映させた。だが私たちは専門家に研究をまかせきりにしているし、専門家もその研究結果を別な専門家のために発表しているだけだ。アリと人間はあまりに違いすぎるので、生活様式に類似点などないと私たちは思い込んでいるのだろう。しかし、どんな生き物も人間に貴重な教えを授けられることや、大きさや見かけは重要性を決める判断基準にはならないということを忘れてはいないだろうか。先住民族の人々は、アリでさえも人に啓示を授けることができると知っていた。どんな生き物も何かしら教えることができるのだ。だがすべての人がそこから学ぶわけではない。

アリは、極寒の北極地方を除けばどこにでもいる。数で私たちを圧倒しているだけではなく、彼らの仕事も地上の生き物にとって欠かせない重要な役割を果たしている。土壌の栄養物を循環させ、植物の受粉を助け、小さな生き物を餌にしてその死骸の九〇パーセントをたいらげているのだ。アリが消えたら私たちは困るだろうし、絶滅する生物種もかなり増え、現在の危険な水準を大幅に超えるだろう。しかし人類が消えたとしてもそうはならない。人間がいなくなれば、地球は現在の負荷がかかり過ぎた状態からすばやく回復し、ふたたび繁栄するはずだ。

こうしてみると、私たちは地球や生き物たちと不公平な契約を結んでいると言えるのかもしれない。

それなのにアリに依存し恩恵を受けていることに感謝するだけの知識も良識もないのである。事実、私たちはアリのことなどほとんど気にとめていない。アリが家の中に入ってきたりピクニックで見かけたりすれば別だが、そんなときもただいらいらするのが関の山だ。いらいらするかわりにアリは家を守るスピリットだと考えて感謝の気持ちを表わし、互いの生活圏の間に境界地をつくって仲むつまじく共存してみてはどうだろう?

◈家を守るスピリット

人類学者にして哲学者でもあるデイヴィッド・エイブラムは、バリ島でバリアンと呼ばれる呪術師の家に滞在したときの経験を著書『感覚の魔法 *The Spell of the Sensuous*』で語っている。毎朝、バリアンの妻はエイブラムにボウル一杯のフルーツを出した。彼女のトレイにはその他に、白米を盛った舟形の皿(ヤシの葉で編んだもので、五〜八センチの大きさ)がいくつか載っていた。バリアンの妻はエイブラムにフルーツだけを手渡し、別の建物の背後にまわって視界から消えた。エイブラムの空になったボウルを下げに戻ってくるとき、そのトレイには何も載っていない。米の皿は何なのかたずねると、彼女は家族の家を守るスピリットのための供え物だと説明した。

好奇心をかきたてられたエイブラムは、ある朝彼女のあとをつけ、他の建物の角ごとに一枚ずつ皿を置いているのを目撃した。その午後遅く、エイブラムは彼女が皿を置いていた建物の裏手へ歩いていった。すると白米はなくなっていた。翌朝、バリアンの妻がエイブラムのボウルを下げたあと、彼はまた建物の裏手に回ってみた。すると彼女が置いた白米の皿の米粒が動いているではないか。ひざまずいてよく見ると、小さな黒いアリが供え物に向かってくねくねと列になっている。二番目の供え物でもアリが列になって米粒を運んでいた。

エイブラムは笑いながら母屋へ戻った。せっかくの米の供え物がアリに盗まれたと思ったのだ。だがそのとき奇妙な考えが西欧人的感覚を突き破って心の中に入りこんできた。もしかしたら家のスピリットとは、アリのことなのではないだろうか？　あれはアリのための供え物だったのではないだろうか？　じつはバリアンの家族の家の近くには、アリの巣がたくさんあったためアリが頻繁に入ってきた。特に食べ物がある場所はひどかった。おそらく毎日白米の贈り物をしてアリの巣に充分な餌を供給することで、そういう侵入を防いでいたのだろう。供え物はアリと人間の生活圏の間に確かな境界線も引いていた。皿はいつも決まって家の建物の角に置かれていたからだ。供え物でこの境界線を示し尊重することによって、バリアンの妻はアリにも境界線を尊重して建物に入らないよう協力を求めていたのかもしれない。

エイブラムは、先住民族の文化の「スピリット」とは人間以外の生き物が持つ知性や認識の一形態だと示唆するような体験を数多くしているが、このアリとの出会いがその最初の体験だった。先住民族は生き物に闘いを仕掛けるかわりに、私たちも見習うべき行動をとっていたのである。

アリの知恵と創意

アリへの尊敬が薄らいだのはここ三〇〇年ほどの間のことでしかない。たとえば古代ギリシアのテッサリア地方ではアリは崇められていたし、古代メソポタミアのハランの秘教では、人間の兄弟姉妹として犬やカラスと同じグループに分類されていた。ヒンドゥー教の聖典によるとアリは神であり、世界で「最初に生まれたもの」だと教えている。アリは存在のはかなさ、移ろいやすさの象徴でもあるので、ヒンドゥー教徒は死者にまつわる特別な儀式の際にアリに餌をやった。

西アフリカのベナン共和国の人々は、アリは蛇の神の使いだと信じていた。他のアフリカの民族は、アリやシロアリの塚を宇宙の起源や多産性とも結びつけた。女性が蟻塚の上に座ると子宝に恵まれると考えられていたためである。

中東に目を向けると、中世のアラブ人は、アリを知恵の体現者だと信じていた。そのため天文学者はアリを星座の仲間に入れ、ソロモン王の俗世の師とした。知恵以外では、アリは古代の人々の心や想像力の中で創意工夫とも結びつけられ、小さな生き物の持つ過小評価されがちな力の象徴となった。そのため多くの伝承から生まれた物語では、アリは自分より大きく強い敵を負かしている。

日本の伝統文化もアリを非常に尊重していた。日本語の漢字「蟻」は、無私、道徳、正義、礼儀を意味する「義」という文字と「虫」の文字の組みあわせでできているのである。

◈アリは創造者

アリは万物の創造の物語にもたびたび登場する。たとえばナバホ族の天地創造の神話には、最初の世界に住んでいた赤アリと黒アリの物語がある。インドのアンダマン諸島の先住民族の民間伝承は、最初の人間は木の根から生まれ、そのままアリの巣の住人たちとともに暮らしたと語っている。

アリゾナ州南部に住むピマ族の神話にはアリの創造主が登場し、民族を赤アリ、白アリ、黒アリに分ける。ホピ族は古代ヒンドゥー教徒同様、最初の人間はアリだったと信じていた。このアリ人間は神の創造の法則に従い、創造神が最初の世界を破壊したときに信心深い人間を保護したとされている。

最初に生まれた人間はアリだったというホピ族の信仰には、古代ギリシア神話との類似点がある。たとえばギリシア神話の有名な伝承は、ゼウスによって兵士に姿を変えられたミュルミドンというアリ人間（元の意味は「神々に支配されるアリ一族」）の起源を物語っている。

アリのようになる

現代の文化に先立つ文化すべてに共通しているのは、生き物は自らの性質を人間に伝えることができると信じていた点である。たいていは人間がその生き物を食べたり、近づいたり、それに咬まれたり刺されたりすることによって伝えられた。たとえばアフリカやインドの一部の地域では、子供のいない女性がシロアリの女王アリを食べて、この虫のすばらしい繁殖力を手に入れようとした。古代アラブ人はアリにも知恵や技術があると認め、新生児の手にアリを置く儀式を行ない、赤ん坊がアリの持つ特徴に恵まれるよう祈った。

南米ギアナ地方のアラワク族も、その土地固有の黒いアリに咬まれることを喜び、アリを新生児の上に置く。アリに咬まれることが刺激になって赤ん坊が早く歩きはじめると信じているためだ。黒いアリが部族の一員を思いがけず咬んだとしても、アリを殺すことはない。咬まれることは何かうれしいことや満足できることが訪れる前兆と考えられているのである。

アリはアラワク族の文化には必要不可欠な存在なので、アリに咬まれても耐えられるようになるまで、狩りに行くことは許されない。アリによる試練は、アラワク族の成人の秘儀にも取り入れられている。咬まれることで少年は不屈の精神を試され、強さと女性の愛を得ようとする意思を授かるとともに、器用で賢く勤勉な男になっていくのである。

この種の試練は私たちには無縁だが、さまざまな文化に散見されるので、人間と生き物を深遠な方法で結ぶ普遍的なパターンから生まれたと考えてよいだろう。事実シャーマンの世界でも、生き物による試練を乗り越えると、その生き物のすぐれた特徴が自分のものになるのだ。

この現象を心理学的視点で見ると、試練が自己の一部の死を手助けし、新しいより広がりのあるアイデンティティの覚醒を運命づけているようである。この新しいアイデンティティは虫の好ましい性質を反映し、同時にその人に新たな権利と責任も与えるのである。

アリの悪夢

現代文化に生きる私たちは、すすんでアリと共存しようとはしないし、ましてやアリのすばらしい特徴を授かるためにわざわざ咬んでもらおうとは思わない。大半の人はアリに咬まれたら復讐してもいいと思っているくらいだ。

作家にして、クジラとのコミュニケーションの先駆者でもあるジム・ノルマンは、アリと格闘する日々やアリに制圧される悪夢について包み隠さず書いている。アリを恐れる自分の気持ちと闘っていたノルマンだったが、娘がアリに咬まれたとき、ついに怒りに屈服した。家の近くの蟻塚にガソリンを注ぎこみ火をつけたのだ。つつがなく日々過ごしていただけの不運なアリに対して「悪夢のような大虐殺」を行なったのである。

恐怖心が暴走して怒りが抑えられないようなときは、生き物と穏やかに共存することがなかなかできない。アラワク族が愛してやまない黒アリのことをノルマンが知っていたら、アリに咬まれた痛みがおさまるまで娘をなだめつつ、アリは娘を気に入ったから咬んだのだ、そしてさまざまなすばらしい性質を授けてくれたのだと考えて喜んでいたかもしれない。

だがノルマンのような反応を示す人は珍しくはない。現代の文化は、人生に痛みは不要と私たちに教えているからだ。しかし、いまも昔も人生に痛みはつきものである。オーストラリアのアボリジニーの人々は、痛みや敵を研究して、それ自体が役に立っているということを発見した。たとえば痛みに耐えることは、大人になるためには必要不可欠だ。痛みは人を成熟させ、より大きな責任を負う覚悟をさせるものなのである。南アメリカのオリノコ族の大人たちは、三センチくらいのボラアリを大人の世界の入り口に立つ少年の体の上に置く。大人になる覚悟ができていると証明するために、少年たちは何回刺されても耐えなければならないのだが、それは一回刺されただけで一時的に体の自由がきかなくなるほど強烈な痛みを伴うらしい。

西欧社会では、人を咬むアリには例外なく害虫の烙印を押す。南アメリカ産のヒアリもそのひとつだ。地元ブラジルの生息地ではヒアリは害虫ではなく、頼れる捕食者と考えられている。私たちがテントウムシを益虫と考えるのと同じだ。アメリカでヒアリが害虫だと噂されるようになったのは、人騒がせなニュースレポートが発端で、実際に農夫や家畜、穀物を脅かしたためではない。ヒアリは大きな生き物が巣に入ってこないかぎり、相手を攻撃する気はないようなのだ。

にもかかわらず、アリの大群に体中を咬まれるのではないかという恐れが私たちに、ヒアリは最悪の害虫だと信じこませた。そのような気持ちが強まるのは、情報公開の専門家であるアメリカ農務省の報告を聞いているときだろう。一九五〇年代、刺したり咬んだりする生き物は何でも嫌うという私たちの気持ちにつけこんで、行政官のグループが（のちに自らの名誉欲を満たすためだったのではないかと非難されるのだが）、大規模なヒアリ絶滅キャンペーンを繰り広げた。この化学物質を使った戦争は費用がかさんだだけではなく、他の野生生物にも大きな被害をもたらすことになったのである。

私たちとヒアリの攻防戦は、ヒアリが南部全域に生息地域を広げるという皮肉な結果に終わった。そしてそれ以来、多くの昆虫学者がヒアリに対する見方を変えた。充分な数のヒアリが（じつはどんな種類のアリでもそうなのだが）生息しているときに殺虫剤などの化学物質の使用を控えると、綿花の害虫ワタミゾウムシの数が減るとわかったためである。

野性の自己のイメージづくり

アリの研究から得るものは多い。私たちには生まれながらにアリへの好奇心があるが、それは私たちが認めようとしない野性の自己の一部である。アリのような生き物に興味が持てないのは恐怖と憶測に踊らされた結果であり、それが私たちを地球共同体の多くの仲間から引き離しているのである。偏見を取りのぞき、具体的なイメージに飢えた心に情報を与えれば、自然に根ざした自己をふたたび意識に招き入れ、生き物の王国への対応の仕方を指導してもらうことができるのだ。ここではアリのように社会性を持つ虫の王国をのぞいてみよう。

◈大地の守護者

古来、アリとシロアリは大地の秘密を知っていると考えられていた。特にアリは、地中にあるものの守護者とみなされていた。オーストラリアのアボリジニーの神話には、緑色に輝く卵の入った巣を守るアリ人間の物語がある。この巣に手を出すとアリ人間の怒りを買い、大地全体に破壊的な変化が生じると信じられていた。現在この輝く卵はウランと呼ばれている。ウラン鉱山を採掘する企業の活動は、オーストラリアのマルイュヤラ族の生活を脅かし、彼らの土地を食い物にしているのだ。このままでは予言どおり恐ろしい結末になるかもしれない。

アリは人が地中に埋めて隠したものについても知っていると信じられていた。そのためアリは昔から隠された財宝と関連づけられている。中国やペルシア帝国、インド、ギリシアの伝説には、隠された財宝を守る巨大なアリの物語がある。ギリシア人は、インドの巨大なアリが大地から金を掘りだしたためにインドは巨大な富を持つようになった、と信じていた。巨大なアリ探しはいまも続いている。私たちが恐怖映画の巨大アリにとりつかれることも、どこかでつながっているのかもしれない。

しかしこうしたアリの伝説が持つ心理学的意義は、いまは失われてしまった。深層心理学的に見るなら、これらの物語は心理的成長の普遍的なプロセスを意味しているのだ。夢に現れるアリなどの虫は人に利益をもたらす力を意味し、人の心に隠された金をみつける手助けをする。この文脈における金とは、個人の内面に存在する魂の錬金術的象徴である。

◈ 埋蔵された富

現在、アリと財宝の歴史的なつながりや、人の心に隠された宝物との象徴的なつながりに気づいている専門家は、ほんのわずかしかいない。それでもこの勤勉な生き物は、いまも人の心と大地の土を掘りかえしている。南アフリカのボツワナでは、ダイヤモンドが発見されたのはアリのおかげだと考えていた。アリは水を探すときに、キンバーライトというダイヤモンドを含むやわらかな火山岩の小さな粒を地表に運び出すためだ。ジンバブエでは、鉱物が豊富なシロアリの塚の土壌を地質学者が日常的に分析し、金をはじめとする価値ある鉱物を採掘できないかどうか見極めている。

アリはトルコ石とも関係が深く、ニューメキシコにはトルコ石を集めるアリがいる。ある種のアリは明らかに青と緑の石を好むのだが、それはおそらくトルコ石に保温性があるためだろう。その地域でみつかるトルコ石のかけらは、蟻塚のドームを覆って巣の温度を一定に保つのに一役買っているのかもしれない。

ラコタ族はアリが集める鉱石を神聖なものと考え、伝統的な儀式に用いている。ラコタ族のメディスンマン、ジョン・(ファイア)・レイム・ディアーのようなヒーラーたちは、蟻塚で小さな石を探しまわり、聖なる石を四〇五個、ひょうたん型の容器や楽器に入れて儀式のために使う。石は、彼らの先祖代々の土地に自生する四〇五種類の樹を意味するそうである。

アリからのメッセージ

大昔から大地との関係が深いために、アリは地震を予知すると考えられている。私はアメリカ先住民が用いる象徴について書かれた『大地のスピリット *Spirits of the Earth*』で、アリの地震予知能力に関する現代の研究結果を発見した。著者で先住民のヒーラー、ボビー・レイク・トムは、妻とともに北カリフォルニアで講演したのち、他の参加者とともにサンフランシスコの高級レストランへ行った。彼らがさまざまな儀式や象徴について活発に意見を交わしていると、大きな黒いアリがどこからともなく現れ、白いテーブルクロスの上をゆっくりと歩いてきた。テーブルの会話はぴたりとやみ、見えない力に導かれるように全員の視線がアリにくぎづけになった。アリはレイク・トムの方へやってきて、彼の目の前で立ち止まった。レイク・トムが先住民の言葉で語りかけると、アリは四回輪を描くように「踊り」、二回飛び跳ねた。彼がアリに感謝すると、アリはテーブルの縁へ向かって歩いていき、それきり姿を消した。

テーブルについていた全員が、とても珍しいことが起こったのだと認識していた。高級レストランに虫がいることなどめったにないからだ。メンバーのひとりが全員の考えを代弁してこう言った。アリはどことも知れない場所から現れ、レイク・トムに意図的に何かを伝えたのではないか、と。

そこでレイク・トムが口を開き、アリは自然が遣わす使者で、四日以内にサンフランシスコ南部で大地震が起こるという前兆だ、と言った。その前に小さな地震が二回、前触れとして起こるだろうとも語った。他の人たちは笑ったが、レイク・トムと妻はアリの警告を真剣に受けとめた。ふたりはサンフランシスコに数日滞在して観光する予定だったがすべてキャンセルし、ワシントン州に戻った。その四日後、大きな地震がサンフランシスコ南部のヘイワードという街で起こり、橋や建物への被害や多くの死傷者を出したのである。

アリと収穫の女神

アリはよく穀物や種を運んでいるので、古代の人々は〝収穫の女神〟ともアリを結びつけた。穀物や種とのつながりは、ハエなどの虫と同じようにアリが人の支援者として登場する象徴的な物語にも見られる。これらの虫が表わしているのは、人の心にある物事を識別しまとめるエネルギーだ。それは、アイデンティティの統合と拡大を妨げる障害を取りのぞき、人の成長を助けるエネルギーである。もっとも有名なのはギリシア神話のプシュケーとエロスの物語に見られる通過儀礼だろう。愛と美の女神アフロディテに、夫のエロスに会いたければ大量の穀物を仕分けろという難題を出されたプシュケー（女性の魂の象徴）を、アリが手助けするのだ。

中国の民話では、青年が魔女に殺されそうになり、実現不可能な試練を与えられる。畑にまいた亜麻の種をすべて集めよと言われたときに、何千匹ものアリが青年を助けるのだ。別な民話では、洪水でアリの大群が流され、青年と母親が乗った船のすぐそばへ押しやられる。それを見た母親が、ザルを使ってなんとかアリを船に助けあげる。するとそののち魔女が青年に試練を与えたとき、アリが感謝して青年のために一役買うのである。

どちらの物語も、人間心理の複雑な力学を教える最高の教材と言えよう。アリが象徴しているのは、全体性へ向かおうとする生来の衝動に関わるエネルギーなのだ。このようにアリは通過儀礼のたびに現れて、より高い意識レベルへ進む準備ができた者を支え、新たな意識領域への入り口に立ちはだかる力を倒す手助けをするのである。

アリと収穫の女神には物理的な関係もあり、アリとさまざまな植物との関係となって現れる。たとえば多くのアリと、アリが好む甘い液体を分泌する植物は、互いに利益を与え合う関係だ（これは「共生」と呼ばれている）。アリはこの甘い密を提供してもらうお返しに、虫から植物を守るのだ。

アリは動物とも共生関係にある。最近の試算では、アリは五八〇種類の生き物と「天敵から守る」契約を結んでいるらしい。もっとも有名な例はアリとアブラムシだろう。庭づくりを楽しむ人の怒る姿が目に浮かぶようだ。

先住民の神話における植物と虫の関係

先住民族の人々は、植物と虫の関係に気づいていた。彼らの生活は自然界と密接に関係していたし、丹念に観察もしていたためである。人々はシャーマンからもその関係を学んだ。シャーマンのヴィジョンによって、特定の植物と虫の複雑な関係が明らかにされたのだ。たとえば、植物にインスパイアされるペルーのシャーマンは、特定の植物で虫のスピリットを呼びよせる。幻覚を起こすアヤワスカとチャクルナという二種類の植物にインスパイアされたシャーマンのひとりは、巨大な「知識のアリ」とコミュニケーションがとれただけではなく、アリの背にのせられその家へも招待されたそうだ（動物に助けられたりその背に乗ったりすることは、その動物の特質を受けつぐための方法である）。[*2] シャーマンがアリの家に着くと、小さなチャクルナがアリの腹部から現れ、アリのねばねばした分泌物に付着しているゴミや花粉がアヤワスカ・ワインに変わったのである。

◈ 深い友情

先住民族の神話では、動物と植物の関係についての豊富な情報が物語の形式で明らかにされている。デイヴィッド・スズキとピーター・ナッソンは、先住民族の自然界のヴィジョンを『先人の叡智 *Wisdom of the Elders*』にまとめた。そのなかで、アマゾンのカヤポ族が平原や友人、一族の守り神と考える熱帯アカアリと一族の女性との関係の物語を紹介している。

カヤポ族の神話では、アリも人間もキャッサバという植物を大切に守っている。アリにとっては好物の花蜜の源であり、カヤポ族にとっては貴重な食料だからだ。アリとキャッサバは共生関係にあるわけだが、カヤポ族はその関係を深い友情の絆と呼んでいた。カヤポ族の女性がキャッサバやその土地固有の植物を栽培している畑には、キャッサバの花蜜の気配に惹かれたアリがよくやってくる。アリはキャッサバの若木にたどりつこうとして、キャッサバを窒息させる恐れがあるもつれた豆の蔓（つる）を切る。アリのこの働きで豆の蔓は近くのトウモロコシのほうへ伸びることになる。このように、アリ、キャッサバ、カヤポ族の女性は互いに満足する関係にある。彼らが共有する植物への責任がアリと女性たちを結びつけ、そしてその関係を尊重するために互いに相手を大切にするのだ。

この関係で印象的なのは、カヤポ族の女性がアリに抱く気持ちだ。彼女たちはアリをかわいがり、自分たちもアリのようになろうとする。カヤポ族の生活に見られる共生関係はどれも、彼らが自分も必要不可欠な一員だと自覚している聖なる世界に存在するあらゆる親密な関係の表われなのである。

現代社会の専門家も共生関係についての知識を持っていないわけではないが、専門家も一般人もすでにわかっている事実を尊重しようとはしない。共生関係は私たちの日常生活の外にあり、直接体験して知ることはできない世界になった。その結果、私たちに情報を与え生活を豊かにする力は失われてしまった。さらに状況を複雑にするのは、目の前にある宝のような事実を現実社会で直接役に立つ何かに変えてしまえばいいものを、科学がタブーとする擬人化を恐れてあきらめているということだ。いまこそその危険を冒し、擬人化が他の生き物との関係を結ぶ手助けになると考えてみてはどうだろう。そうすれば共生関係を理解できるはずだ。私たち自身がすでに多くの共生関係を結んでいるし、健全な関係は生物種の境界を超えるのだから。互いに利益をもたらす関係、互いに助けあう関係、それが共生なのである。

共同体を探し求める

アリをじっくり観察する人はあまりいないので、アリが家や庭に入って来ないかぎり、アリと遭遇することはまれである。カイガラムシはカリフォルニア州の害虫リストの第三位にランクされているが、その大きな要因となったのはアリのカイガラムシを守る能力である。規模の大小を問わず、庭づくりをする人たちはアリを害虫とみなしている。アブラムシのように植物の樹液を吸い、蜜と呼ばれる甘い物質を分泌する虫と「友情の絆」で結ばれているためだ。捕食者からアリに守ってもらうことによってアブラムシは繁殖し、花の栽培家を落胆させるわけである。

だが大半の人はアリが他の虫を保護していることを知らない。人々がアリを害虫と呼ぶのは、アリが生活の場に定期的に「侵入」してくることがおもな理由だ。たとえば、毎年雨の季節にアリの巣が水浸しになると、多くのアリがキッチンのような乾いた場所に避難してくる。最近のスタンフォード大学の研究によると、アリの移動は天候に左右され人間にはどうすることもできないので、毒性の強い殺虫剤を家にまくことは控え、アリが自ら去るまでそっとしておくしかないそうである。

アリの個性

アリだらけのキッチンはたしかに不便だが、複雑さにおいて人間に匹敵するこの虫をじっくり観察するチャンスでもある。まずは下準備にベルナール・ウェルベルの一九九八年のベストセラー小説『蟻 *Empire of the Ants*』(邦訳、角川文庫)を読んでみよう(一九七七年の映画「巨大蟻の帝国 *Empire of the Ants*」とは別物である)。ウェルベルは私たちをアリの居住地に連れていき、アリ一匹一匹の生活と苦悩を見せてくれる。するとアリにも個性があり、私たちと同じように互いにコミュニケーションをとり協力しあっていることがわかってくる。

研究によるとアリやシロアリは、相手を軽く叩く、さする、突く、腹部からフェロモンと呼ばれる化学物質を出し塗りつけるなど、数多くのコミュニケーション方法を用いているらしい。おもしろいことに、アリ一匹一匹がフェロモンの意味をそれぞれ異なる意味に解釈し、それに従って反応するそうだ。たとえば、化学物質の量がどれくらいか、フェロモン単独か、他のにおいの一部なのかによっても意味が変わる。一般的な解釈やホラー映画の大袈裟な言葉とは裏腹に、フェロモンという化学物質によるコミュニケーションは機械的で厳密な科学的方法ではなく、個の解釈や反応が入りこむ余地のある表現力豊かな技術なのだ。

研究者の世界では、アリが共同体の仲間と協力しあい、生活の場では各自が良識ある行動をとることは周知の事実である。それでもときおり、個性の違いがグループや種の中で際立つことがある。同じ仕事なのにこなす早さが個々のアリによって違う場合を考えてみよう。仕事が一貫して早いアリもいれば、一貫して遅いアリもいるのだ。その謎を解明するために、働きアリのグループにいも虫を与えて実験した結果、個々のアリが異なる反応を示したそうだ。いも虫を襲って闘い、殺したアリもいた。まったく攻撃せずに、不安と躊躇で両手をもみあわせ傍観しているだけのアリもいた。いも虫と闘いはするが死ぬ前に離れるアリもいれば、怖がっているように後ずさりするアリもいた。進化の過程で各々の生物種の中に一匹一匹の違いが生まれ、それが維持されているようにも見える。個々の願望よりも共同体の利益に貢献することで知られているアリでさえそうなのだ。

個性があることに加えてアリは学習能力もあるので、目標到達のために頻繁に環境に手を加えている。彼らは新しい条件や以前とは異なる状況に置かれると、大きな変革や順応性の高さを示すのだ。多くの鳥と同じように、太陽の位置と方位、時間経過を結びつけ、太陽を羅針盤代わりに利用する能力もある。要するに、アリが新たな障害にぶつかりそれを乗り越え、新しい状況に適応する方法には、かなり自主的な考えが反映されているのだ。

しかし、こういう能力が肯定的に受けとめられて文化のメインストリームに組み入れられることはなかった。大衆向けの物語や映画は私たちの恐怖につけこみ、アリを激しい飢えに支配されたロボットの群れのように描きつづけたのだ。たとえば一九五四年の古典映画「放射能X *Them!*」には、原爆実験場の放射能を浴びたアリが登場する。放射能で巨大化したアリは、ロボットのような目を持ち、鬨の声をあげて底なしの食欲で人間を襲うのだ。

その後、女王アリが出す化学物質によって巣全体がコミュニケーションをとっていることが発見されたので（巣ごとに異なるにおいがあるらしい）、映画会社はその知識をもうひとつの古典的作品「巨大蟻の帝国」で利用した。「放射能X」と同じように、まずは突然変異したアリが人間以上の知能を得る。巨大化したアリは人間を捕らえ、女王アリのフェロモンにさらす。この物質の影響で人間は怯えきってアリの奴隷になり、抵抗する意思もエネルギーも失ってしまうのである。

このような姿勢を反省しないかぎり、私たちはアリの奇妙な姿や莫大な数、そして群れへの忠誠心を不快に思いつづける運命から逃れられないのではないだろうか。このままでは、ほんのときおりアリの生活に気をとめて、アリの巣の統一された目的を感じとったとしても、せいぜい困惑するだけだろう。その団結は、私たちの社会に浸透している「ナンバーワンを目指す」精神構造とはかなり異なるからだ。事実、一九九八年のアニメーション映画「アンツ *Antz*」は、集団ではなく個人として生きたいと考えて共同体に反旗を翻すアリを描き、並はずれた人気を博したのである。

利他主義的社会

西欧社会は、個人的成功と評価を求めてたゆまぬ努力を続けることをよしとする。そのため私たちは、共同体への奉仕と個人の利益は同じひとつのものであると考えているような生き物がなぜ発展するのか、理解することができない。私たちは例によって、あらゆる個性の発揮を阻む、狂暴かつ横暴な取り決めがそこには存在するのだろうと邪推するのだ。

アリが人間の感情にも似たものを示しつつ利他主義に徹していることは、長いこと知られていた。アリは怒り、恐れ、落胆、上機嫌、愛情などさまざまな感情を示す。脚が不自由で苦しんでいる姉妹アリを助けようとして、思いやりを示すこともある。たとえば一九七三年にソヴィエト（現ロシア）の昆虫学者が制作した映画には非常に印象的なシーンがある。南アメリカのアリが仲間の脇腹から何かの破片を抜きとるのだ。同じ巣の他のアリは、「医者」と「患者」をぐるりと取り囲み、処置が済むまで二匹のために広い場所を確保した。このように、私たちが明らかに人間だけのものと考えている性質も、じつは動物の本能に深く根ざしたものなのだ。アリが人間の感情を持っているのではなく、私たち生き物はみな共通の反応を示すのである。

しかし、人間には見られないアリだけの特徴もある。大部分のアリは性衝動が抑制されているのだ。

ある程度発育段階が進むと、個々のアリの性別はすっかり消えてしまうためである。この事実には誰もが啞然とするのではないだろうか。それ以上に驚かされるのは、この性衝動の抑制や制御が自発的になされているらしいという点だ。アリは幼虫に与える食べ物によってその性差の発生を進めたり抑えたりする方法を身につけているのである。

性行動を種の存続にとって必要最小限の範囲内に厳格に制限することは、アリの生死に関わる多くの習性のひとつである。メスの働きアリがオスと共に活動することはない。メスの女性らしさは性行動以外の場で発揮されるのだ。メスアリは思いやり、忍耐、慎重さといった、私たちが母性と考える性質をすべて持っているからだ。

またアリは、自分本位なだけの個性は持ちあわせていないようである。アリの生活は完全に利他的な目的にささげられている。そのため、社会の発展に関して言えば、アリは人間より進んでいると結論づける科学者もいるほどだ。科学者ハーバート・スペンサーはさらに踏みこんで、アリは経済的にも倫理的にも人間より進んでいると主張する。

アリの社会では、個人の意思と共同体の福祉は完璧に一致する。そのため無私の行ないから得られる喜びが、唯一の喜びなのだ。これはベネズエラ中南部の利他的な先住民族、ホディ族の文化にそっくりだ。彼らは互いに仲間を気遣うことによって自分自身も気遣ってもらうのである。

アリが自分の生活に関心を向けるのは、それが社会生活に必要な場合だけであるようだ。言い換えると、個々のアリは食べ物や休息も体力を維持するのに必要な分しかとらないのである。それ以上の餌や休息をとるアリも、神経系を健康な状態に保つために必要とされる以上の睡眠をとるアリもいないらしい。個々のアリは休まず働きつづけ、自分自身と巣の生活空間を清潔に保つ。体の生理機能を部分的に変えることによって、アリは明らかにあらゆる個としての喜びを抑制しているのだ。例外は、直接的であれ間接的であれ、個の喜びが共同体の助けとなるときだけなのである。

とはいえ、アリもシロアリも、そしてハチも、義務感を持っているわけではなく、つねに共同体のために自分を犠牲にしているわけでもない。義務という概念は無意味なのだ。彼らには本能的な道徳感があるので、倫理体系は必要ない。それこそがこの虫の本質なのである。彼らには利他的な目的を追求する生物学的気質がある。人間も彼らの親戚なのだから、共同体を維持する生物学的な土台を持っているのではないだろうか。

私たちが想像力を正しい方向に向けるなら、地球はあらゆる生き物が共存するひとつの社会であり、この地球社会では、生き物への思いやりが喜びを生み、個人の欲望を満たすことから生まれる喜びに優先する、という考え方を受け入れられるようになるだろう。さまざまな宗教は奉仕が報われること を認めているが、それは、他者を大事にすることは実のところ、自分を大事にすることでもある、という意味である。やがては人間も進化し、利己主義と利他主義の意見が一致して、同じひとつのものになる日が来るかもしれない。

「カオスの縁」に生きる

アリの生態はさまざまな調査や検証の対象になっている。私たちが生来アリに対して持っている驚くべき愛情は、エドワード・ウィルソンが提唱する生命愛（バイオフィリア）のひとつだ。私たちは自然界に食料と住みかを頼っているだけではなく、美的、知的、感情的、霊的意義を持つものも求めている、とウィルソンは言う[*3]。

このように私たちが生き物に引き寄せられるのは、それぞれの生き物に刻みこまれた超時間的かつ普遍的な特質と関係がある。その特質は人間の本質を浮かびあがらせてくれる。というのも大宇宙は小宇宙の中に存在するのだから。これは先住民族の教えの核心部分でもある。つまり人間の本質には宇宙の本質が反映されているので、自然界に注意を払えば自分自身について学ぶことができるのだ。

アリの巣の研究で近年明らかになった普遍的な特質と調和すれば、私たちはもっと充実した人生を送るすべを学ぶことができるだろう。その特質とは、アリはカオスとの境界に生きているということだ。しかも自らそれを求めているのである。本能的に家の壁のひびや床の割れ目をみつけだすゴキブリが、カオスと秩序の重なりあう境界の精神を意味するということを思い出してほしい。先の章で述べたように、ゴキブリは安定と渾沌のはざまの境界領域を、社会システムにも人間の中にも存在し重大な変化が起こり得る場所を、知らせてくれる。そしてこの境界領域では一貫性と安定性が失われるが、けっして渾沌に呑み込まれてしまうわけではなく、変化と転換、そして再生の可能性に満ちている。アリはこうした境界領域に出入りしているのだ。

新たな研究の結果、個々のアリの行動は渾沌とした動き（リズミカルとは言いがたい不規則な動き）だが、互いに影響しあいコミュニケーションをとるのに充分な数がそろえば、リズミカルで秩序だった状態へ移行することが判明した。このように、ばらばらだったアリが集団になってひとつの生命体のように振る舞う状態は「超個体 superorganism」と呼ばれ、アリの愛好家にはかなり以前から気づかれていた。この統一状態に移行するかどうかは、群れの密度にかかっているらしい。つまり巣にいるアリの数と、巣のある生息地の広さの関係次第なのだ。どうやらアリは目的意識を持って密度を微調整し、この超個体への移行が起こる寸前の密度で生活しているようである。それは秩序や安定とカオスとのはざまにある一点とは言えないだろうか。

生物学者ブライアン・グッドウィンは、なぜアリがいつもカオスとの境界で生きようとしているのかがわかれば、複雑で扱いにくく予測も困難なもの（つまりほぼあらゆるもの）に当てはまる普遍的法則を手に入れられるのではないか、と考えている。複雑系（経済、高温超電導体、脳、蜂の巣、そしてアリやシロアリの巣など）は、それを構成する部分を単純に合計した以上のものであり、進化の可能性を秘めている。そのようなシステムの中では、つぎの進化がつねに出番を待っているので、充分な複雑さや数、そしてある程度の相互作用がそろえば進化の側面が浮上してくる。この状態がカオスの縁だ。アリたちは群れの密度を調整することによって、カオスとの境界を浮上させ、その状態に留まる方法を本能的に知ったのだ。その状態こそが自分たちの巣にとって生の最適条件であることを、アリたちはなぜか理解しているのである。

こうして見ると、未確定の複雑系におけるもっとも有利な生き方は、カオスと接していることであり、進化の新たな段階が出現するためには、変化する能力、創造的に前進する能力が必須要件であるようだ。つまり私たちもアリを手本にしてカオスの縁で生きることによって、新たな秩序へ向かう創造的な一歩を踏み出すことができるのである。この方法が生物学以外の世界でも定着すれば、人間社会のさまざまなシステムに新たな可能性が生まれることになりそうだ。

マーガレット・ウィートリーは、カオスと接した状態がもっとも有利な生き方であるという考えを社会組織に当てはめ、『リーダーシップとニューサイエンス *Leadership and the New Science*』という著書でその意味を論じている。組織のメンバーが新しい考えを柔軟に受け入れたいと願うなら、メンバー間での情報および交流の量を飽和状態にまで増やすこと（そしてそれによって生じる混乱状態を切り抜けること）が肝要だとウィートリーは考えている。アイディアが無数に行き交い人々が活発に交流するごった煮状態を通過すること。より深化した秩序が生まれてくるにはそうしたカオスの期間がぜひとも必要なのである。

◈グローバル・ブレイン

アリたちが身をもって示しているものは、物理学者にして未来学者でもあるピーター・ラッセルのヴィジョンにも明瞭に見て取れる。カオス理論、量子物理学（量子レベルではあらゆるものは関係性であると説く）、生命システム科学などを引きながらラッセルは、複雑な生命システムである人間は複雑さと秩序の新たなる段階へ向かって変化しているのではないか、と言う。彼は、一人ひとりの人間を「グローバル・ブレイン」、すなわち地球という脳の一神経細胞と見なしている。ラッセルの説では（詳しくは『グローバル・ブレインのめざめ *The Global Brain Awakens*』を参照）、二〇二〇年に人口が一〇〇億に達し、コミュニケーション技術のおかげでより頻繁な交流が可能になると、（アリの巣も示すように）新たな秩序が生まれる状況になり、私たちはつぎの進化の段階へ移行することになるとのことだ。

情報革命が私たちの意識を変え、地球市民という認識が広まるというヴィジョンは、あまりにも楽観的な見方だと思う人もいるだろう。しかしアリなどの社会性昆虫の世界ではこのヴィジョンがすでに現実のものとして確立されているという事実を考えると、がぜん説得力を持つ。こうした変化のパターンはすでに存在しているのだ。よりリズミカルでより統一のとれた社会へ進化すれば、私たちの孤独感や疎外感もやわらぐだろう。個人的活動は、そのようなしっかりした社会基盤に支えられてこそ活発になるものであろうし、新たな秩序と創造のエネルギーを個々人が手にすることも可能になるのではないだろうか。

アリたちを観察して学べることはまだある。アリやハチなどの組織形態である「超個体」には、進化の際に浮上してくる秩序のさまざまな原則が見られるが、それればかりか、アルゼンチンアリのような種類（急速に生息地を広げたので専門家は害虫とみなしている）は「超・超個体」の可能性をも示しているのである。ほとんどのアリはどんなよそ者のアリとも――一〇〇メートル離れた巣に住む同種類のアリであっても――容赦なく闘う。それに対してアルゼンチンアリは、自分と同じ種類のアリは、たとえ違う国に住むアリであろうと、すべて家族とみなすのである。その結果アルゼンチンアリは、衝突することなく協力しあいながら巣から巣へと移動する。自分は地球市民だという認識が深まるにつれて、人間もアルゼンチンアリが示すお手本にならい、闘うことなく力をあわせながら国から国へと移動するようになるのではないだろうか。

アリと心を通わせる

アリを観察することは、アリと私たちの共生を考え、最終的には思いやりをもってアリと心を通わすことができるようになるための第一歩である。一四世紀の中央アジアの征服者ティムールは、重い荷物を運びながら壁を這い上ろうとしているアリを見て奮起したと言われている。アリは壁上りに六九回失敗したが、七〇回目に成功した。その後ティムールはアジアを征服する決断を下し、かつて観察したアリの忍耐力をもって成し遂げるのである。

アリの研究をする人は、斬新な視点で人間社会を見られるようになり、観察対象を超えるヴィジョンを発見するようだ。たとえばオランダ出身のイエズス会の学者ヴァスマン神父は、アリとその寄生虫の研究を重ねた結果、アリに神の力の発露を見た。アリに焦点を当てて生命の神秘を見出し数多くの洞察を得た現代人の好例は、先に触れたエドワード・ウィルソンである。彼のヴィジョンはこの章に限らず本書全体に浸透している。

アリへの思いやりというテーマは宗教的な物語にも見られ、それらは他者に害を与えないこと、他の生き物とまっとうな関係を結ぶことを強調している。たとえばスーフィー（イスラム神秘主義）の伝説に、最寄りの町で日用品を買うために毎月何百キロも旅をする男の物語がある。ある日家に帰ってみると、購入したカルダモンの種の中にアリの群れがいた。彼はアリを故郷に戻してやるために、そっとカルダモンを包み直し、また砂漠へと旅立って行った。

アリとの関係は、家に彼らが現れることに端を発することが多い。J・アレン・ブーンの場合もそうだった。アリがキッチンに侵入してきたとき、J・アレン・ブーンは怒りを覚え、殺そうと考えた。しかし罪悪感から思いとどまり、アリと触れあってみようと決める。だが女王アリはみつからなかったので、アリ全体にメッセージを伝えることにした。まずは彼らが夕食をだいなしにしたことを非難し、家の中にいる権利はないのだと伝えることから始めたが、アリはブーンを無視した。そのとき彼は、異種間コミュニケーションではどんな生き物も好意を持たれると喜ぶことを思い出した。

そこでブーンは、鋭敏な知性やエネルギー、仕事への集中力、互いに仲良く調和する能力には感心するという気持ちをアリに送り、どうか理解して協力してほしいと頼んだ。それから部屋を出たが、コミュニケーションはうまくいかなかったような気がしていた。その後外出し夕方に帰宅してみると、アリを惹きつけた食べ物はまだ出しっぱなしだったのに、アリは一匹も見あたらなかった。その後は家の中でも旅先でも、アリに悩まされることはなくなったそうだ。相変わらず家の外では莫大な数のアリが暮らしていて、近所の家には定期的に入りこんで住人をいらいらさせていたにもかかわらず、である。

スイスのビジネスウーマン、カティア・ハウグも、毎年夏になると家に入りこんでくるアリとコミュニケーションをとることに成功した。それまでは、アリを殺すことで「アリ問題」を解決しようとしてきたが、完全に成功したことはなかった。ある年、彼女は新しい精神的修行を実践した。それが心に変化をもたらし、アリに心で話しかけてみようという気持ちになったのである。そこでハウグはアリに、幸せに長生きしてもらいたいが、家の外にいてほしいのだと語りかけた。その後、アリは相変わらずキッチンから庭へつづく戸口の踏み段のあたりをうろうろしていたが、家の中からはすっかりいなくなったそうである。

この手のコミュニケーションを実践している人が口をそろえるのは、思いやりや前向きな期待に加えて、心の中に具体的なイメージを思い浮かべる能力も重要だということである。動物は言葉ではなくイメージでコミュニケーションするからだ。努力してもうまくコミュニケーションがとれないときは、試みている人が不安に思っていたり、そわそわしていたり、もどかしく感じていたりすることが原因らしい。イギリスの作家レベッカ・ホールの『生き物は平等 *Animals are equal*』には、キッチンからアリを追いだそうとしていらいらしながら「出て行け、この嫌われ者め」と叫んだ女性の逸話が紹介されている。アリはその女性がもっと丁寧な態度で接してくるまで彼女を無視したそうである。

ダウジング（訳註：地下水や貴金属の鉱脈など隠れた物を、棒や振り子などの装置の動きによって見つける手法）と風水の専門家であるケリー・ルイーズ・ジレットは、サンフランシスコで「ダンス・ウィズ・アンツ」という名前の「害虫」駆除会社を経営している。彼女は、それまで学んできたエネルギー（気）の技法を用いてアリのスピリットに働きかける。ビジネスが繁盛しているのはその手法がうまくいっている証拠だが、顧客には結果を早急に求めないよう、つねに警告しているそうだ。アリが家からいなくなるのに数日から一週間はかかるからである。

そんなジレットも一度だけ失敗した。そのときの顧客は花屋で、アリとアリが守るアブラムシを駆除しようと必死だった。ところがジレットがアリと接触してから二日たったとき、花屋はパニックに陥った。彼女の手法を信頼していなかったために恐怖にかられ、ジレットに相談せずに毒性の化学物質を植物にたっぷり散布したのだ。すぐにジレットは何かがおかしいと気づいた。二回目のアリとのコミュニケーションが混乱してうまくいかなかったためだ。花屋が指示に従わなかったことを認めたので、ジレットはアリの平和を願って三度目のコミュニケーションを試みた。じつはその前に、やけになった花屋が発作的に殺虫剤をまいてふたたびアリを攻撃していたのだが、彼女はそんなこととは知らずに三度目のコミュニケーションに臨んだのである。しかしアリからは混乱と絶望しか感じとれないことに気づき、花屋の攻撃を疑った。「巣が攻撃されると、人間の町が爆撃されたときのように、建設的な行為はほとんどできない。嘆き悲しむことしかできないのだ」[*4]

ラリー・ドッシーが説くように、宇宙に広がる非局在的な意識が本当にあらゆる生き物をつないでいるのなら、生き物の輝けるスピリットとの接触が双方の利益になる結果をもたらすというのは理にかなっている。深遠な知恵を持つ人々の多くもこの賢明な方法を肯定しているのだ。たとえば『動物界へのめざめ *Awakening to the Animal Kingdom*』の著者で、トランス状態でチャネリングを行なうロバート・シャピロと助手のジュリー・ラプキンは、虫からメッセージを受け取り、虫との接触の仕方やこちらの要求を伝える方法を教えられたと述べている。

私たちを尊敬しなさい。私たちは神／女神／存在するすべて、それらがもつ想念のひとつなのだから。自らの殻を破って外に出ようと願い……そして私たちが生きている場所で私たちに話しかけなさい。私たちがあなたの住居の中に入ったら、そこで声に出して、あるいは心の中で話しかけなさい。私たちに敬意と礼をもって話しかけ、自分たちの居住空間の外で暮らしてほしいならそう頼みなさい。ときには食べ物が必要なときもあるから、そのときは食べ物を分け与えなさい。[*5]

虫のスピリットは、その土地の生き物が繁栄しつづけるように、食べ物を贈り物として戸外の安全な場所に三日続けて持ってくることも求めたそうだ。この助言に従えば、私たちも虫を尊敬し、虫の協力に感謝するようになるだろう。

虫のスピリットが示したこの教えは、伝統的な先住民族の生き方とも一致する。彼らはつねに生き物に贈り物をして敬意を表し、協力を求めた。尊敬は、調和のとれた共存のためには欠かせない条件だ。相手を尊敬する気持ちがなければコミュニケーションの回路は閉ざされる。そうなってしまったら私たちは自分自身の共同体に入ることさえできなくなり、外側からのぞきこみながら虚しくたたずむしかなくなるだろう。

科学界に話を戻すと、エドワード・ウィルソンも私たちにアリを尊敬するよう助言している。ウィルソンは、キッチンにいるアリをどうしたらいいかとよく質問されるそうだ。そんなとき彼はこう答える。「足もとをよく見なさい。小さな命を踏まないように。そしてコーンフレークのかけらをあげなさい。ツナやホイップクリームも好きだよ」。優しさはどんな場面にもよく似合う。優しさという跳躍台の上に立てば、アリをじっくり観察し、そこから学ぶことができるのである。

光の中へ

ヒーラーのローズマリー・アルティーは著書『誇り高きスピリット *Proud Spirit*』で、ある友人のエピソードに触れている。友人は申し訳なく思いながら（とはいえ思いとどまることはなく）一匹のアリを踏み、アルティーにこうたずねたそうだ。「ローズマリー、アリにいま何が起こっているの？アリはスピリットの世界へ行くの？」

友人が質問している間に霊的ガイドであるグレイ・イーグルの答えが聞こえてきたので、アルティーはそれを繰り返した。「アリは光になるのよ」

アリなどの生き物を霊的存在と認識することは、机上の空論でも盲信でもない。生命は神聖なものであり、あらゆる生き物は人智のおよばない同じひとつの光から生まれてくると認めることなのだ。同じくヒーラーのレイチェル・ナオミ・リーメンは、「私たちはみな、その見かけ以上の存在である。多くの物事はその本質をさらけだしていないのだから」と語っている。どんな生き物も、世界で役立つかどうかとは無関係に、生まれながらに価値がある。どんな生き物も尊敬や愛情、思いやりを受けるにふさわしく、コミュニケーションをとる価値があるのだ。

人間が持つべき共存と協調の気持ちをアリの巣に見いだし、各々のメンバーをその合計以上に大きな全体というひとつのまとまりに取り入れる彼らの精神に気づけば、私たちはインスパイアされ、人間の共同体を建て直していくことができるだろう。私たちはアリのもとへ行き、そのすることを見て、洞察と知恵を得たのだ。

第8章 太陽の神々

私たちが彼らを愛すれば、彼らが攻撃的になることはないだろう。

——ロックことオグルビ・クロンビー（作家）

マンガ家ビル・キーンの連載マンガ「ファミリー・サークル」には、幼いビリーが歩道をすばやく走る甲虫をみつける場面がある。ビリーはそれを踏もうとするが躊躇し、甲虫にも帰りを心から待っている奥さんや子供たちがいるのだろうかと突然気になりだす。その想像力豊かな考えから、ビリーは虫を殺すことをやめただけではなく、甲虫が無事に家に帰れますようにと願ったのである。

子供たちが想像力を使って自分を他の生き物の身に置くことは、生き物への自然な愛情表現である。虫との正しい関係や虫への正しい振る舞いは、想像力を正しく使うことによって生まれるのだ。

大人もまた、想像力を使って生き物との関係を強めることができる。テレビ番組「そりゃないぜ!?フレイジャー *Frasier*」の弟役でおなじみのデイヴィッド・ハイド・ピアースもそうだった。彼はアニメ映画「バグズ・ライフ」でスリムというナナフシ役の声を担当したとき、簡単に「心の中の虫」をみつけられたという。「想像力を活発に働かせる必要があると思う」と「ピープル」誌のレポーターに彼は語っている。また、スリム役のおかげで個々の虫に親近感を持つようになり、昆虫全般に親切心や思いやりを持つようになったそうだ。

ピアースは役作りをする中で想像力を活かし、虫への共感に満ちた視点を手に入れたが、大半の大人はそこまではいっていない。「〝我ら人間〟対〝奴ら〟」という心理的態度が浸透し、想像力を敵意で肥え太らせることが習慣になっているためだ。たとえば、「マーヴェル・コミック」というマンガ誌の極悪非道なビートルマンや、青年が甲虫に変身するフランツ・カフカの実存主義文学の古典、『変身』に見られる「怪物のような害虫」がその例である（いまだに変身後の虫が甲虫なのかゴキブリなのか、議論は続いているが）。

近ごろニューヨークで開かれたセミナーでダライ・ラマ一四世は、子供たちに教えるべきことで何がもっとも重要だと思うかと質問され、こう答えた。「虫を愛することを教えなさい」。このアドバイスに従えば、自分とは異なる存在を寛大に受け入れ尊敬する気持ちが若者の心に育まれるだろうし、その気持ちは私たちの文化にはぜひとも必要なものである。そのことを参加者は理解しただろうか。それとも彼の答えに当惑しただろうか。ともあれ手始めに、子供にカブトムシなどの甲虫を愛することを教えてみてはどうだろう。甲虫類は昆虫の全種類の三分の二を占め、あらゆる生物の八〇パーセントを占めているのである。

被造物、すなわち地上の生き物について研究することで、神についてどのような推論が可能か知りたがっていたイギリスのある神学者グループに対して、生物学者のJ・B・S・ホールデーンは、神は「甲虫が大好き」だったにちがいないと述べた。たしかに、地上の生き物の中で甲虫をいちばん多く創るほど甲虫を愛した創造主とは、いったいどんな神や女神なのだろう？

作家イーディス・パールマンは「オリオン・ネイチャー・クォータリー」という雑誌にすばらしいエッセイを発表した。その中でパールマンは、甲虫を好む創造主として考えられるのは、賢く、心の優しい神だろうと述べている。その柔軟性と謙虚さゆえに、神は甲虫を愛したのだ、と。第二の可能性は、「神は細部に宿る」の言葉どおり、甲虫をその姿の多様性と美しさのために愛した神である。おそらくこの甲虫への神の愛が、「甲虫も母の目には美しい」という諺を生み出したのだろう。

そして最後にパールマンは、神自身が甲虫である可能性にも言及している。そうだとすると、二億五〇〇〇万年前にこの全能の神は、自分の姿に似せて甲虫をつくったのかもしれない。そしてこの全能の甲虫は創造の作業全体を見通しつつ、触角を振って甲虫たちを朽ち果てた木の幹や穀物の山に集め、堆肥の下や森の奥、木の葉の下に隠し、植物をはんだり虫をばりばりかじったりする習性を与えたのかもしれない。もちろん他の生き物の暮らしぶりにも気を配ってはいただろうが、それでも甲虫の神は、宇宙は甲虫のために創られたと認識していたのだ。

多くの文化では、このような甲虫の神を重要視していた。たとえば南アメリカのレングア族やチャコ族は、アクサクという甲虫の神を崇めていた。スマトラのトバ族の甲虫の神は、天から物質の塊を持ってきて世界を創ったとされている。古代エジプトにも有名な甲虫の神、スカラベがいる。コガネムシの姿をしたこの神は、肉体の強靭さ、魂の再生、万物を生み出す不可知の創造主の象徴だった。

また、スカラベは太陽神とみなされていたため、光や真実、復活も意味した。

古代エジプト人が崇めた甲虫の仲間は他にもいる。たとえば木に穴を開ける甲虫は変容とよみがえりの象徴とされていた。そのモデルとなったのは、タマリスク（御柳）という木を食べる穿孔虫である。この甲虫は幼虫のときに木の幹に小さな穴を開けて入りこみ、成虫になるとそこからふたたび姿を現すので、エジプト人は冥界の王オシリスが妹であり妻でもあるイシスの手で囚われの身から自由になり、タマリスクから出てきたのだと信じたのである。

変容を表わすイメージの中でも、穿孔虫はもっとも具体的なイメージを喚起する生き物かもしれない。この虫は、思想家ヘンリー・デイヴィッド・ソローが『森の生活――ウォルデン』（邦訳、岩波文庫、小学館他）で書き直した古い物語にも登場する。ある日、農夫の家のキッチンに六〇年間置かれていた、リンゴの木でできた古いテーブルから「強く美しい」虫が出て来る。何十年も前、木がまだ生きているときに産みつけられた卵がかえったのだ。テーブルに置かれた熱い紅茶ポットが、ちょうど卵の上の部分を温めたのが原因らしい。ソローはこう書いている。

この話を聞いて、よみがえりと永遠の命への信念が強められるのを、誰が感じずにいられよう？　死んで乾ききった木の同心円を描く層の中にその卵が何年も隠され……思いがけず社会のもっともありふれた……家具の中から美しい羽のある生命が生まれ、ついに完璧な夏の生を享受することになろうとは、誰に想像できよう！[*1]

隠された生命という考えは私たちの精神を刷新し、希望を与えてくれる。土や木の中で生き、羽化して姿を見せるまで何カ月も何年もひっそりと隠れている無数の幼虫のように、私たちの潜在能力も社会や家族の思い込みという厚い層の下で機が熟すのを待っているのかもしれない。それが現れるのにふさわしい状況は、私たち自身が考え行動することによって生み出すことができるのである。

子供の教育

私が暮らしているカリフォルニア州では、中等学校でエジプト神話の授業がある。しかしエジプト人が甲虫と生死の問題を結びつけたことなど、教師にとってはどうでもいいことなので、生徒にとってはなおさらだ。古代哲学の根底をなす思想は、現代社会の視点とは相容れないためである。前者は生きいきとした相互依存の世界であるのに対し、現代の神話の根底には人生をコントロールしようとするもくろみがあり、しかもそれを先導するのは経済的価値なのだ。

つやつやの外殻の中に羽を隠し持っている甲虫のように、私たちも肉体の中にしまいこまれ隠された生命を、隠された羽のある精神を持っているのだということを子供たちに話したらどうなるだろう？　子供たちがこんな比喩について考えられるように大人が手を貸したら、エジプト人や他の民族の文化的信仰がもっと重要な意味を帯びてくるのではないだろうか。そうなったら子供たちも、地虫と呼ばれるいも虫のような幼虫から羽根のある生き物へめざましい変化を遂げる甲虫が、再生と永遠の命の力強い象徴になったのも当然だ、と理解するだろう。

心理学者サム・キーンの場合は、夢に出てきた甲虫が思いがけない助けになった。六〇歳の誕生日の数カ月前、彼は死のことで頭がいっぱいだった。仏教の業（カルマ）と輪廻転生の信仰を探求してはいたのだが、死んでしまえば何もかも完全に消えてしまうという悪夢との闘いは終わっていなかったのだ。

そんなある夜、キーンは体の一部を切り離してもまた元に戻すことができる銀色の甲虫の夢を見た。夢の虫は木切れの中に入りこんで見えなくなったが、反対側から出てきた。それから石の中に姿を消したが、また現れた。最後に甲虫は透明な宝石のようなものの中に入っていき、今度こそ見えなくなった。しかし虫はまたその旅から完全な姿で戻ってくるだろう、とキーンは気づいた。彼は深い安堵感とともに目覚めた。夢の意味はわからなかったが、なぜか希望がわいてきた。

その後数日の間、夢は静かにキーンの心で作用しつづけていたらしく、あるとき彼ははっとした。古代エジプトの宗教でスカラベが永遠の命の象徴だったことを思い出したのだ。きっと自分も死の中へ消えていくが、ふたたび現れると夢が告げていたのだろう。まだ半信半疑だったが、夢はキーンに「理解を超越したつかのまの安らぎ」を与えたのである。

◈私たちの中の「甲虫性」

甲虫と人間には共通点がある。ためしに、私たちのアイデンティティは皮膚の内側に留（とど）まらず、外へ外へと広がり、世界全体をも包みこむ、と主張するディープエコロジーの視点に立ってみよう。すると、地上の生物種の中で甲虫の数がずば抜けて多いという事実は、私たちの真のアイデンティティには「甲虫性（ビートルネス）」とでも言うべき要素がかなり含まれていることに気づくだろう。ジェームズ・スワンの言葉を借りると、私たちは「心の動物園」に他のどんな動物よりも多く甲虫を飼っているということになる。しかし私たちの本質にそれほど高い「甲虫性」があるなら、なぜいま人と甲虫は、農業や庭づくりの目的に役立つか邪魔になるかという基準に基づいた関係しか結べないのだろうか？

大人の視点に汚されていない子供たちは、敏感に虫との絆を感じとり、あらゆる甲虫の存在にインスパイアされる。身近な大人が甲虫にどんな反応を示すかによって、子供が感じるかもしれない甲虫への躊躇は簡単に消えてしまうか、あるいは悪化するかどちらかだ。

数年前、私は当時五歳だった姪のローラといっしょに虫探しの散歩にでかけた。私たちはこの遊びが大好きだった。ミシガンの田舎道を行ったり来たりしていると、道沿いの緑の茂みにたくさん虫がいることにローラが気づいた。それは甲虫よ、と私はローラに教えた。私は常日ごろローラに、虫をみつけたら名前をつけてごらんと言っていたので、ローラはその甲虫を「クリスマスコガネ」と呼ぶことにすると言った。その甲虫の体が赤と緑でとても美しかったからだ。ローラには黙っていたが、じつはその甲虫はマメコガネと呼ばれる外来種で、化学薬品の在庫すべてを一身に浴び、それでも子孫を残して畑を猛烈な勢いで食い荒らしていたのだった。

甲虫はメッセンジャー

甲虫も他の生き物のようにメッセンジャーの働きをする。ユングの患者がエジプトのスカラベの夢を語っていたときに窓辺に甲虫が現れたように、私たちの前に姿を見せ、そのときに起こる出来事で情報を伝えるのだ。

甲虫の数が通常以上に多くなるのは何かのバランスが崩れている証拠なので、大群で現れること自体もメッセージになる。春先に甲虫の大群が現れる場合、それは変化と成長の自然な周期がうまく働いているというメッセージなのだが、問題ありというメッセージになる場合もあるのだ。

栽培木や畑で虫の大群がみつかると、私たちは虫自体を問題ととらえがちだ。しかし虫はそこに問題が存在するという兆候でしかない。農業の専門家は、バランスのとれた環境では虫は弱って死にかけた植物しか襲わないと実証している。有機栽培が盛んになったのは、科学に裏付けされたこの教義のおかげだ。土壌の肥沃度が落ちてそこでできる作物に活力がなくなると、虫が姿を現すのだ。そのため虫と病気は不作の原因ではなく、何かがおかしいという兆候なのである。

虫はそのさまざまな形の触角を電磁スペクトルの赤外線帯域に同調させ（私たちがレーダーと電波の波長でコミュニケーションするのに似ている）、そして震動する分子の放射エネルギーを感知して、他の虫や植物とコミュニケーションをとっている。言い換えると、彼らは虫や植物が発するにおいを「かぎとって」いるのである。病気になった植物は、自分の差し迫った死を虫に知らせる。植物の調子が悪くなればなるほど、それが発するにおいは強くなるので虫がみつけやすくなる。そのため虫の大群が農作物を「攻撃」しているときは、その作物が虫に合図を送り、体力が落ちていることを「教えている」のではないかと疑ってみるべきなのだ。そういう状況に陥るのは、桁外れに肥沃な土地と灌漑なしには生長できない現代の異種交配種の作物である場合が大半である。

農作物を食い荒らす大量の甲虫が伝えるもうひとつのメッセージは、畑に病虫害防除剤が繰り返しまかれた結果、その虫の数を抑制する天敵が全滅したということである。捕食者がいなければ、甲虫の数は急激に増える。さらに、虫の捕食者が死んでしまうと、かつてはバランスがとれていて無害だった虫があっという間に数を増やし、そのため二次的な虫の食害が起こるのである。

虫というメッセンジャーを殺すことは、いまや農業経営の手段のひとつだ。つまりどんな種や肥料、重機、殺虫剤を買うかをコントロールする農業企業や農家が使う一般的な手法として定着しているのだ。こうして自然のシステムを、私たちと自然を闘わせる異質なシステムに置き換えた結果、いっそう深刻な問題が生まれた。その問題の多くは土壌の劣化や化学物質の環境への滲入(しんにゅう)のように、無視できないほど大きくなっているのである。

人間は共犯者

単純な方法をとって現代の農業手法とは一線を画すくらいなら、私たちはつぎつぎと生まれる農業関連企業がこのまま経営を続けられるように手を貸す共犯者になる道を選ぶだろう。だが、この分野の知識や興味の欠如は高くついている。たとえば私たちは、虫とは食べ物の取りあいになるので殺虫剤の使用は避けられないという考えを鵜呑みにした。たしかにまっとうな意見に思えるので、農業という舞台の外側でそれを疑問視した人はほとんどいない。それでも多くの場合、虫との闘いの正当化は、殺虫剤の販売数を増やしたり遺伝子操作された種を売ったりするための隠蔽工作なのである。

私たち消費者は見栄えのいい食べ物も求めてきた。そのため生産者は野菜に虫の体の一部たりとも、虫食いの穴ひとつたりともみつからないように、殺虫剤を大量に使っている。私たちが多少見た目が悪い野菜でも積極的に受け入れていたら、生産者に別なメッセージを送ることができただろう。見た目がいいだけの野菜や果物のかわりに、より体に良く栄養に富んだ農産物を要求できたはずなのだ。そうすれば、農薬会社の企みを頓挫させることができる。彼らは農作物のＤＮＡを組み換えることによって、自然の貯蔵期間をとっくに過ぎたあとも見た目には鮮度の良い作物を生産し、最大限の利益を得ようともくろんでいるのだ。

だが見た目の問題は、数ある難問のひとつでしかない。新たな手法や多様な技術の裏では、いまやおなじみとなった好戦的で利益を追い求める精神が農業を動かしているのだ。蚊との闘いの根底にあるのと同じ考え方である。これについてはつぎの章で徹底的に検討するので、類似点がわかってくるだろう。収穫量の多い作物や殺虫剤を途上国の農業に導入した「緑の革命」でさえ、先進国が現代的な農業技術を開発途上国へ紹介することで実現する食糧供給と宣伝されてはいるが、実際は緑の革命ならぬ緑の植民地政策でしかないのだ。

ワタミゾウムシとの闘い

ページ数にもかぎりがあるので、現代農業に関する考察はほどほどで切りあげ、甲虫に注目しつづけることにしよう。甲虫こそが大きなテーマなのだ。この章では、穀物の害虫の烙印を押されたあらゆる虫という意味で甲虫という言葉を使っているが、彼らからのメッセージは短くも当を得ている。

すなわち、甲虫は厄介者でも人間の敵でもない、ということだ。

アメリカでは、単一栽培(モノカルチャー)と呼ばれる方法で農家が一種類の穀物を大規模に栽培しはじめたときに、植物を餌にする虫への敵意が高まった。本来バランスがとれていない手法であるにもかかわらず、単一栽培は高い収穫量が見込まれ高利益も期待できたために、政府は一種類の穀物栽培に同意した農家に資金を提供した。捕食者や限られた餌、病気によって個体数が抑えられるバランスのとれた生態系とは違い、単一栽培は自然な個体数抑制者を破壊する。そしてそれがなければ、穀物はごくわずかなバランスの乱れにも弱くなるのだ。

たとえば綿花の単一栽培が原因で、アメリカはワタミゾウムシと呼ばれる甲虫との闘いに挑んだ。闘いを支持する人(大半の人はそれ以外に選択肢はなかったと感じていた)は、ワタミゾウムシによる被害の見積もりは年間何千万ドルにもなるのだと主張する。一方、甲虫への敵意に疑問を感じている人は、問題は虫ではなく単一栽培だと指摘する。

◈ ワタミゾウムシ

ワタミゾウムシは好みがうるさい。ゾウムシの仲間は四万種類いるが、それぞれが異なる特定の植物を好む。一般的な木や灌木の大半は一種類のゾウムシしか接待しないのだ。綿花だけを好むゾウムシ、それがワタミゾウムシなのである。

この虫に敵のレッテルが貼られたのは、彼らが綿花の単一栽培に便乗しはじめたときのことだった。どこまでも続く大好きな綿花畑を見たワタミゾウムシは、ワタミゾウムシのための天国へ来たのではないかと思ったことだろう。ワタミゾウムシは、アメリカが綿の国際貿易に打って出る準備をしていたことなど知るよしもなかったし、気にもしなかった。予想どおり、ワタミゾウムシはあっという間に数を増やした。自然な個体数抑制がきいているバランスのとれた環境という前提が崩れたからだ。ワタミゾウムシの生息範囲が広がるにつれて、綿花で一儲けしようと考えた人々は夢が散っていくのを目の当たりにすることになる。そこでワタミゾウムシの増加を抑えようと殺虫剤を使ったが、あまり効果はなかった。

ＤＤＴという殺虫剤が開発され、その生産量が第二次世界大戦で兵士をマラリアから守るために軍部が必要とする量を上回ったとき、アメリカ政府はＤＤＴを民間で使用することを承認した。国民は、虫がいない世界がいままさに実現しようとしているのだから、不愉快な虫との共生を我慢して受け入れる必要はないのだと、いとも簡単に説得された。当時は虫の悪魔じみた性質を強調するために、政治色の強いマンガにアドルフ・ヒトラーの顔を持つ甲虫も登場していた。古代エジプトの日の出の神で、人間の体を持つスカラベの姿で描かれたケプリという神とは大違いである。

私たちは虫以外には無害というＤＤＴの広告を鵜呑みにした。当然のことながら、甲虫ごときが綿花栽培という将来有望な事業を脅かすことに怒りを覚えていたためである。専門家はみなＤＤＴを使うようすすめ、実際農夫たちは飢饉や病気に対する保険として毎週畑に散布するよう急き立てられた。しかし、天敵を用いた害虫駆除方法、すなわち生物的防除に関する著書『ドラゴン・ハンター *The Dragon Hunters*』でフランク・グレアムが指摘したように、殺虫剤の使用の大半は、飢饉や病気の予防とは何の関係もなかった。これは綿花生産で世界のトップになれという、アメリカ政府の指示で行なわれたことだったのである。

殺虫剤の威力に頼ればいつかは自然と生き物を支配下におけるという思い込みがあったために、単一栽培を混作へ転換したり輪作のような手法を使ったりすることで、栽培地にバランスを取り戻そうと真剣に考える人はいなかった。そんな必要はないと誰もが思っていたのだ。単一栽培は莫大な収量とより大きな利益につながる道だったからだろう。自分たちが頼っている交雑種の種と化学肥料と殺虫剤が自然の法則をひっくりかえし、単一栽培生来の不安定さを消すことができると考える人が大半だった。そのためワタミゾウムシの大群と綿花の壊滅的被害は、自然のバランスが崩れているという明らかなメッセージだったにもかかわらず、無視されたのである。

◈不運に見える幸運

しかし少なくともひとつの町では、ワタミゾウムシは闘いに勝ち、驚くべき戦果を残している。アラバマ州エンタープライズ市でのことだ。ワタミゾウムシの被害でアラバマ州の綿花収穫量が六〇パーセント減の損失を被ったとき、ついにエンタープライズ市の農家は降参した。多種生産を余儀なくされた農家は、ピーナッツ、トウモロコシ、ジャガイモを栽培しはじめる。この方向転換がまったく思いもよらない結果を生んだ。新しく始めた作物が生んだ利益は、綿花栽培の最盛期をはるかに越え、農家の収入が増えたのである。さらにすばらしいのは、この一大事業に関わった人々が自分たちはワタミゾウムシに借りがあると知っていたことだ。それで町の人々は敬意をこめて記念碑を建立し、碑文にこう刻んだ。

ワタミゾウムシと、彼らが幸運の使者として成し遂げたことに深い感謝をこめて。この記念碑はアラバマ州コーヒー群の市民の手による。

現在もその地域では綿花が栽培されていて、綿花もワタミゾウムシもうまく育っている。一方他の地域はエンタープライズ市の例に従わず、より強力な化学物質と農業技術が綿花の単一栽培の継続を保証すると過信しつづけた。そして事実、うまくいったように見えたのだ。だが政治家は誰もそのためにかかった隠れた経費を明らかにはしていない。

◈無視される殺虫剤耐性

アメリカ中が綿花の国際市場を支配し維持するよう駆り立てられたので、ワタミゾウムシの殺虫剤耐性を示すデータは無視され、国民には隠された。じつは関係者はすでに一九五四年の時点で、殺虫剤が効かないことや、最初はどんなに多くの虫が死んでもいつも数匹は生き残り、つぎの世代へその耐性を伝えることに気づいていたのである。虫の天敵や寄生虫を殺すと、必ず二次的な虫の侵入につながることも知っていた。

しかしながら、農家は殺虫剤の散布で短期的には生きながらえ、大きな収穫と利益を手にした。この「成功」の経費は一般には公表されなかったが、人間の健康に関する分野では乳がん、膀胱がん、前立腺腫瘍などのさまざまながんと殺虫剤との関係が、徹底的な調査に基づく文献で暴かれた。たとえばサンドラ・スタイングラーバーの『がんと環境──患者として、科学者として、女性として』(邦訳、藤原書店)がその一例である。スタイングラーバーは、一九六二年にレイチェル・カーソンの『沈黙の春』が出版されて以降アメリカでは殺虫剤の使用量が二倍になり、一九四七年から一九五八年の間に生まれた女性の乳がん患者は、彼女たちの曾祖母が同じ年齢だったころに比べてほぼ三倍になっている、と指摘する。そして一九八八年の研究によると、少なくともアメリカの農村地帯の一五〇〇の郡では、農業科学薬品の使用とがんの死亡率には重大な関係があるとわかったのだ。

彼女自身が膀胱がんと診断されたスタイングラーバーは、人間の健康と自然環境は本当に関連しているのかという疑問を抱かせるために、枝葉末節の不確実な情報が利用されてきたのではないかと懸念している。要するに人間の健康への影響などは、首尾よく莫大な収穫を得るための必要経費でしかないのだ。スタイングラーバーの他にも、土壌の肥沃度の低下や動植物の健康状態の悪化、そして生物多様性が失われていることを実証している作家もいる。

私たちは専門家ではないので、現在実践されているさまざまな技術について耳にすると漠然とした不安を感じる。いや、不安になるだけではなく、問題の根深さに困惑するかもしれない。化学薬品会社や遺伝子工学企業のまことしやかなパンフレットは、いまだに希望や満足感、協力関係といった抽象的なことばかり語り、かわいらしい子供が青々とした芝生で遊ぶ幸せな家族の写真を掲載している。そのような広告で、彼らは農家に売りつける化学薬品や遺伝子組み換え種子を正当化しているのだ。さらに虫を敵に仕立てあげるために、人間と食べ物を奪いあう〝虫〟対〝勇敢な農夫と仲間たち〟の闘いに、つまりは「昆虫学者」対「化学薬品会社」の闘いにまで問題を煮詰める。私たちはそんなプロパガンダをつい信じて、虫に対する疑念を固定してしまうのだ。製品の危険性を軽視して利益を得る化学薬品会社の体質や、いまやバイオテクノロジー企業にまで浸透した腐敗を多くの暴露記事が暴いても、虫への疑念や虫は敵だという思い込みがとても強いために、企業は私たちの理性や常識を封じ込めてしまうのである。*2

私たちは殺虫剤の安全性を疑問に思いつつも、充分な食料を得るためには化学薬品を使って穀物を食い荒らす虫と闘いつづけなければならない、といまだに信じている。しかしそんな必要はないのだ。トウモロコシが他の穀物と輪作されていた一九四五年、トウモロコシを餌にする虫はほとんどいなかったため、虫の被害を受けたトウモロコシはわずか三・八パーセントにすぎなかった。ところが化学薬品が使われはじめて四〇年がたった一九九〇年代、それは一二パーセントに上昇したのである。

いまも企業のごまかしは横行している。綿花を好む（そしてトウモロコシや大豆、ジャガイモを好む）甲虫との闘いも続いている。環境のバランスを崩す原因となる単一栽培や化学物質の使用も終わりそうもない。相変わらず好戦的な態度を保ちながら、殺虫剤の脅威に対して私たちが唯一示した現実的な対策は、いわゆる「総合的有害生物管理」の名目のもと「生物的防除」と「遺伝子工学」の戦法を武器庫に加えたことである。

生物的防除と遺伝子工学

生物的防除の第一の戦術は、農作物に被害を与える虫の天敵となる外来種を持ちこんで捕食させ、病害虫の密度を低くすることである。環境に配慮した解決方法として広く賞賛されているのだが、ここではっきり言っておこう。西欧社会はいまだに好戦的な心理にあおられているし、生物的防除も単一栽培を維持することが目的なのだ。この方法の長所は、ある程度自然界を真似ているので殺虫剤の使用を減らせる点である。新たな天敵に役割を果たしてもらうためにはそうせざるを得ないのだ。短所は、生態系の複雑さが理解されていなかったり無視されたりすると、ときに天敵の導入が裏目に出る点である。ひとたび過ちが起こると、アリゾナ州で導入された甲虫が在来種の虫を駆逐したときのように、結果は誰にもわからないのだ。

さらに、テントウムシのような天敵の利用に見られるマイナス面もある。テントウムシを探す人々が冬眠場所に踏み入り一度に何百万匹も根こそぎ捕獲しているのだ。捕獲者に集められたあと輸送されて生き残ったテントウムシは（死亡率は二〇〜四〇パーセントにものぼる）、果樹園や花屋に何百万匹も分配されている。

◈生物的防除の古い起源

生物的防除の可能性が初めて農夫に示されたのは、テントウムシが穀物につくカイガラムシの防除に大成功したときだったが、それはけっして新しい戦法ではない。自然の天敵を害虫の制御に使うことは太古の昔から行なわれてきた。

多くの国では、人間が生物的防除を行なっていた。たとえばタイでは、人々は穀物を餌にする甲虫やいも虫を食べていた。この方法はイナゴの大群にも効き目があった。実際、アフリカの先住民族は異常発生したイナゴの大群を（これは飢餓状態に陥ったときの種の生き残り作戦である）、喜びと感謝の気持ちで眺めた。彼らにとっては神々からの贈り物だったのである。

アメリカでは、ワタミゾウムシやイナゴは絶対に食べない。そのかわりワタミゾウムシの天敵を捜しつづけ、虫のホルモン（虫の成長の第一期には役に立つがそれ以外のときは危険な物質）やフェロモン（同じ種への情報を運ぶ化学的信号）を利用したり、断種や放射線技術を試したりして闘いの成果をあげようとしてきた。

ここで虫はメッセンジャーだという前提に立ち返り、環境や自然の力と連携したら、私たちの手法はどんなに違うものになるか考えてほしい。虫と共存するための情報を探したら、いったい何が見つかるのだろう？　自然界のバランスと持続性が失われないように願い、闘いを終わらせるために食物の育て方を変えたいと願ったら、生命の本質のどんな姿が見えてくるのだろう？

◈遺伝子工学

人間はまだ虫と共存できるところまでは到達していない。ここ一〇年の間に、生物的防除の戦略は遺伝子操作によって拡大されてきた。遺伝子工学（ＧＥ）は遺伝子組み換え（ＧＭ）とも呼ばれ、ある生物種の染色体を他の生き物に移しかえるプロセスである。種を越えた人工繁殖によって、「遺伝子組み換え」植物や「遺伝子組み換え」動物が生み出される。動植物の遺伝子工学はより効果的な武器となり得るので、今日ではごく一般的になっている。一般的なのは、捕食性の虫に手を加えて他の虫をより効率よく防除したり、新たな気候耐性を持たせたり、特定の年齢での「自己破壊」を仕込んだりすることだ。しかし、生態系にどのような影響があるか判然としないので、このように部分的改変を加えられた生物を自然界に放つことはやめるべきだという訴訟が起こされている。

穀物の遺伝子組み換えは、おもに殺虫成分を生み出す遺伝子を植物に組み入れることである。この技術の提唱者たち曰く、そうすれば殺虫剤の使用量が減るのだ。しかし少々複雑なのは、これらの遺伝子組み換え植物（GM交雑種）の多くが、いまや野菜ではなく殺虫剤として再分類できるほど毒性の高い物質を持っているという点である。これらの組み換え植物の毒素は、バチルスチューリンゲンシス（Bｔ）に由来する。バチルスチューリンゲンシスは土壌に住む微生物で、いも虫に効果のあることで知られる自然の殺虫成分を生む。Bｔには数え切れないほどの自然発生的な変種があり、各々が特定の虫に死をもたらす。しかし有効性の対象が制限されるがゆえに効率は悪く、そのために無差別に虫を殺す合成毒素と比較すると不利とみなされている。それでもこの制約こそが、持続可能で環境に配慮した毒素という特徴を生み、有機栽培農家が散布して使う道具となったのだ。

虫が交雑種の穀物のBｔに適応し耐性を持つようになると（実際彼らはすでにそうなっているのだが）、どんな種類のBｔもすぐに時代遅れになるだろう。そうなればBｔを組みこんだ交雑種の穀物は、法的論争に持ち込まれる前に廃棄されるはずだ。虫がBｔの毒素に耐性を持つために必要なのは数年間だが、いくつかの企業が莫大な利益を得るには充分な時間である。他の重大な結果が明るみに出るにも充分な時間だ。[*3] 最近の研究により、Bｔの毒素を組みこんだ数種類のトウモロコシの花粉が畑付近のトウワタという植物に降りつもり、オオカバマダラという蝶の幼虫を殺したことがわかった。アブラムシを殺すためにBｔの毒素を組みこんだジャガイモも、アブラムシを餌にするテントウムシに故意ではなくても危害をおよぼす可能性がないとは言えない。

◈効率性という暴君

興味深くかつ悲しいことに、こうした試みの大半は甲虫や他の生き物の健康に壊滅的な影響をおよぼした。しかも、単一栽培や化学薬品の効率性を犠牲にしようという意義深い試みは何ひとつなされてこなかったのである。ジェームズ・ヒルマンは著書『権力の種類 *Kinds of Power*』で「効率追求は拒絶の始まり」と述べている。つまり進行中の事業——この場合は農業の生産性——が最優先されると、あらゆる配慮や考慮が排除されるということだ。ナチズムは人々を効率的に殺したとヒルマンは指摘し、いま私たちは世界の飢餓を終わらせるという名目で作物を効率的に育てているが、そのために払っている犠牲をいずれは理解しなければいけなくなる、と警告しているのだ。

現在の危機的な状況の責任は科学や技術そのものではなく、私たちが許してきたそれらの使われ方にある。効率を追求するには短期的な思考が求められる。時間こそが効率の敵だからだ。そして毒は効率的な方法だ。現在農作地で効率的に虫や雑草を除去するために薬品を噴霧したり散布したりする方法は、第二次世界大戦中の強制収容所で人々を効率よく殺すために開発された方法を応用したものなのである。

米国科学振興協会の委員会は、このまま現在の傾向が続けば、アメリカは近い将来食料を輸出できなくなるだろうとの公式見解を発表した。全米の土壌が疲弊してしまい、主要作物の栽培方法を大変革しなければ生産性が落ちるというのである。

長期的な視野に立った解決方法は、私たちのアイデンティティを根本的に変えることからしか生まれてこないだろう。アイデンティティを拡大し、それに基づいた持続可能なテクノロジーを発見しなければならないのだ。そのためには、私たち一人ひとりが自分とは何者かを考え直し、地球市民としての自覚を持ち、自然界の働きについて理解することが必要である。自分の中の「甲虫性」を受け入れることも、食糧の持続可能な生産方法をみつける一方法になるのではないか。個人、社会、地球、そして生き物すべてを認める視点で考えれば、ホリスティックで、非搾取的で、きわめてエコロジカルな長期的農法へ自ずとたどりつくにちがいない。

持続可能な農業技術

甲虫に教えを請えば、その食べ物の好みと繁殖力が示唆するのは、拡大する環境における抑制とバランスの必要性だということに気づくだろう。特に植物の多様性と、自然の個体数抑制者の多様性が重要なのである。甲虫から学ぶことによって、私たちは視野の狭い遺伝子操作をやめて、環境全体の生物のバランスを取るために畑や土壌、種の多様性に重点を置くようになるだろう。科学者にして社会活動家でもあるヴァンダナ・シヴァは『バイオパイラシー――グローバル化による生命と文化の略奪』（邦訳、緑風出版）の中で、多様性を維持することは「その土地のバランスをより広い範囲において保つための、私たちの宇宙的な義務である」と述べている。

甲虫が再生や復活の象徴とされたのは、食用の植物を育てる過程でやせてしまった土壌へ立ち返れというサインと読むこともできる。持続可能な農業技術なら、栄養分を土壌に戻しつつ、土壌の表面や水、エネルギーも保護できる。混作や輪作、点滴灌漑、そして空中窒素固定作用を持つ穀物は、畑にバランスを取り戻す技術の好例である。

持続可能な農業や文化を提唱するパーマカルチャーや、多品種を育てるバイオインテンシブ農法、そして惑星の運行で生まれる宇宙のエネルギーをも考慮するバイオダイナミック農法は、栄養価も高く収穫量も多い作物を生むことができるそうだ。こういった選択肢も土壌の生産力を高めつつ天然資源を保護することに寄与するだろう。新たな手法へ移行するまでの間は収穫量が減少するが、いますぐ現在の手法と取り替えることができる持続可能な農業技術もあるのだ。[*4]

しかし、たとえ持続可能な栽培法が再導入されても、私たちが虫は敵だという前提を依然持ちつづける可能性もある。環境に配慮していると言われてはいるものの、いまだに虫を敵視している農法があるのも事実だ。本当の環境への配慮とは、自然に宿る神々への信仰に深く根ざしたものであり、そこには虫への尊敬と愛情さえ見られるものである。たとえばスコットランドのフィンドホーン・コミュニティや、ヴァージニア州のミシェル・スモール・ライトのペレランドラの庭は、虫に非常に好意的だ。その創設者が虫への敵意を庭から排除してきた結果、驚くようなことが起こっている。

フィンドホーン・コミュニティの庭園

フィンドホーンを知らない庭師はほとんどいないだろう。フィンドホーンは野菜や花を育てるスコットランドの小さな共同体で、一九六〇年代に並はずれて大きな野菜や果物が穫れたことで世界中の注目を集めた。「秘密」を教えてくれとレポーターにしつこくせがまれたフィンドホーンの創設者、ピーター・キャディとアイリーン・キャディ、そしてドロシー・マクリーンは、自分たちの成功は人々と植物の「ディーヴァ」が力をあわせて努力したおかげだと語った。ディーヴァとはあらゆる植物の生長を見守っている天使のような、エネルギーのような存在なのだそうだ。

フィンドホーン・コミュニティにとって庭づくりは、自然界の多様な生命の形態の裏にある本質的な一体性を体験しつつ、ともに働き学ぶための手段だった。調和と愛情を心に育みながら、コミュニティのメンバーは庭に必要なものを感じとり、具体的な方法を考えて実践したのである。

フィンドホーン・コミュニティが出版した『フィンドホーン・ガーデン――人と自然が協力する新たなヴィジョンの開拓 *The Findhorn Garden : Pioneering a New Vision of Man and Nature in Cooperation*』によると、フィンドホーン・コミュニティは「関係者すべてにとって最高の結果が出るような解決策をめざし、愛情あふれる態度で」虫に接するらしい。コミュニティは、植物にとってバランスのとれた数の虫が身近で活動しているのは自然なことであり、「健康な人が病原菌に接触しても影響を受けることがないのと同じように、健康な植物も彼らが惹きつける虫に傷つけられることはない」と気づいた。科学者も同じ発見をしている。

制度的な科学が直観的な知恵に追いつこうとしているもうひとつの例を紹介しよう。おもしろいことに科学雑誌「サイエンス」に発表された最新の研究でも、健康な植物はそれが惹きつける虫に傷つけられることはないという説が支持されている。事実、植物がいも虫に「攻撃」されても、その後いも虫との間に問題が起こることはほとんどなく、むしろ健康になるようだ。虫との相互作用が植物を強くたくましくするのかもしれない。

フィンドホーンの庭園で明らかに虫の数のバランスが崩れた場合、メンバーはまず自分たちの思考や行動をまっさきに検証した（虫に咬まれたときの先住民の人々の反応を連想させる）。すると植物がもっとも望ましい生長をするために必要な物質が欠けていたとわかることもあった。バランスを保つために不可欠な協力の精神とは相容れない攻撃的な庭づくりがされたときに、バランスが崩れることもあった。スコットランドで一般的に使われている殺虫剤が原因だったこともあった。殺虫剤の使用は生き物同士の相互関係とバランスの網をしばしば破るのである。

なぜ特定の虫が庭園でバランスを崩したのかを知るために、フィンドホーンのメンバーはディーヴァ、すなわち虫の輝けるスピリットと接触する。このコミュニケーションによって、コミュニティのメンバーの感情が庭のバランスや動植物の健康に大きく影響するとわかったらしい。虫のバランスが崩れているときは強く健康な植物を思い描くように、とディーヴァは助言した。メンバーが言うには、そうすることで植物の生命に力を与え、攻撃に耐える手助けになるのだそうだ。虫を手でそっと取りのぞいたり、虫が嫌う有機物を噴霧したりすることも許容範囲ではあるが、あらかじめ虫に警告し、愛情と敬意の気持ちをこめて行なわなければならない。虫は、たとえ殺されても気にしない。彼らはいつも互いに殺しあい食べあっているからだ。しかし彼らは、嫌われることはとてもいやがる。憎しみのエネルギーは、人間だけではなく虫にとっても有害なのだ。

ペレランドラ

庭づくりが大好きな小さな共同体や個人にとって、自然の力と協力して仕事をすることは食物を育てるための重要な手段だった。ミシェル・スモール・ライトもヴァージニア州ブルーリッジ山脈の木の生い茂った丘陵地帯ペレランドラで、自然のスピリットと協力しあって庭づくりをしている。

ライトは、自然の力と協力したいと願うことが、地球が被った損害を消し去る唯一の方法だという信念をもっている。さまざまな精神修行を積んだ大勢の人々が説いてきたメッセージと同じだ。

ライトは最初、虫は問題がある場所へ人の関心を引きつけるメッセンジャーだということを発見した。虫まみれになって弱っている植物をみつけると、彼女はその植物のディーヴァに心を開き、どこかでバランスが崩れているのかどうかをたずねる。すると輝けるスピリットは、もっと根を覆う土や水が必要だというように、きわめて現実的な情報だけを伝えるのだ。バランスを「失わせている」ものや修正を必要としているものが、ライト自身の思考や決断だったり、庭とつながりのあるコミュニティの思考や決断だったりする場合もある。身近な人の感情が突然変化すると、庭園やそのバランスに影響が出るのだ。

◈元に戻す

ライトは、地球の共同体と土壌に感謝しつつ、私たちが食用の植物を通じて与えられてきたものを自然に返すことも大切だと考えている。それは甲虫の再生のメッセージとも一致する古代のアイディアであり、持続可能な社会を導く中心原則でもある。ライトが実践する多くの再生方法のひとつは、庭園の十分の一を自然に返すことだ。もっとも、彼女が言うには、自然がそれほど多くを求めたことはないらしい。

ライトが実践する自然に手を加えない庭づくりを真似れば、アブラムシ退治のためにわざわざ地元の業者からテントウムシを買う必要などなくなるかもしれない。ある年のこと、ライトはハーブガーデンにコストマリーというキク科の植物をみつけたが、それは彼女が使わないハーブだった。春になってハーブを栽培するたびに、コストマリーは無数のアブラムシにすっかり覆われた。ところが一週間ほどたつと、それと同じくらいの数のテントウムシがコストマリーの上に現れてアブラムシを食べ尽くし、それから庭中に散っていったのである。ライトは、ペレランドラのコストマリーはテントウムシの繁殖地となるために存在し、テントウムシに招待状を出して歓迎のご馳走を用意しているのだ、と考えている。

◈甲虫とバラ

ライトのもっとも印象深いエピソードのひとつに、マメコガネがトウモロコシを台無しにした話がある。ライトはマメコガネの輝けるスピリットと接触し、どうかトウモロコシをそっとしておいてほしいと頼んでみようと決めた。だがいざ接触してみると、驚いたことにそのマメコガネのスピリットは殴られ虐待された子供のようだったのである。彼女はこう語っている。「それは敗北のエネルギー、服従を強いられたエネルギーだった。それでいて怒りをもあわせ持ち、命のために闘うという暗い願望を秘めていた」[*5]

そのスピリットとの接触で冷静になったライトは、ふたたび甲虫のディーヴァと接触しようと試み、今度はある一匹のマメコガネの意識と初めてつながることができた。彼女がその意識を感じとることを許されたのは、トウモロコシに関する希望を言う前に、まず人々の憎しみがマメコガネにした仕打ちを受け入れるためだった。

マメコガネが昆虫採集家によって偶然アメリカに持ちこまれ、あっというまに繁殖したことをライトは知っていた。マメコガネはさまざまな植物を好み、おまけにアメリカには天敵がまったくいなかった。その結果マメコガネは、何の気なしに持ちこまれた他の外来種の虫と同じように大量の化学薬品の攻撃にさらされることになり、それが今日まで続いているのだ。

そういう事情もあっていまだに彼らの痛みが続いていることがわかったので、ライトはマメコガネに頼みごとをするべきではないと思った。そこで、ペレランドラは聖地だと理解してほしいとマメコガネに願うかわりに、コミュニティの庭の一員になるよう誘った。そうすれば癒しの旅を始められるだろう。ライトは自分が本気だと示すために、庭に隣接する甲虫が好みそうな土地に生い茂る丈の高い草を刈らずにそのままにしておいた。

マメコガネの同意を取り付けてから数年がたち、ライトはマメコガネがいっそう穏やかになってきたと感じている。最初の数年間マメコガネは、バラをだめにするばかりだった。バラから彼らをたたき落としたい衝動にも駆られたが、ライトはなんとかこらえた。そしてマメコガネに本当にバラを楽しんでもらうために心から歓迎しよう、とようやく考え方を改めたのである。やがてマメコガネはバラに群れなくなり、いまではときどき花の上に一、二匹見かけるだけになった。フイトは「マメコガネが生息地を移動してくれたおかげで、彼らに特別なことを要求する理由などなかったとわかった。彼らがここにいることで庭のバランスが保たれているのだから」[*6]と語っている。

マメコガネ、姪がクリスマスコガネと名付けた甲虫の見境のない怒りとはかりしれない痛みは、ずっと私の心を強く動かしてきた。創造主である甲虫の神は、選ばれし生き物である甲虫と人間の闘いをどう考えるだろう？　私たちは彼らにメッセンジャーという立場を与えず、人間だけはあたかも生物界の外で独立しているかのように地球共同体のメンバーに戦争をしかけている。そんなことを続けて、私たちの心に存在する甲虫性のどんな側面を虐待してきたのだろう？

自分は加害者だと自覚し、生き物への憎しみが生む被害を理解できれば、私たちは報酬は期待できないが重要な仕事にとりかかることができる。それはいずれ、虐待された自分の心の側面とふたたび絆を結ぶ助けになることだろう。虫への憎しみやそれを正当化する気持ちを捨てて、この大事な役割を引き受けたら、大きな危険にさらされたアイデンティティに触れることになるだろう。そうすれば私たちの傷ついた「虫の自己」を心の動物園の片隅の暗がりから連れだし、長い流刑は終わったのだと安心させることができるかもしれない。自分の甲虫性と和解してその生きいきとしたエネルギーを吹きこまれれば、沈黙を破り、現在の自己破壊の道へ私たちを縛りつけている者を倒すために必要な力と意思を手に入れられるにちがいないのだ。

中国の暦では二月を「啓蟄（けいちつ）」と呼ぶ。「虫の目覚め」を意味し、農夫に春が来たことを知らせる呼び方だ。甲虫をふたたび太陽の神、光や真実、再生の象徴とみなすことができれば、いつかその日を

「人間の目覚め」と呼んで祝うことになるかもしれない。人間が持続可能な生活をつくりだし、虫への愛情を子供たちへ手渡すための知恵をたずさえて生まれ変わるための日として。

第9章 蜂に語りかける

ゆうべ、眠っているときに夢を見た。なんともすばらしい過ちの夢を！
私は心に蜂の巣を持っているのだ。そして黄金色の蜂が
私の過去の失敗を使って白い巣や甘い蜜をつくっていたのだ。
——アントニオ・マチャード（詩人）

養蜂家が自分の飼っている蜂に抱く親近感は「ビー・フィーバー（ハチ熱）」と呼ばれる。発病の仕方がゆるやかであれ急激であれ、結果は同じだ。あなたはミツバチと恋に落ち、初めての巣箱を手に入れる。のちに不思議そうな顔をした友人や親戚に理由をたずねられると、あなたはその病気を「祝福」と呼んで説明しようとすることになるのだ。

養蜂の歴史は、ビー・フィーバーに襲われた人々の多くの物語で彩られている。そのひとつが、ミツバチ男として知られているイギリス人、ダニエル・ウィルドマンの物語だ（彼はミツバチだけでなく、スズメバチやクマバチも飼っていた）。アメリカ独立戦争の時代、ウィルドマンはミツバチを操る熟練した技を披露しながらヨーロッパ中を旅した。彼はミツバチを自分の頭や胸など、体中どんな場所にでも自由自在にとまらせることができたそうだ。ロンドンを乗り物で移動しているときでさえ、彼は全身ミツバチで覆われていたと言われている。

現代のミツバチ男のひとりが、作家ヴィクトリア・コヴェルの息子である。母親のヴィクトリアは知恵と希望に満ちたその著書『スピリット・アニマルズ *Spirit Animals*』で、少女時代に近所の池で溺れていたミツバチを助けようとしたことや、天国へ行くときは自分が助けた数え切れない蜂の魂が温かく迎えて守ってくれると信じていたことを語っている。

そんな彼女も、末っ子のセスが同じことをしているのを見たときは驚いた。セスは四歳のときにミツバチを助けはじめ、すぐに「パインアイランドのミツバチ少年」として知られるようになった。島の住民は、セスが水のなかを歩きながら指を広げて手を沈め、また水面に持ち上げる姿をよく見かける。セスが水から手を出すと、びしょぬれの虫が指にしがみついているのだ。家を目指して補助輪つきの自転車を必死にこいでいるセスがさっと横を走りすぎたときに、立てた人差し指の先にミツバチがとまっているのを目撃した隣人もいるそうである。

「セスは私のミツバチへの関心を新たなレベルへ押し進めた」とコヴェルは語っている。「息子はミツバチでも虫でも、何でも優しい気持ちで愛していたので、虫が死んで泣いてしまうこともあった」

そうである。幼い子供をミツバチと遊ばせるなんて、と非難する人もいたが、コヴェルはミツバチが息子を刺すことは絶対にないと請けあった。そして実際刺すことはなかったのだ。

ミツバチの遊び相手になれば、人間とミツバチの共同体には類似点があることに気づくだろう。ミツバチといっしょに時間を過ごしている人々は、ミツバチがそばにいると心が和み、やすらかな気持ちになると報告している。しかもミツバチがもたらすやすらぎは、明らかに人から人へと伝わるのだ。もっと心穏やかに生きられるように医者が薬のかわりにミツバチを処方したら、世界はどんなに変わることだろう。

巣を支配する強い階級意識と目的意識、休まず稼働している工場のようなブーンという羽音が、長く養蜂家を魅了してきた。工業化時代以前、世界各地の人々は平和や調和、礼儀正しさ、再生、多産、そして雄弁さをミツバチと結びつけた。ミツバチとこうした特徴との結びつきは非常に強く、ミツバチは戦争が起こると病気になって死に絶え、他の虫に侵略された巣は繁栄しないと人々は信じていた。欺瞞や怒り、敵対心はミツバチの生来の本質とは明らかに相容れないので、そういう感情は巣全体の健康状態に影響したのだろう。

いまではミツバチの本をすすんで読もうとする人はほとんどいないが、ミツバチとその巣についての描写や記述は他のどんな虫よりも多い。たとえば古代の洞窟絵画には、奇妙なミツバチに似た生き物が女神の出現として描かれている。中国の伝説にもミツバチの大家族の物語がある。ブラジルのある部族は、蜂は魔法をかけられた生き物なので動植物の守護霊によって人間に利用されないよう守られていると考えた。

本当にミツバチが人間に利己的に利用されずに守られていたら、どんなにいいだろう！　実際は、私たちの文化はミツバチを主に取引可能な資源や商品とみなしている。ミツバチが毎年生み出す蜂蜜には何百万ドルもの価値があるし、その授粉サービスは一〇〇億ドルの一大事業なのである。

蜂毒や花粉、ロイヤルゼリー、ミツロウといったミツバチ製品も人気のある商品だ。たとえば蜂毒は、関節炎や多発性硬化症、外傷や火傷による炎症などの治療に効くとされているため、利用価値が高い。服用して体内にとりこむと、蜂毒は自然の抗ヒスタミン剤になるのだ。

蜂毒に治療効果があるのは、天然の興奮剤として免疫系の働きを高めるためである。自分は蜂毒のアレルギー体質だと信じている人も多いが、それはタンパク質過敏症によるものがほとんどで、蜂毒そのもののアレルギーではない。いつもミツバチに刺されている養蜂家は、特定の病気に対する平均以上の免疫力と抵抗力を持っている。

しかし、いわゆる「蜂針療法」のために蜂毒を集める方法を見ると、私たちがミツバチを何の権利も誇りもない商品としてしか見ていないことがよくわかる。一般的な方法は、まず巣箱のなかやその付近に通電した格子を平らにセットし、その下側に薄い合成素材のシートを敷く。ミツバチが格子にとまると、軽い電気ショックを受けるのでそのシートを刺す。すると蜂毒がシートの裏側にたまるという仕組みだ。一グラムの混じりけのない蜂毒を集めるのに必要な蜂は、一万匹にものぼる。ミツバチの針が合成素材のシートから抜けなくなることはめったにないため、九九パーセントのミツバチは生き残るというのがせめてもの救いだろう。

ミツバチといっしょに

蜂蜜のためであろうと授粉のためであろうと、あるいはミツバチ製品のためであろうと、ミツバチを資源としてしか見ないなら、心から生き物を気遣おうとする能力を私たちは発揮することができない。人間の経済活動に貢献する生き物だけが重要というわけではない。養蜂家でない私たちは、ミツバチと人間の輪の外側に置かれているが、その輪は有史以来人間の想像力を培ってきたものである。

現代の養蜂家ウィリアム・ロンググッドは、知覚や直感、そしてミツバチへの長く変わらぬ愛情から、ミツバチについて多くの知識を集めた。その著書『女王死すべし *The Queen Must Die*』でロンググッドは、ミツバチは女王蜂を失うと嘆き悲しみ、鬨(とき)の声をあげたり静かな羽音をたてたりすると紹介している。ロンググッドは、ミツバチは怒りっぽく猛々しくて攻撃的だが、穏やかで遊び好きな一面もあると評し、苦しんでいるときと幸せそうなときの羽音を聞きわけられると述べている。彼の言うことはよくわかる。私たちも悲しいときやつらいときは声をあげるし、満足しているときはブーンという羽音をたてているかもしれない。誰もが蜂のように、ぶつぶつ不平を言ったりうめいたり、ためいきをついたり口笛を吹いたりして、一日中感情を表現しているのだ。

養蜂家ではない私たちは、ミツバチと人間にどんな共通点があるのか考えたり、彼らにインスパイアされたりするほどの知識は持っていない。人間とミツバチは文化的偏見によって隔てられているため、ミツバチがらみの事件で考えさせられることでもないかぎり、深すぎるその溝を埋めることはできないのだ。

アリスン・ヤーナがミツバチについて考え直し、霊的指導者として彼らを人生に受け入れるよう背中を押されたのは、一連の夢がきっかけだった。始まりは、精神を蜂蜜のようにしなさいと告げる夢だった。そのころヤーナは瞑想を始めたばかりで、低いハミング、文字どおり蜂の巣箱のようなブーンという音を口ずさんで瞑想状態に入っていた。瞑想しながら、彼女はミツバチの巣が子宮の中にあるようすを思い浮かべた。すると数日のうちにミツバチの群れが家にやってきたのである。言葉でヤーナの経験を説明することは難しいが、家の外に大群が来ると、ヤーナの内側にもミツバチのエネルギーが入りこみ、すばらしい笑いや喜びの振動で満たしたそうである。それはまるで何かの儀式のようだった。彼女はミツバチが女神のメッセンジャーだということ、そしてもっとも大切なメッセージは「私たちはみなひとつだ」[*1]ということだと理解した。謎めいた方法でミツバチに選ばれたような、何かを「求められた」ような気がしたので、翌日ヤーナは巣箱を買い、瞑想部屋の外に置いてミツバチの群れが住めるようにした。ミツバチはこの新しい家を受け入れた。ヤーナは瞑想や催眠状態、シャーマンのような心の旅をとおして、ミツバチとずっとコミュニケーションをとりつづけている。

ヤーナの物語は現代の世界ではめずらしいが、ミツバチと蜂蜜を錬金術的な変化の象徴とみなす霊的世界の長い伝統に彼女は従っているのだろう。ブルガリア人の霊的指導者オムラーム・ミカエル・アイバンホフは、「偉大なる真の錬金術師が教える唯一のこと、それはいかにミツバチになるかということだ」と述べている。霊的世界の高度な精神性に達した弟子や入門者はミツバチなのだ。彼らは花から蜜を引き出すように、純粋で神聖な要素を周囲の人々から引き出し、心にスピリットを迎え入れる準備をさせるのだから。

聖なるミツバチ

ミツバチは古代インドの聖典リグ・ヴェーダからコーランやモルモン教の聖書に至るまで、多くの宗教の聖典に登場する。預言者ムハンマドは、ミツバチは神から直接話しかけられる唯一の生き物であると語った。

ミツバチは長い間死の謎と結びつけられ、多くの文化で人間の魂が姿を変えたものと信じられていた。アステカ族の物語にはしばしばミツバチの神が登場するし、古代エジプトでは人間の魂であるミツバチと太陽神ラー崇拝が関連づけられていた。神話によると、ラーが泣くと蜂蜜の涙が流れたという。このイメージが象徴するのは、深い思いやりをそれ以上にすばらしく利益になるものへ変える力であろう。

インドでは、創造神ブラフマーと破壊神シヴァ、保持神ヴィシュヌという三大神が花の蜜から生まれたとされている。そのなかのヴィシュヌは、蓮のつぼみにとまる青いミツバチとして描かれる。クリシュナとインドラという神も蓮の花にとまるミツバチとして描かれることが多い。クリシュナの額に青いミツバチがとまっていることもある。インドの愛の神カーマは弓を手にしているが、そこに張られている弦はミツバチが連なってできた鎖だ。宇宙の生命力が擬人化されたプラーナも、ミツバチに取り囲まれた姿で描かれることがある。

ミツバチは多産と四季の変化とも関連づけられてきた。野生の巣は古木のうろや岩の割れ目にひっそりとつくられることがあるので、子宮に隠された命と輪廻転生する前の生命の神秘がミツバチと結びつけられたのかもしれない。ミツバチが冬になると姿を消し、春になるとふたたび現れることから、彼らは一年周期の豊穣の儀式とも特に関連が深かった。

キリスト教のミツバチの象徴は、母なる大地を信仰する宗教から受け継がれたものだ。ミツバチが冬の始まりに巣にこもり三カ月間姿を消すことは、キリストの肉体が墓に三日間隠されたことになぞらえられ、そして彼らが春にふたたび姿を現すことは、キリストの復活と永遠の生命を象徴するのである。

ミツバチと関係が深いキリスト教の聖人には、古代の神や女神との大きな類似点がある。おそらく太古の宗教の物語を持ち込んでキリスト教の物語として正当化し、母なる大地のイメージを消しさろうとしたのだろう。たとえばウクライナの養蜂家の守護聖人、聖ゾシマは、キリスト教以前のロシアのミツバチの神ゾシムに似ている。また、エジプトの太陽神ラーの神話に相当するブルターニュの伝説では、十字架にこぼれたキリストの涙からつくられたミツバチについて語られている。

◈女神の鳥

アジアでは、ミツバチは女神の鳥と呼ばれていた。ミツバチには彼らが選んだ子供に豊かな表現力を伝える力があるという考えも、世界各地で古来信じられてきた。たとえばプラトンのような偉大な哲学者は、赤ん坊のときにミツバチがその口に群れたために、豊かな表現力が与えられたと考えられていたようだ。また、ギリシアの詩人ピンダロスが生まれたときには、ミツバチが最高の花の蜜を与えたと言い伝えられている。

ユダヤ人にとってミツバチは言語と関連があり、ミツバチを意味するdbureという単語は「言葉」や「話すこと」を意味するヘブライ語に由来する。キリスト教では、耳に心地のよい説教で有名な聖クリュソストモスが、雄弁さを意味する「黄金の口」と呼ばれた。彼の流暢な説教は、生まれたときにミツバチの群れが口のあたりを飛んだからだと信じられていた。有名な説教家、聖ベルナルドゥスや聖アンブロシウスにも同じ逸話が残っている。

蜂蜜の象徴的意味

蜂蜜には、それを生み出すミツバチと同じように、長い複雑な歴史がある。人類史のごく初期の時代の岩絵には、野生の蜂から蜂蜜を盗む人間が描かれている。ギリシア神話には、ゼウスが赤ん坊のときに洞窟に隠され、ミツバチに守られ蜂蜜で育てられたという物語がある。この他にも、ペルーのインカ族は蜂蜜を供え物として太陽に差しだし、シュメール人は蜂蜜で清めた土地に神殿を建立した。

蜂蜜は、あらゆる古代の神話で神聖視されていた物質だ。キリスト教の聖餐式(せいさん)でパンとワインがイエス・キリストの血と肉に変わると信じられているように、蜂蜜も食べたあとで謎めいた物質に変化すると考えられていたのだ。そしてこのスピリットが宿る物質は、それを食べた人を助ける力をもたらすとされていた。蜂蜜は、賢者と強者の口から生まれる知恵と優しさの象徴でもあった。

異種間コミュニケーターのシャロン・キャラハンは、あるとき友人の養蜂家にミツバチのスピリットと接触してほしいと頼まれた。おもしろいことにキャラハンは〈蜂蜜の太古の役割については何も知らなかったのに)、蜂蜜はいまも聖餐式のパンのような聖体とみなされるべきであり、それを食べた者と神の間の聖なるコミュニケーションと考えられるべきである、ということを発見した。ミツバチがそう教えてくれたのだ。キャラハンは、蜂蜜を食べると体内でエネルギーに変化するということをミツバチから学んだ。消化されると蜂蜜の特性がDNA構造に働きかけるらしい。蜂蜜はミツバチがさまざまな場所で集めてきた花粉からつくられるので、さまざまな情報をもたらす。そのため、自分が住んでいる土地でつくられる蜂蜜を食べるのが理想的なのだそうだ。

蜂の巣のスピリット

アリやシロアリの巣のように、ミツバチの巣はそれ自体が生きている有機体だと長い間考えられてきた。そのため数多くの連想が生まれた。たとえばコロンビアの先住民族デスナンは、複雑で細部まですきのない組織である蜂の巣から人間の脳を思い浮かべた。これはグローバル・ブレインの可能性を考えたことがある人なら評価できるたとえである。[*2] 他にも、蜂の巣を人間の体と比較し、女王蜂を脳に、働き蜂を細胞にたとえた部族もいる。

養蜂家は最初から、ミツバチの巣のまとまりや役割分担が並はずれてすばらしく、しかもかなり謎めいていることに気づいていた。その謎のいくつかはミツバチの言語に関係があり、他の謎はおそらく形態形成場の影響に関係しているようだ。形態形成場とは、生命体の組織を統一する不可視の「場」であり、この場合は、巣の生活を組織化するためつねに進化を続ける設計図のようなものである。原因がなんであれ、ミツバチの持つ秩序と目標達成のために協力して働く能力に、世界中の養蜂家が感嘆しているのだ。

ミツバチのダンス言語

私たちはミツバチを天然資源と見下し、植物をみつけては授粉させて蜂蜜をつくるように機械的にプログラムされているのだろう、と決めてかかっていた。しかしのちに、古代の人々が直観的に知っていたことが科学的に実証された。つまりミツバチは他の社会性昆虫と同じように、環境に柔軟に対応し、互いにコミュニケーションをとり、知的な認識を行なっているのである。そのためミツバチの偵察係は、新しい食べ物をみつけても画一的な報告はしない。彼らは巣がもっと食べ物を必要としているときや新しい蜜源が近いとき、そしてその質と量が仲間に伝えるに値するときだけ報告する。これはどう見ても認識力のなせる技である。

そんなことは知らなくても、情熱的なダンサーなら、ダンスのうまいミツバチに親近感を抱くかもしれない。ミツバチのダンスは複雑な社会的コミュニケーションの一部であり、ミツバチの共同体では絶えず見られる。オーストリアの動物学者でこの現象を発見したカール・フォン・フリッシュは、ミツバチはダンスによってコミュニケーションをはかり、仲間が見ているときだけダンスをすると指摘した。

ダンスが暗い巣の中で行なわれるときは、蜂のダンサーはかすかな音をたてる。観客も音をたてて反応するが、それはダンスをやめて食べ物のサンプルを吐きだしてくれと頼む一種の合図である。外でみつけた食べ物がそのダンスで示されているように良質だという証拠を求めているのだろう。

巣の近くで食べ物をみつけたときに披露されるのが「サークルダンス」だ。巣からより遠い場所に蜜がある場合は、「８の字ダンス」で情報を伝える。どちらも蜜までの方向と距離は幾何学模様を用いて表わし、蜜の質はダンスの激しさで表わすようである。

シンボル操作によるコミュニケーション能力は人間に特有のものであり、昆虫にそんなものはない、ということを証明しようとして、これまでかなりのエネルギーが注がれてきた。しかし、プリンストン大学教授ジェームズ・グールドは、ミツバチがダンスの中に暗号化された情報を実際に利用していることを証明したのである。グールドによると、ミツバチのダンスはまぎれもなく言語であり、人間の言葉と同じ働きをもつ。すなわち、時間的、空間的に隔たった物事について語っているのである。

◈ミツバチの分蜂群

ミツバチのコミュニケーションは、巣の一部が本体から分かれ、新しい女王蜂とともに他の巣を探すときに頻繁になる。これが分蜂と呼ばれる巣分かれである。分蜂には、新しい家となる場所をみつけるまで体がもつように蜂蜜を腹一杯食べるなど、かなりの準備が必要なので、ミツバチは入念に計画を練らなければならないようだ。

本体から分かれたグループは、古い巣の近くにある木の枝を塊になって覆うことが多い。そこから偵察係が飛びたって新しい巣にふさわしい場所を探しに行き、定期的に報告しに戻ってくる。このとき群れの前で披露される8の字ダンスが、群れの新しい巣の場所の決め手になるのだ。何時間も情報交換をしたあと、最終的にすべての偵察係が同じ場所を気に入ったことがダンスでわかると、群れはそこへ向かって飛びたつ。この合意は、ミツバチ同士の「話す」力と「聞く」力にもっぱら頼っているのである。

◈ミツバチとクォーク

ミツバチに関するもっとも興味深く重要な研究は、ロチェスター大学の数学者バーバラ・シップマンが手がけてきたものだ（科学雑誌「ディスカヴァー」に掲載）。シップマンは養蜂家を父に持ち、子供のころにうっとりとながめたサークルダンスや8の字ダンスがいまだに忘れられない。彼女はいつものように数学演習に取り組んでいるときに、ミツバチのダンスを連想させるある模様が現れることに気づき、それについて調べてみることにしたのである。

シップマンは、ミツバチが数学的あるいは幾何学的構造（旗多様体）を使って行なうダンスのすべての形式を明らかにした。この構造は、陽子と中性子の構成要素である極小の粒子、すなわちクォークの幾何学でも用いられている。本書の目的を考えると説明が複雑すぎるので割愛するが、ある専門的な証拠から、シップマンはミツバチがクォークの量子場を感じているか、あるいはクォークの量子場と交信しているのではないか、と推測しているのだ。

ミツバチが植物の磁場を感知していることはすでに立証済みだが、この感受性は蜂の腹部にあるミネラルが理由であるとされてきた。だがシップマンの研究は、特定の細胞膜の原子と量子場の間で量子力学的相互作用が起こり、それによってミツバチが磁場を感知していることを示唆している。シップマンは簡潔に、「数学はミツバチがクォークを使って何かをしているということを暗示している」と述べている。シップマンの説が正しく、ミツバチが量子の世界のクォークに(私たちがクォークを検知しようとするときのようにクォークを「破壊」することなく)「触れる」ことができるなら、生物学に革命を起こし、物理学者も量子力学を再解釈しなければならなくなるだろう。

ミツバチの知的認識

ジェームズ・グールドは研究を重ねれば重ねるほど、ミツバチにはかなりの知的認識力があり、私たちをしのぐナビゲーション用の「頭脳」もあると確信するようになった。たとえば、ミツバチはいつ実験が行なわれるか知っているし、研究者がつぎに何をするつもりか心得ているミツバチも多いというのだ。グールドはいつも、巣から食べ物を遠ざけていき、一定の割合で距離を伸ばしていく実験をしていた。すると数匹の蜂が先に飛びたち、つぎに食べ物が置かれる予定の場所でグールドを待つようになったそうだ。

グールドは、ミツバチとの長い親愛関係から、一匹一匹がそれぞれ異なる個性を持つと同時に、全体に共通する予測可能な特徴も持っていることを発見した。蜂の巣の中の渾沌とした状態を見るたびに、グールドは感動するそうだ。ミツバチの行動は、彼らがグループとしてとらえられるとき以外は統計上当てにできないからだ。この事実から、ミツバチもアリのように、活力と新たな可能性に満ちたカオスの縁に生きていると言えるかもしれない。

ミツバチは一匹一匹が個々に自分の義務を果たそうとするので、その行動の仕方で個体を見分けることができる。たとえば、ある一匹は餌の皿には短時間留まるだけの目的志向だが、他の一匹は時間をかけて食事をし、皿のまわりにこぼれたかけらがないか探して飛びまわることもある。ときどきグールドは目を閉じて、どのミツバチが餌の皿に来ているか予想して楽しむそうだ。皿のまわりを決まって二周飛ぶものもいれば、「しゃがれた」羽音をたてるものもいる。新参者は見分けるのが簡単らしい。彼らは地面に沿うように低く飛んで餌の皿へ向かい、躊躇しながらホバリングをするので、羽音が他の蜂とは微妙に異なるのだ。

ミツバチは六週間しか生きられないので、グールドは彼らが年老いていくようすも見てきた。ある日突然餌探しが上手にできなくなり、風が吹いただけで餌台から吹き飛ばされそうになる。それを見てグールドは、この「旧友」はもう長くないと知るのである。

ミツバチに語りかける

ミツバチの知的認識力は、実験で証明されるかなり以前から知られていた。「ミツバチに語りかける」ことが古くからの習慣としていまだに残っている地域があるのは、このミツバチの認識力が理由なのだろう。
ミツバチに重要なニュース——とりわけ、彼らの世話をする養蜂家の死など——を知らせないと、ミツバチはよく繁殖しないとヨーロッパ全域で広く信じられていた。その習慣は、蜂が人間の魂と関連づけられてきたことや、彼らがよく洞窟を訪れることに深く根ざしている。洞窟は半ば宗教的な意味合いで異界への入り口とも考えられていたため、ミツバチは地上へ戻ってきた魂、あるいは次なる世界へ行く途中の死者の魂とみなされたのだ。

そのためミツバチに人の誕生や死、婚姻のような大切な出来事を知らせれば、すでに人間の体の中にはない魂にもそのニュースを伝えることができるという。蜂に知らせることは、ミツバチと養蜂家の親密な関係と、蜂に言わなかったら腹を立てて巣箱からいなくなってしまうのではないかという恐れから生まれた習慣だったのだろう。

ダイアン・スカフテはその独創的で挑発的な著書『神託のとき *When Oracles Speak*』で、イギリス出身の養蜂家アニー・バートの物語を紹介している。バートはアプトンの農場で暮らし、よく巣箱のそばに座って蜂に話しかけていた。ミツバチに家族のニュースをすべて話し、自分の個人的な悩みも打ち明けた。いらだたしい状況を説明したあとは蜂の方へ身をかがめ、じっと耳を澄ましていた。家族は、彼女がミツバチとの対話を終えて戻ってくると、いつもそれまでとはようすが違っていたのを覚えている。彼女は明らかに安堵とやすらぎを感じていたのだ。

◈サム・ロジャーズのミツバチ

養蜂家が亡くなると、人々はさまざまな方法でミツバチに知らせた。喪に服している間、死者の親族が黒い縮緬（ちりめん）の生地や小さな黒い木のきれはしを巣箱の上に置くこともあれば、棺が家を出るときに巣箱を後ろ向きにする地方もあった。

いまもミツバチに知らせることは実行されていて、記録に残っているかぎり、少なくともひとつ謎の出来事を引きおこしている。一九六〇年代半ば、イギリスのシュロップシャーでの出来事だ。ミドルという小さな郡にサム・ロジャーズという養蜂家がいた。彼は郵便配達も靴の修理も、何でもこなした。仕事が好きで友人も多かったが、いちばん愛していたのはミツバチだった。それで毎日巣箱を見に行き、ミツバチの世話をしていたそうだ。ミツバチが自分の言うことや愛情のこもった仕草を理解していると思っていたのか、ロジャーズはいつも優しくミツバチに話しかけていた。巣箱の前の椅子に座り小さなベルを鳴らすと、ミツバチが巣箱から飛び出して群れになって彼の全身を覆ったとも言われている。そしてある日、心優しき養蜂家は、八三歳でこの世を去った。

家族はその土地の風習を知っていたので、誰かがミツバチに彼の死を知らせなければいけないと考えた。そこで子供たちふたりが巣箱への道をたどり、サムが亡くなったことを重々しくミツバチに告げた。

サムは数日後、町の教会の裏手にある墓地に埋葬された。ところが葬儀のあとの日曜日、教区の住民は何が起こっているのか証言してほしいと、教区外の牧師を呼んだ。ジョン・エイリング牧師はのちに、蜂が長い列をなしてサムの墓へ向かうのを見たと報告することになる。二キロ近く離れた巣箱から飛んでくる蜂は、まるで葬列のようだった、と。ミツバチはサムの墓石の上を旋回すると、まっすぐ巣箱へ戻った。友人もサム・ロジャーズの家族も、ミツバチの不思議な行動に当惑した。その土地のミツバチの専門家も同じだった。自分たちが見たことに筋のとおった説明ができる者はひとりもいなかった。まるでミツバチが墓地へ行き、サムに最後の敬意を表して別れのあいさつをしたかのようだったから。

科学への架け橋

現代の養蜂家は、自分のことを蜂が「認識している」と感じても、それを秘密にしたりただの空想だと片づけたりしようとする。主観的な体験は、科学的なミツバチ業界ではなんの重みもないのだ。それでも、養蜂家を夢中にさせるものの大部分が個人的な体験であることも確かだ。養蜂専門誌「ビー・カルチャー」によると、ニューヨークのある養蜂家は、ミツバチはあなたのことがわかるのかといつも大勢の人にたずねられるらしい。そんな気がする、とその養蜂家は認めてはいる。一年に数回は保護用のベールなしでミツバチの飼育場を歩けることがあるし、見知らぬ人が突然現れるとその人は刺されるからだ。しかし蜂は自分が誰なのかは知らないだろう、とその養蜂家はつけ加えている。刺されないのはミツバチの中でどう動けばいいか学んだからで、それがミツバチが飼い主を見分けているように見えるだけではないか、というのである。

この養蜂家は擬人化の罠を避けているので、古くさい科学者はそのとおりとうなずくだろうが、ミツバチの専門家ジェームズ・グールドたちは彼に反論するだろう。グールドは、自分や研究チームの面々がミツバチを見分けられるように、ミツバチもすぐに人間を見分けられるようになったと気づいたからだ。グールドはにおいで見分けているのだろうと考えている。たとえば、餌場でミツバチをずっと観察していた研究員が気分転換に森の中へ入っていくと、ミツバチは彼がいないことに気がついて、たいていは森の中へ彼を追う。グールドがいっしょに作業をしている餌探し係のミツバチは、「さあ、始めよう」とでも言うように、毎朝真っ先に彼を探しにくる。しかし部外者や他の研究者がグールドのかわりに現れると、ミツバチはその人のところへ飛んでいって（においをかいでいるかのように）しばらくあたりを飛びまわり、そして飛び去るのだ。

他の生き物に知られたい、認められたい、そして愛されたいという私たちの願望はとても強い。それは心の奥底の野性の自己、私たちが捨て去った本能的で直観的な自己、自然に根ざした自己の必要性と切望から生まれる。

ここまで昆虫を観察して学んできたように、私たちが見ている世界は、憶測や、ろくに検討もされていない偏見によってつくりあげられている。他の生き物を評価する際に共通する基準は、たったふたつしかない。彼らは私たちの役に立つだろうか、そして、彼らは私たちを傷つけるだろうか、このふたつだ。ミツバチの場合、どちらの答えもイエスなので、私たちは葛藤することになる。ミツバチは明らかに人間や他の生き物のためになるのだが、同時に傷つけもする。そんな生き物との関係をどう築いたらいいのか、私たちにはわからないのだ。状況をさらに複雑にするのは、過去数年の間にいわゆる「キラービー（殺人蜂）」と呼ばれるアフリカ蜂化ミツバチへの警戒心を植えつけられたことである。メディアのキラービーの描き方は、敵である虫をみつけて闘うという無意識の欲求を満たしてなお余りあるほど敵意に満ちている。

キラービー

キラービーに関する扇情的なニュースを聞いた私たちは、蜂という蜂すべてに恐れおののくようになった。ハリウッドはすぐさま、犠牲者を選んで殺すという邪悪な生き物としてキラービーを描き、私たちの恐怖心をあおりたてた。あまりの混乱ぶりに、私はその功罪を調べなければという気持ちになったのである。

キラービーのことを考えただけで、私たちはぞっとする。キラービーに刺されても一般的なミツバチより毒性は低いから問題はないはずなのに、キラービーは簡単に興奮すると噂され、「怒りっぽい性質」だから執拗に刺すとまことしやかにささやかれた。テレビや動物園のように、安全な距離を保って見ることに慣れきっていて、他の生き物がそばにいるときに警戒する習慣がないためだろうか。

キラービーとは、セイヨウミツバチとアフリカミツバチの二種類の亜種を掛けあわせてできた、比較的新しい品種である。この交配の結果生まれた蜂は、より攻撃的な性質を持っている。この蜂は扱いが難しく、在来種のミツバチの遺伝子をあっというまに駆逐する恐れがある。南アメリカではすでに起こっている現象だ。

しかし問題点を理解し、事実とメディアの作り話を区別するためには、蜂についてさらによく知る必要がある。

二、三万種類の蜂のうち、ミツバチは六種類だけだ。私たちになじみ深いミツバチは、実際はたくさんの亜種のひとつで、穏やかで扱いやすいイタリアミツバチから、大きく攻撃的なドイツミツバチまで幅広い。他の亜種は、アフリカ東部と南部生まれのミツバチである。これらすべてのミツバチが同じ種であるため、ひとつの亜種から生まれたミツバチは他の亜種のミツバチと交配することができ、ミツバチ族の中でさらに多様な種類を生み出すことさえできる。

ミツバチの生態は環境によって決定される。たとえばヨーロッパからアメリカへ持ちこまれた蜂の気質と習性は、季節の変化に順応したことで影響を受けた。暖かな季節は豊かな餌と充分な水があり、天敵もいないので、冬の間の蓄えにするために可能なかぎりの蜂蜜を集める。

アフリカミツバチをとりまく環境はもっと厳しかった。彼らがいたのは年中温暖な場所だったが、しばしば日照りが続き周囲の植物が枯れてしまった。天敵の数も種類も多かった。天敵は守りにすきがある巣をみつけると、攻撃して破壊するのだ。こうして日照りが続いたり巣が脅かされたりすると、アフリカミツバチは避難して新しい巣をみつけることを余儀なくされた。これが「逃去」と呼ばれる生き残り戦略である。

アフリカミツバチについてこんな些細なことがわかっただけで、現在の状況に至った経緯もわかりやすくなるはずだ。生き残るために、彼らは巣へのいかなる行為にもすばやく効果的に攻撃しなければならなかった。彼らを「うまく扱おう」とする人はがっかりするだろうが、彼らは食料不足や天敵といった脅威にさらされると、同じ場所には留まらない。彼らの行動は、ニュースでは大袈裟に誇張されているが、生き残りたいという意思から生まれているのである。

◈ブラジルへやってきたアフリカミツバチ

キラービーの脅威は、一九五六年のブラジルに端を発した。ウォレン・E・カー教授が、ブラジル農務省の許可を得てアフリカミツバチをブラジルに持ちこんだのである。農務省はブラジルの養蜂業を強化したがっていた。南アフリカではアフリカミツバチが商業的蜂蜜生産に使われすでに成功していたので、カー教授はブラジルでも役に立つだろうと考えたのだ。

問題は一九六四年、軍部がクーデターを起こして政権を握ったときに始まる。カー教授は人権擁護を声高に唱えて新政府を非難したとして、二度も刑務所に入れられた。これに関しては現在、軍幹部が人を刺す虫への恐怖心を利用して教授の評判を貶(おとし)めようとしたのではないか、との疑念が持たれている。その後学校の巣箱から数匹のアフリカミツバチの女王蜂が逃げ、すでにいくつかの巣を乗っ取っているというニュースが漏れた。その時点から、誰かが蜂に刺されたらそれがスズメバチだろうとミツバチだろうと、政府の役人はその事故をカー教授の「キラービー」のせいにするようになったのである。

もっと詳しく知るためには、養蜂家スー・ハベルの『虫たちの謎めく生態』のすばらしい言葉に耳を傾ける必要があるだろう。ハベルも他の大勢の人々と同じように、「キラービー」という言葉は政府にそそのかされたメディアの発明だと考えている。もともとこの蜂は「アサッシン・ビー（暗殺蜂）」という名前だった。ごくまれにだが他の蜂の巣を襲い、女王蜂を殺すからだ。しかし「キラービー」という言葉は私たちの想像力の奥底にもぐりこんだ。刺す虫への恐怖がすでにその言葉を受け入れる場所を用意していたためである。

◈キラービーの防除

一九八六年、アメリカ政府はメキシコのアフリカ蜂化ミツバチの北上を阻止するために、科学者との協力体制をしいた。そして一九九〇年、リオグランデ川からテキサス州へ入った最初の野生のキラービーの群れを駆除した。しかしキラービーを止めることはできなかった。一九九三年、彼らはアリゾナ州に現れた。それに続いて、キラービーに刺されてふたりが亡くなったことがテキサス州で伝えられた（南アメリカでは一〇〇〇人がキラービーのために亡くなったと考えられていたのだが）。ふたりとも年配の男性だった。ひとりは松明（たいまつ）を使って巣を全滅させようとして刺され、アレルギー反応を起こして亡くなった。もうひとりは九六歳で、ポーチに座っているときに近くで庭師が巣を駆除しようとし、老人を敵と間違えたミツバチに繰り返し刺されたのである。一九九五年には、カリフォルニア州の川沿いの小さな町ブライスでふたりの剪定（せんてい）師が刺された。ひとりは二五カ所、もうひとりは一五カ所刺されていたが、どんなに想像力をたくましくしても、不愉快ではあるが命に別状はないだろう。健康な大人なら一五〇〇回刺されても耐えることができるし、大群に追いつかれないように走り（ミツバチの群れのスピードはせいぜい時速一五キロから二五キロ程度だ）、四方を囲まれた場所に逃げこめば安全なのである。

アメリカでは毎年四〇人ほどが毒を持つ虫に刺されて亡くなっている。セイヨウミツバチがその半分を占めるが、たいていはアレルギー体質が原因だ。素人にはキラービーを見分けることは難しいため、たくさん刺すのはアフリカ蜂化ミツバチだろうとみな決めてかかっているのである。

ブラボービー

アフリカ蜂化ミツバチについて学ぶときは、注意しなければならないことがある。人間の生命を徹底的に脅かすと世間が決めつけた生き物について見聞きしたことを鵜呑みにしてはいけないのと同じように、キラービーについても思い込みに惑わされてはいけないという点だ。キラービーの大半の物語は、ミツバチに詳しくないジャーナリストのたくましい想像力の産物である。ジャーナリストはわかりやすい習性を、もっと言えば、蜂の恐ろしい行動を求めている。ときにはハベルが言うように、自分たちにとって都合のいい映像を撮るために、ミツバチをわざと興奮させて飛びまわらせてくれと養蜂家に頼み、報酬を払うと申し出る者もいる。

共存のための第一歩は、「キラービー」という言葉を使わないことではないだろうか。私はハベルが使っている「ブラボービー」という賞賛をこめた名前が気に入っている。ミツバチの自然な嗜好を受け入れることを学んだ、南アメリカの養蜂家にならったものらしい。だからこの章の残りではこの言葉を使うつもりだ。

養蜂家の間でもさまざまな意見があるが、ブラボービーの攻撃性は誇張されてきたと考える養蜂家もいる。事実、ブラボービーは他のミツバチより多くの蜂蜜をつくり病気にも強いので、中央アメリカの養蜂家には好まれている。ブラジルにブラボービーが持ちこまれた結果、ブラジルの蜂蜜生産の世界ランクが四七位から七位に急浮上したことも忘れないでほしい。

◈ブラボービーとの共生

養蜂家が責任をもってブラボービーを飼育するためには、養蜂活動の注意点を再確認する必要があるだろう。ブラボービーは広さにして市街地の二、三ブロック分を縄張りにする。そのため養蜂家は、家屋や納屋、うっかり巣にぶつかって蜂に攻撃される恐れのある家畜などから巣箱を離さなければならない。ひとつの地域の開花時期が終わったり、巣が脅威にさらされたりしたときには、ブラボービーの逃去の習性にも取り組まなければならない。すでに多くの巣箱で巣への脅威を最小限にし、花が終わったときにはシロップを与えることで、逃去を思いとどまらせることに成功しているようだ。

ブラボービーとの共生を考えると躊躇する人もいるかもしれないが、他に選択肢はない。ブラボービーを根絶すれば、他のすべての蜂も消滅してしまうのだ。不合理な恐怖から理性的な意識を選りわける鍵は、知識である。蜂などの刺す虫が怖いなら、それについて学べばいい。そうすれば、たとえば、最良の防御は蜂をたたくことではないとわかる。そんなことをすると蜂はいっそう攻撃的になる。最良の防御法は走って逃げることだ。蜂はけんかを売ろうとしているわけではないし、挑発されなければ攻撃もしない。そしてどんな蜂も、ブラボービーでさえも、花粉や花蜜を集めて幸せな気分でいるときは刺さない。彼らが刺すのは、身の危険を感じたときだけだ。蜂が刺せるのは一生に一度だけで、刺した後は死んでしまう。そのため巣や蜂蜜、仲間を守るときのためにその行動はとっておくのである。

蜂の群れについての知識は、無駄なパニックの予防にもなる。大群は危険に見えるかもしれないが、実際はふだんよりむしろおとなしい。守るべき家もなく、新しい巣をどこにつくるか「話しあう」ことで忙しいからだ。さらに、たいていの場合は蜂蜜で満腹なので、たとえ刺そうとしても腹部を曲げることができないのだ。

蜂の好き嫌いがわかれば、彼らのそばにいるときに適切な対応ができる。たとえば専門家は、直接蜂に息を吹きかけてはいけないとアドバイスしている。ミツバチは人間の呼気で刺激されることがあるのだ。そしてジェームズ・グールドが気づいたように、ミツバチは人をにおいで見分けているらしい。この感覚はさまざまなにおいにまでおよぶので、屋外でオーデコロンや香水をつけている人は、蜂にじっくり調べられるはずだ。蜂は不潔な人の体臭に興奮することもあるので、清潔さも重要だと覚えておこう。

ミツバチは鮮やかな色に敏感だ。鮮明な色つきの視覚を持っているので、明るい花の色を思わせる服を着ているときは、蜂に好かれてつきまとわれると覚悟したほうがいい。彼らは甘いものも好きなので、外でソーダ水を飲むときは缶やボトルをよく確認しよう。

このように作り話を事実に置き換えることは、庭師が蜂と安全に共存するための指針になるだろう。どんな蜂も庭師の役に立つのだから。しかし、空き箱や空き缶、バケツ、さかさまにした植木鉢、古タイヤ、出入りのできるパイプなどを庭に置いたり、庭木を生い茂らすにまかせたりするのは感心できない。これでは巣にお誂えむきの場所を蜂に提供することになる。

ブラボービーも含めて蜂と共存するという考えを受け入れ、養蜂家が蜂の生活様式に合わせて彼らを扱ったら、どんな変化が起こるだろう？　人間が自然の力を支配しているというこれまでの自己欺瞞が消え、思いがけない利益がそこにあることを学ぶチャンスが生まれるのではないだろうか。多くの危険がひそむ環境を生き延びてきた生命力のおかげで、ブラボービーはより生産的で病気にかかりにくい蜂になったのだと考えてみるのもいいだろう。そのたくましさが、アメリカに彼らを喜んで迎えいれる最大の決め手になるかもしれない。現在アメリカの野生の在来種の蜂は、絶滅の危機に瀕しているのだから。

減りつづけるミツバチ

一九八〇年代以降、アメリカでもその他の国々でも二種類のダニのためにミツバチの数が激減した。一九九七年の報告によると、過去二、三年の間に九五パーセントものアメリカの野生のミツバチが死滅したらしい。これは非常に気がかりな数字だ。さらに、養蜂業のミツバチも死に絶えつつある。農業用の授粉レンタル蜂の経費が高騰する一方だったために、昆虫学者が花粉媒介を行なう他の虫の研究に駆り立てられたからである。嬉しい誤算だったのは、花粉媒介者である野生の蜂を守る動きが高まったことだ。残念なのは、多くの人がなぜミツバチがダニにこれほど弱かったかを調べるかわりに、ミツバチをきれいさっぱり忘れかけていることである。

問題はダニそのものではなくダニは単なるメッセンジャーだと考えた場合、圧倒的な数のダニの存在はミツバチや彼らをとりまく環境について私たちに何を伝えようとしているのだろう？　そのひとつの答えとして、何年にもわたって蜂や巣に人が手を加えてきた結果ミツバチが弱くなり、健康な単なら可能な寄生虫の撃退ができなくなっているのでは、と考える養蜂家が増えている。

養蜂家にしてニューヨークの環境研究所、ファイファー・センターの所長でもあるガンサー・ホークのような大家たちは、ミツバチに流行しているダニなどの病気はすべてミツバチの免疫系が弱り健康状態が全般的に悪化している兆候だ、と考えている。ホークによると、蜂の共同体になされる人工的な管理操作の中でもっとも深刻なのは、女王蜂の繁殖方法らしい。巣が女王蜂を失うと、働き蜂が新しい女王を卵や働き蜂の幼虫から育てる。この緊急事態を、私たちは一般的な繁殖方法に変えてしまったのだ。

なぜこの方法が蜂にとって有害かを理解するためには、発生初期の胚の成長において形の影響がどれほど大きいかをまず理解しなければならない。というのは、自然界では女王蜂は円い小部屋で育てられるが、働き蜂やオス蜂は六角形の小部屋で育てられるからだ。このように形が生命へ与える影響はある種の秘教では「聖なる幾何学」と呼ばれている。そういうことを知らない人々は、人工授精による女王蜂飼育の現代技術がミツバチの健康をそこねている理由のひとつだということが認識できないのである。[*3]

ホークは、ルドルフ・シュタイナーの言葉に注目している。一九二三年、シュタイナーは、ミツバチは今世紀の終わりを生き延びることができないかもしれないと警告した。そのときシュタイナーは蜂の飼育方法に触れて、私たちにとっての最善の方法と健康な巣を生み維持するという自然の要求がいかに矛盾しているかを指摘した、とホークは述べている。季節を追うごとにミツバチの窮状が深刻になるにつれて、何が必要なのか調査しようとする養蜂家が増えてきた。ニューヨーク州ウェストナイアックの養蜂家ロン・ブレランドは、養蜂業を聖なる職業へ戻さなければならないと強く思っている。そのために「スピリットが宿るような、芸術的な容れ物」を巣の試作品にして仕事を続けている。[*4]

◈隠れた殺人者

殺虫剤がしみわたった環境もミツバチの健康悪化の一因であり、野生と飼育の両方の蜂を死にいたらしめてきた事例が多い。遺伝子導入作物も同様である。たとえば初期に行なわれた研究によると、殺虫作用のあるBtをつくりだすように改良された菜種油用のアブラナは、当初の目的であったいも虫や甲虫を駆除しただけではなく、ミツバチも殺したらしい。Btを持つ綿花にやってきた蜂のじつに三〇パーセント以上が死んだのだ。この殺虫性遺伝子を持つ植物の花粉からつくられた蜂蜜は、毒性を持ったり人間に深刻なアレルギー反応を起こしたりする可能性もある。

ミツバチの危機の原因になっている事柄をすべて検証したら、ブラボービーを我慢しようという気になるだけではなく、積極的に北アメリカに迎え入れたいという気持ちにならないだろうか。彼らはセイヨウミツバチよりも体力があり、効率よく花蜜を集めるのだから。

いま現在、ブラボービーの脅威（あるいは有望さ）はまだ具体的な形にはなっていない。ブラボービーは北アメリカにもいるが、一年中テキサス州南部にとどまる傾向があるためだ。しかし、ミツバチがごく近い将来絶滅するというぞっとするような可能性は、もっと差し迫った脅威だ。そうなったら農業はもちろん自然界の生き物の複雑な相互関係まで、広範囲に影響が及ぶと多くの人が懸念している。

一九九八年、シャロン・キャラハンはミツバチの輝けるスピリットとコミュニケーションをとり

(このときは蜂蜜の可能性についても告げられた)、ミツバチは地球とそのネットワークを描きなおすための重要な役割を担っていること、創造主が発するエネルギーの新しい「律動」をそれにふさわしい場所にとどめようと必死な努力を続けていることを知った。「必死な」わけは、彼らの健康状態が悪化しているためだ。そのエネルギーの中には、あらゆる生き物と地球が調和し新たな時代を迎えるために必要な情報すべてが含まれているそうだ。「自然淘汰、六角形が並んだ蜂の巣の構造、そして蜂自身の振動のスピードはいずれも、創造主からの指令に添って行動するために不可欠なものである。……蜂はそうして精神的進化の次なる段階に進むために必要な振動基盤をつくるのだ」[*5]

ミツバチが量子場のクォークとの神秘的交流から得ているのは、おそらくこうしたエネルギーに満ちた指令なのだろう。ミツバチが接触しているその領域では、「スピリットの視点」がもたらす洞察と科学的洞察が一致しているのかもしれない。蜂の健康を取り戻し、食料となる植物の受粉に引きつづき協力してもらうためには、そして私たちから生まれる新しいエネルギーを蜂がとらえる手助けをするためには(ただ邪魔をしないだけでも手助けしたことになるのかもしれないが)、どちらの洞察も必要と言えそうだ。

蜂とのコミュニケーション

養蜂家ではない一般人が蜂と接するのは、公園の花壇や庭で見かけるときだけかもしれない。しかし冒険好きな人や他に選択肢がない場合などは、蜂ともコミュニケーションをとることができる。ミツバチとのすばらしいコミュニケーションの物語は、アメリカ先住民のメディスンマン、ローリング・サンダーに関するダグ・ボイドの報告に見られる。あらゆる恐れは誤解から生まれる、とローリング・サンダーは教える。彼の友人の女性がハーブを集めていたときのことだ。彼女はニガハッカに手を伸ばしたが、すぐにその手をひっこめた。ハチがびっしりと群がっていることに気がついたからだ。恐怖で青ざめた彼女は急いで立ちあがった。しかしローリング・サンダーは、あなたはほんとうはどんな生き物も恐れてはいない、自分で恐ろしいと思い込んでいるだけなのだ、と告げた。そして彼女に子供時代の生き物との楽しい体験を思い出させ、蜂に話しかけてみるようにすすめた。自分はあなたたちを傷つけはしないと話しかけ、植物を共有してくれるよう頼んでみなさいというのだ。彼女が言われたとおりにすると、不思議なことにミツバチは植物の向こうへ飛んでいった。恐怖心と自意識を乗り越えることができたとき、いつでも私たちを生き物と結びつけてくれた太古の道が開かれるのである。

◈蜂のシキーニョ

潜在的に危険な生き物も含め、生き物と特別な力を持つ人との間に強い絆が結ばれることが時折ある。彼らの「才能」はあまりにも稀で並はずれているので、人間の潜在能力として考えられることはめったにない。そのひとりがフランシスコ・ヴィセンテ・デュアルテという名前の青年、通称「蜂のシキーニョ」だ。シキーニョはブラジルの小さな町で農夫の両親のもとに生まれ、九人の兄弟姉妹と育った。そして三歳のときから生き物を理解するというめずらしい才能を発揮した。毒蛇は彼を咬まず、危険なクモは親友になり、ミツバチ（おそらくブラボービー）もスズメバチも親しげに顔にとまったと言われている。

このようにシキーニョは生き物と仲が良く、危険な無脊椎動物も大好きだったので、町の住人はみな彼に一目置いていた。実際は三〇歳を過ぎていたのに一二歳のように見られるのが悩みだったことから、シキーニョは少々精神の発達が遅れていたのではないかと考えられている。おそらくこうした障害のおかげで、一日中畑で働きつづけて時間を使うかわりに、虫にまつわる才能を深めていくことができたのだろう。いま彼は、ミツバチやスズメバチが家に入りこんで困っている人の相談にのって家計を助けている。シキーニョが相談者の家へ出向いて虫を呼ぶと、虫は彼の体にとまる。彼が家に帰り即席の養蜂場へ向かうときも、虫たちはそのままついてくるのだ。

超心理学者アルヴァロ・フェルナンデスは、シキーニョが一二歳の少年だったときに調査をし、シキーニョはほんとうに動物に話しかけることができ、動物もそれに応えていると述べている。最初は懐疑的だったアメリカの超心理学者ゲイリー・D・リッチマンも、近所の農家に動物を捕まえにくくシキーニョに同行してそこで驚くべき光景を目撃した。魚もクモも蛇も、どんな生き物も、シキーニョが近づいても怯える素振りすら見せなかったのだ。生き物はじっとして、シキーニョに捕まえられるのを待っているかのようだった。

シキーニョは彼と生き物との親密な関係について、「動物たちはいつも僕のことを理解してくれるんだ」と述べている。彼は動物との仲の良さを分析しようとはせず、ただ受け入れているのだ。「僕が動物に話しかけると、動物も僕に話しかけてくる。僕には動物の言うことが全部わかるよ。僕の力は神さまからの贈り物なんだ」

私の友人シルヴィア・ホルヘは、シキーニョの自宅で話を聞く機会を得て、そのようすを撮影した。シキーニョの母親は、彼が三歳くらいのとき裏庭で大きな毒蛇に巻きつかれていた、とホルヘに話したそうだ。母親は息子の命が危ないと思ったが、つぎの瞬間息子は蛇と遊んでいるのだと気がついた。彼の才能が現れたのは、そのときだと母親は言う。

ホルヘがシキーニョをたずねたのは一九九七年の夏のことだった。シキーニョはとても感じが良く、一所懸命に自分の能力を見せようとしてくれた。ホルヘは、彼がいっしょに生活している毒蛇に穏やかに辛抱強く話しかけるようすを観察した。それからシキーニョが、近所の建物からぶらさがっている大きなスズメバチの巣に向かって片手をあげて、蜂を手に呼びよせるようすを写真に収めた。最後に、隣の家の少年が野生のミツバチの巣をみつけたので、シキーニョとホルヘは連れだって見に行った。ミツバチとの親しい関係を示すように、彼は穏やかな優しい口調で話しかけながら手を巣にさしのべた。その間に数匹のミツバチがホルヘのほうへ飛んできて、ビデオ撮影している彼女にとまった。彼女はシキーニョを呼び、とても緊張すると言った。すると彼はミツバチに、ホルヘを刺さないで、彼女は君たちが「とてもすばらしい存在」だから撮影したいだけなんだ、と話しかけ、自分のほうへ戻ってくるよう言った。するとミツバチはホルヘから飛びたちシキーニョのところへ戻ったのである。

シキーニョの力を目の当たりにしたホルヘは、生き物とのコミュニケーションは彼にとってごく自然でさりげない行為なのだ、ということを確信した。フェルナンデスも、シキーニョの能力を超常的なものとは見ていなかった。なぜならシキーニョが起こすすばらしい出来事は、精神集中から生まれる大きな力が原因ではないからだ。むしろシキーニョと動物の間で起こっていることは本能レベルの出来事であり、体から体へのエネルギー交換と言える。かつてＮＡＳＡで働いていた科学者で、人間のエネルギー場の研究の先駆者でもあるバーバラ・ブレナンが言うには、人と生き物がかわす感情のコミュニケーションはエネルギー場を介しての交流であり、人間の意思がそのエネルギー場に影響を与えるのだそうだ。そうするとシキーニョは、生き物と物理的に接するかなり以前から、自分のエネルギー場を介して、「傷つけるつもりはない」という意思と深い思いやりを生き物に伝えていたのかもしれない。

ブラジルのディーノ・ヴィソート教授は、シキーニョが生き物に脅威を与えないのは彼が恐れていないためだろう、と考えている。人は何かを恐れると、ある種の分泌物を出しそれを発散するからだ。ローリング・サンダーはこの恐怖のにおいについて「振動」という言葉で語り（おそらくブレナンが言うエネルギー場の交流と同じものだろう）、私たちは自分の振動をコントロールすることを学べば生き物との交流の仕方を変化させることができる、と教えている。

一方、Ｊ・アレン・ブーンは、私たちが生き物への嫌悪感を植えつけられると、その感情はいわば毒性を持つものになり、それがどういうわけか生き物に伝わる、と考えている。毒を感じとった生き物はそれに抵抗する、というわけだ。シキーニョは生き物を、ときにはミツバチのような危険な無脊椎動物をも愛し信頼している。それだけでも彼は工業化社会で育った大半の人とは異なると言えそうだ。どんなメカニズムであれ、シキーニョのこうした気持ちは生き物にも伝わるので、彼らもシキーニョに対して深い信頼の気持ちを示すのである。

シキーニョのような特別な人々の存在は、人には誰でも人間以外の生き物とコミュニケーションできるすばらしい可能性がそなわっていることを示唆している。異種間コミュニケーターのシャロン・キャラハンとペネロペ・スミスは、この能力はつぎの世代へ伝えるべき遺産だと主張する。この能力に注目して大切に育むだけで、私たちもその一員である生き物の共同体に入ることができるのだ。ビル・シュール博士はその著書『命の歌 *Life Song*』で、他の生き物とのコミュニケーションは単に重要であるだけではなく、私たちが生き残るためには絶対に欠かすことができないものかもしれない、と述べている。「異種間コミュニケーションは、部分が他の部分および全体との親密さを認識するようなものになるだろう。……すべての生命は神、一切者としての意識の創造物であり、それとともにあるのだから」

第10章　血の絆

ぴったりとあった名前を見つけたときに、友だちにならないような恐ろしいものや、悲しいものなんて、人生には何もない……。その名前で呼べば、それは急いで、まっすぐに立って、人のそばにやってくる。

——コーバ（ヴァン・デル・ポスト『はるかに遠い場所』井坂義雄訳）

血を吸う虫に、人は怒りを覚える。私は一〇年にわたって虫と人との関係について講演してきたが、二度ほど感情の爆発（私の感情ではない）を経験したことがある。どちらも蚊について話していたときのことだった。一回目は、本書の初版刊行後、インタビューを受けたラジオ番組を聴いて放送局に電話をかけてきた人だった。彼はいったいどちらが大切なのか言ってみろ、と詰め寄った。蚊か、それとも人間か？　私は質問自体がおかしいと思うと答えた（彼の声の調子から判断すると、これで血圧が上がったようだ）。彼はまた答えろと繰り返した。私は答えるのを拒み、それは「もう奥さんを殴っていないでしょうね？」と質問するようなものだ、とだけ言った。つまりイエスと答えてもノーと答えても不利になり、相手の思うつぼということだ。私がそういう質問に答えるつもりはないのだということを彼はようやく理解し、こんどは私がどんな宗教を信仰しているのか知りたがった。その時点で番組司会者がさえぎり、個人的な話になっていると警告したので、彼は電話を切った。

実際のところ、どんな宗教が蚊を大事にするようにと教えているだろう？　神が甲虫を気に入っているという考えは納得できるが、しかし自分より小さな生き物に寄生されて食事用の管を遮断され、おまけに健康まで害されるような生き物を、どんな種類の神が創るというのか？　飢餓状態で死にかけている蚊が食事をしようとしているときに、寄生虫が新しい宿主へ移ろうと食事用の管から勢いよく飛び出してくるとは、神はいったいどんな計画を立てたというのだろう？　目をそらさずに血を吸う身近な生き物を観察するなら、これが私たちを待ち受けている世界なのだ。

「ナルニア国に行ったことがない人は、すばらしいと同時に恐ろしいという出来事などあるはずがないと考える」。作家のC・S・ルイスは、有名な「ナルニア国」シリーズでこう書いた。この言葉でルイスは、蚊のように血に依存する虫について語っていたのかもしれない。虫が媒介するマラリアのような病気は毎年何千人もの人々を死に至らしめているが（訳註：世界全体では一五〇万〜二七〇万人と推定されている）、そのような蚊の短所だけではなく長所もみつけられる私たちの能力は、圧倒されるほど複雑な地形の間を抜けるための唯一の道だ。私たちは不安な気持ちに耐え、恐怖や敵意に負けずに歩ききらなければならないのだ。

◈人生は戦場

蚊に対して冷静でいられない理由のひとつに、刺されたり血を吸われたりすることに対する嫌悪感がある。私たちは刺されるときの痛さや不快感を、攻撃や侵略とみなす。こういう解釈は人生を戦場と考えること、つまり善対悪の闘いの場ととらえるコンテクストから生まれる。実際、この認識は人間同士の闘いや他の生き物との闘いの口実になっているし、いまのところ失敗に終わってはいるが蚊を絶滅させようという産業界の試みの土台でもある。この視点が社会を支配すると、敵をつくることがとにかく支持されるだろう。

人生は闘いだという視点に立つと、刺されて痛みやかゆみを感じるたびに私たちは腹を立てることになる。まるで被害者のような気分になり、いわれのない攻撃と判断したものに対して仕返しをしたいと考えるのだ。こういう解釈は虫は敵だという思い込みと一致するので、この気持ちに疑問を抱く人はいないだろう。そして生き物へ悪意を投影することで、刺されたのと同等かそれ以上の暴力で反撃して当然という気分になる。

この今ではおなじみの攻撃的な英雄的態度は、私たちの文化ではごくありふれたもので、すべての生き物を善と悪、友人と敵に分けようとする気持ちのおかげで保たれている。ひとたび誰が悪者かを決めたら、復讐心もあらわに彼らを追うのだ。そして私たちは実際そうしてきた。

この文化的に公認された復讐を求める姿勢を土台にして作られたテレビコマーシャルがあった。一九九八年のアメリカンフットボールの王者決定戦スーパーボウルで放送されたタバスコのコマーシャルだ（ちなみにこのコマーシャルは広告関連の賞を受賞している）。タバスコをかけたサンドイッチを男がほおばり、その辛さを楽しみながら、彼の血を吸っている蚊を見るともなく見ている。蚊は男の血を吸い終わると飛びたつが、数秒後に爆発する。男は歪んだ笑いを浮かべ、またサンドイッチにタバスコをふりかける。敵対的想像力に悪知恵を結びつけるというのは、広告の世界ではよくある手法である。

復讐はコマーシャルに限られたものではなく、ジャーナリズムにも見られる。その好例は「ディスカヴァー」誌の「なぜ蚊は血を吸うのか」という特集記事だろう。記事のライターは、もし蚊に「苦しめ」られたら、ある科学者から学んだ方法を使っていつでも「借りを返して」いいと、直接的かつ現実的な結論を下している（その科学者は、名前は出さないようにと念を押したそうだ）。借りを返す方法とは、血を吸っている蚊のまわりの皮膚をぴんと引っ張ることだ。そうすると蚊の血を吸う道具、つまり口吻を引き抜けなくなり、蚊は体が破裂するまで血を吸うことを余儀なくされるのだ。

蚊に対するこうした反応は、他者への優越感や支配という誤った通念を信奉し、その抑圧された敵意を自然界へ放つ社会で育った人の特徴と言える。だがそれはまた、私たちの身体に悲惨な結果を招く反応でもある。

エネルギー医学界の新星キャロライン・メイスが言うには、復讐、つまり「借りを返す」ことは毒のある感情なのだそうだ。その毒性は非常に強く、性的不能から生殖器のがんまで、私たちの身体に広範囲にわたる影響をおよぼすらしい。毒のある感情は健康を脅かすというメイスの主張を支持する臨床研究も多い。感情が免疫系へ影響をおよぼすことが可能であることを示す身体的な証拠も増えている。強度の否定的感情が慢性化すると、ストレスホルモンが体中を駆けめぐる原因となる。また、人生に対する基本的な姿勢が敵対的である場合、つまり不信や皮肉、憤懣や怒りに形を変えた敵意をいつも抱いている場合、「喘息や関節炎、頭痛、消化器系の潰瘍、心臓病にかかるリスクが二倍になる」とメイスは言う。

◈客観性の神話

虫に刺されたり咬まれたりする体験を私たちが解釈するためのもうひとつの文化的背景は、「この世は戦場である」という世界観と密接に関係している。しかしそうした世界観を生み出した根本には、私たちを自然界から引き離し、生物は特定の刺激に機械的に反応しているだけだとする活気のない世界をつくりあげたパラダイムがある。そこには絶対的な客観性という神話＝幻想と、どんなことも直線的な因果関係によって説明可能であり、人間の理性によって理解できる、という思い込みがある。

こうした文化的背景は、虫が明らかに持っている意図や知性をはぎとり、周囲の状況、他からの影響力、人間の活動といったものなどおかまいなしに目的を果たすようプログラムされた、意識のない（そして魂もない）存在にまで虫を貶めてしまう。だから、咬まれたり刺されたりするのは、ただただ不幸なことでしかない。虫の行為が特別な反応を呼び覚ますこともなければ、咬まれたり刺されたりした人をより深い洞察へ誘うこともない。彼らを呪っても、殺してもかまわない。だが、基本的にはどちらも見当違いだ。

こうした文化的背景はまた、人生に深みや意義、神秘を加味する宇宙意識説、生気論的宇宙説、非因果的な象徴による結びつき、そして一見不合理で矛盾に満ちた関係性や観察結果の一切を否定する。

この信念体系に従って行動するなら、それに反する数多くの証拠――量子物理学における最新の発見やシンクロニシティ、増加しつつある異種間コミュニケーションの体験者、自分自身の気持ちや直感――を無視しなければいけなくなる。

◈罰としての咬み傷

第三の文化的背景は優しさに基づいており、偽りのない生を生きたいという真摯な願望から生まれる。こういう視点を持つ人はまだ少数派だが徐々に増えつつあり、悪意のない気持ちを育み、地球の上で質素に暮らそうとしている。そして程度の差こそあれ、生き物とのコミュニケーションや一体感を求めている。だからこそ、刺されたり咬まれたりすると、裏切られ裁かれたかのように感じるのだ。刺した虫は人間の犠牲者を審判し、何かが欠けていると判断したというわけだ。虫に咬まれた痛みは、私たちが知らず知らず行なった不法行為が記録され罰せられたということになる。「でも私は虫が好きなのに」と、虫に咬まれて困惑した人々は釈明するかもしれないが。

多くの先住民族も刺されたり咬まれたりすることを裁き――たいていは逸脱行為の証拠や警告――とみなしていたが、彼らは後悔や自己批判で落ち込んだりはしなかった。状況をよく考え、正す必要があるものは正せ、という呼びかけとみなしたのである。虫との正しい関係を壊すことがなかったか自問し、思い当たるふしがあれば状況を改めるためにすべきことを考えるのだ。このように反省することによって、彼らは犠牲者然として困惑することをやめ、虫との関係を損なった責任をとりたいと望むようになる。いくつかの先住民族に魚の守り神と信じられている「ビッグ・バイター」というハエを見れば、咬まれることはフィードバックだという考えにすぐに立ち返ることができるだろう。

咬まれたり刺されたりすることに対するまた別の考え方は、それをより大きなプロセスの一部と見ることである。正しく行動すれば咬まれることはないだろうと決めてかかることはできない。それではあまりにも単純すぎるではないか。私たちの意識的な行動や意図は咬まれる原因の一部でしかなく、必ずしも生き物との遭遇の決定的な要因であるわけではない。この考え方を受け入れられない人は、多くの大衆的な自己啓発プログラムが広めている一種の願望的思考（訳註：強く願うことは必ず実現する、という考え方）に浸っているのかもしれない。そういう視点に立つと、健康でも幸せでもなく成功もしていない人は（おまけに蚊にも刺される人は）、何か間違ったことをしたということになってしまう。しかし痛みや死を無視したり拒絶したりしても、それらが消えてしまうわけではないし、成長は安楽の中では起こらないのである。カール・ユングもしばしば患者や学生に、「苦痛がなければ意識の誕生はない」と語っていたことで知られている。

咬まれることを解釈するこうした三つの文脈の限界を考えれば、新たな見方が必要なことは明らかである。最初のふたつの視点、つまり生き物には悪意があり、ロボットのように冷酷だという見方は、人間と生き物の理解と協力を妨げるだけだ。三つめの視点でさえ、他の生き物を公然と虐げることからは大きくかけ離れてはいるものの、それでも私たちに犠牲者のような気持ちを残す。そして平和に共存したいという願いも、咬まれることで否定されるか、否定されているように感じられる。新たな見方に必要なのは、あらゆる生き物が互助関係にあることの理解だろう。私たちは自分が他の生き物の食べ物であり、多少の痛みや不快感は生きるうえで必要なものだということを認識し、受け入れなければならないのである。精神的に成長し成熟していけば、私たちの生活に入りこみ成長を促すとらえがたい力に気づくこともできるはずだ（これについては第12章で詳しく触れたい）。

その他の視点

一七世紀のペルーの修道者、リマの聖ロサは蚊がお気に入りの生き物だったので、祈りの間彼らに「歌って」もらい楽しんだ。仏陀は、あらゆる生き物は前世で私たちの母親だった可能性があるということに思い至れば、私たちはもっと彼らに対して愛情と思いやりを注ぐことができるだろうと説いた。それゆえ腹を空かせた蚊が飛んできたら、蚊との血のつながりを考慮し、それにもとづいて行動するように、と助言している。

この認識と一致するのが、一九八五年の「パキスタン・タイムズ」紙への投書にあった南京虫（これも血が大好きな咬む虫である）にまつわる逸話である。差出人は、特急列車にはびこる南京虫に咬まれて立腹していた。

南京虫に咬まれてつらかったので、私は虫を殺しはじめた。するとめざとい乗客がこう言った。「なぜ虫を殺すのですか？」私は言い返した。「血を吸ったからですよ」。すると「いいですか、人間の血はこの虫の愛情の対象なんです。だからこの虫は私たちの子供のようなものなんです」。こういう考え方があるために、列車会社の上層部は虫の脅威を減らすための手段を講じていないのだろう、と思わざるを得なかった。[*1]

私たちはこの苛立つ差出人に同意しがちだ。蚊の羽音を歌だと思ったり、蚊を前世の母親だと考えたり、南京虫を子供だとみなしたりすることは、今日ではなかなか受け入れられない視点だろう。私たちは哀れみや思いやりのある見方を信頼せず、仮に虫に自由を与えてしまったら自分たちが割を食うと考えるのである。

◈先住民族の視点

先住民族の人々が虫に咬まれることをどう解釈し、どう対処したかを見れば、もっと思いやりのある視点が見えてくるのではないか。たとえば先住民族の物語の多くでは、蚊はもともと人間を助けていたことになっている。しかし人々が他の生き物に手を貸すことや、地球の資源をバランスのとれた方法で使うことを忘れたとき、蚊は不均衡を思い出させるために人を刺す能力を与えられたのである。

ブリティッシュコロンビア州のクワキウトル族をはじめとする部族は、ミツバチやスズメバチ、蚊、ブヨといった生き物は創造の一端を担ったと考えていた。そのため彼らは木彫りのお面をつくり、虫のスピリットに呼びかけて祈るための儀式を執(と)り行なった。

先祖代々血のつながりのある虫に咬まれたり刺されたりすることは、力の委譲や警告、行動を促す合図とみなされた。そのため痛みは報復攻撃の理由にはならなかったし、いわれのない罰や裁きとみなされることもなかった。それは人々に警告し、思慮深い行ないをさせる助けとなったのである。

第1章で紹介した「虫に優しいおばあさん」のような物語は、咬む虫と人との関係や、思いやりをもって虫に接することへの見返りを強調している。たとえばミーウォク族の物語は、地元のハエがその咬む能力を過去にいかに人のために役立てたかを伝えている。このカリフォルニア州の部族の創造譚(たん)では、人々が人食い巨人を退治しようとしたとき、巨人が寝ている間にハエが体中に咬みつき手助けする。そのときハエは巨人の弱点もみつけてミーウォク族に伝えたので、彼らは罠を仕掛けることができた。この部族出身者はハエに咬まれても、かつてこの生き物は一族全体を救ったのだと知っているので痛みも和らぐという。

こういった受け止め方を、ナチュラリストのスチュワード・エドワード・ホワイトの吸血性のクロバエに対する視点と比べてみよう。一九〇三年の著書『森 *The Forest*』で、彼はクロバエを殺すことについてこう書いている。「心踊る……邪悪な喜びが……恍惚感をもたらし……、あなたにとまるという図太い神経を持つ怪物を殺す満足感は……ほとんど痛みを相殺する」[*2]

この言葉から、ここ三〇〇年間人間を支配してきた視点をホワイトが是認していることがわかるだろう。この執念深い態度と独善性は、世界は戦場だという思い込みから生まれた反応だ。これと同種の反応が、タバスコのコマーシャルと最近の「ディスカヴァー」誌に見られたわけである。

◈ビッグ・バイター

カナダ東部のモンタニェ族にとって、サケやタラといった魚を支配する王は、ビッグ・バイターとして知られるハエだった。このハエは、魚が水から引き揚げられるときはいつでも姿を現し、釣り人のまわりを飛びまわって、彼らの家来である魚がどう扱われているか観察する。ときおりビッグ・バイターは釣り人を刺して、魚はビッグ・バイターの保護下にあるのだから無駄にしてはいけないと警告するそうだ。

先住民族の人々は、自然界との交流に責任を負いたいと願っていた。責任は、地球や仲間の生き物の恩恵を受けて生き延びるためには不可欠な要素だったのだろう。ところがいまでは、ビッグ・バイターが漁師の近くに寄ろうものなら、殺虫剤をかけられたりたたき落とされたりする。私たちの文化は、経済問題以外では責任をとろうとしないのだ。乱獲の結果、ギンザケは一九九六年に絶滅危惧種リストに載った。有名なニジマスも危機に瀕している。この魚が産卵する川を人間が無責任に汚染してしまったためである。

先住民族にならって自然界に責任を持ちつづけるなら、私たちもその一部である関係性の網の目に調和をよみがえらせることができるかもしれない。ミーウォク族とモンタニェ族は、刺すハエを非敵対的な文脈で理解し受け入れた。彼らが前述のホワイトの言葉や行為を知ったら、なんと不敬で恐ろしい行動だろうと考え、彼は釣り針に魚がかからなくなるという罰に値するとみなすことだろう。しかし現代人はそんな考えをあざ笑う。すれっからしの現代人には、自然界が人に責任を負わせることができるなどとはとうてい信じられないのだ。科学も発達しすぎて自然界から離れてしまった。しかしながらその科学のおかげで、私たちが他の生き物と相互依存関係にあること、虫が自然界の流れを守っていること、そして虫が生態系全体のメッセンジャーであるということがようやく証明されたのである。地球共同体のどの側面を虐待しても、いずれ私たちに悪影響がおよぶだろうということも、すでに学んだとおりだ。

現在もサケやチョウザメなどの主要産物は減っている。それが、いまも守り神として働いているかもしれない虫への無礼な態度が関係しているのか、それとも河川の汚染や乱獲の結果なのかは、じつは問題ではない。虫とのつながりは想像上の真実であり、生き物との相互依存関係とメッセンジャーとしての虫の役割を知るための方法である。私たちの無関心がいっそう自然のバランスを崩し、さらなる生き物の絶滅という結果を招く前に、虫の促しにしたがって反省することが必要なのかもしれない。羽のある人々との関係を評価し、改善するには、そうして自己批判することが必要なのではないだろうか。

生き物を尊重するといっても、従来のように生き物をふるいにかけるようなやり方では用をなさないだろう。絶滅危惧種保護法は環境中心の視点を支持しているが、それは価値ある生物とそうでないものを選別するものであり、自然界で食べ物や血をめぐって私たちと張りあう生き物を企業や個人が排除することを許している。であれば、排除される生き物の中には、当然、蚊も含まれることになる。

蚊との闘い

蚊は私たちの敵意を一身に浴びている。その敵意の大半は疑問に思われることさえない。北アメリカの一〇〇〇以上の団体が毎年一億五〇〇〇万ドル以上を蚊の駆除に当てている。そこには殺虫剤の使用も含まれているので、巻き添えで蚊の自然の天敵や他の虫もいっしょに殺されてしまう。何千エーカーもの湿地帯は、蚊の駆除という名目のもとに排水され埋め立てられる。蚊やトンボの幼虫のような水生生物や、蚊を食べ物にしている生き物に、死刑を宣告するようなものだ。

過去にアメリカで行なわれた蚊の駆除は、のちに詳述するが、マラリアのような病気を媒介する蚊の活動を抑制するために始まったのではなかった。行政機関が川や湿地帯に毒を撒くことを私たちが許したのは、刺されるのが嫌だったからだ。

蚊がいわゆる発展の妨げになるという理由でも、私たちは彼らを攻撃の的にした。この視点を、私たちはつぎの世代へ受け渡している。たとえば蚊に関する児童書の作家は、この文化的視点をつぎのように説明している。

> 蚊は人を刺す、ということだけでも、この厄介な虫と闘いつづける充分な理由になります。蚊の繁殖地である沼や沢がひからびてしまわないかぎり、蚊の大群は農業や工業の発展を遅らせつづけるでしょう。すばらしいリゾート地になりそうな土地が手つかずで放置されているのは、蚊に刺される恐れがあるためなのです。[*3]

人間を満足させるための計画には、何にも勝る優先権があるらしい。この視野の狭い考え方の裏には、刺されることは戦争を正当化する暴力行為だという前提がある。人間の活動を邪魔するものは、目ざわりな厄介なもの、排除すべき障害として切り捨てられるのだ。

戦争の正当化

蚊との闘いは毎年新聞や雑誌の記事で正当化され、プロパガンダテロ戦略で、蚊が増えつづけるとどんなに危険か警告する。扇情的な見出しやコピーで大衆を刺激しておいて、駆除業者がすべてをコントロールし、私たちの利益を最優先すると請けあうのだ。そして人々はまんまと信じこまされる。皮肉なことに、人を刺す蚊の大量発生源は（少なくともカリフォルニア州ではそうだが、明らかに他の州でも）公にされてこなかった。昆虫学者リチャード・ガルシアは、農作業が蚊の繁殖地の大半をつくりだしていると指摘する。たとえば、カリフォルニア州の六〇万エーカーの水田は、害虫とされている二、三種類の刺す蚊の発生源だ。交配種の穀物の畑では徹底した灌漑が必要なので、すっかり乾燥することはなく、つねに小さな水たまりができている。水たまりは水中で生活する捕食者を支えるほど長くはもたないが、莫大な数の蚊を繁殖させることは可能で、実際そうなっている。

◈フロリダ州の蚊対策

カリフォルニアの蚊に関するニュース記事は、蚊が繁殖している他の州のニュースとさほど変わらない。フロリダのとある新聞は、雨が降ると蚊が成長して「ワニほどの大きさになり、その一〇倍も獰猛になる」と読者に警告している。毎年行政が一〇〇トンから一五〇トンものフェンチオンという有機リン殺虫剤を、二〇〇万エーカー以上の土地に散布することをフロリダ住民が黙認したのは、おそらくこの手の報道のせいだろう。だがフェンチオンはＤＤＴによく似た殺虫剤で、大半の州では使用が禁止されている代物である。アメリカ野鳥保護団体や、野生生物を守る会などの環境保護団体は、二〇〇〇年末に何千羽もの渡り鳥が死んだのはこの化学物質が原因だとし、近ごろ環境保護庁に散布をやめるよう訴訟を起こす書類を提出した。

フロリダ州蚊対策センターでは、科学者が殺虫剤以外の解決策を模索中だ。彼らは遅ればせながら、大半の蚊が繁殖するエヴァグレイズ湿地のような、外からの影響を受けやすい環境に殺虫剤を散布してはいけないということを学んだのだ。化学物質は多くの益虫さえも殺してしまうためである。だが専門家は、蚊がエヴァグレイズ湿地の健康と存続に欠かせない存在であることはいまだに理解していないようだ。蚊はエヴァグレイズの魚の餌になり、魚はワニの餌になり、ワニの活動は湿地の中の水路が閉じないように保つ。つまり蚊がいなければ、エヴァグレイズ湿地は大きく広がりすぎるのだ。

殺虫剤に代わる世間一般に承認されそうな作戦は、在来種の一〇倍もある巨大な蚊を持ちこむことだ。研究者はマイアミに近い土地で、この巨大蚊の一群を試験的に放った。淡水で発生する蚊を捕食してくれることを期待していたのだが、目論見（もくろみ）ははずれた。巨大蚊は在来種の蚊を食べようとはしなかったのだ。彼らが何を食べるのか、そしてそれが他の生き物にどのような影響を与えるのかはわかっていない。

◈他の作戦

蚊対策機関は、殺虫剤の代替物としてボウフラを食べるカダヤシという小魚にも目を向けた。カダヤシはすばらしい解決方法に思えたが、ハワイでの初期の実験では、ボウフラだけではなく害のない虫の幼虫や商業用やレジャー用の幼魚まで食べてしまった。インドでもカダヤシを使った実験は同じように失敗している。この捕食者が、何百万ものボウフラを食べる在来種の魚を食べ尽くしてしまったためだ。こうした実験の結果わかったのは、天敵となる充分な魚や鳥がいないと、カダヤシが新たな生息地で過剰に増えるということだった。

現在話題になっているもうひとつの戦略は、蚊の「ダイエット・ピル」と婉曲的に呼ばれている。蚊の消化機能を変えて餌を食べられなくする方法だ。ボウフラが繁殖している水にその薬を入れると、それを食べたボウフラは七二時間以内に飢え死にする。ここでも不快な物はすべて排除せよという世間の声によって、食物連鎖の中で蚊の果たす役割が無視され、曖昧にされているのである。

◈恐怖の代償

現在、虫に刺される恐怖は、虫が媒介する病気や細菌のためにますます大きくなっている。世界中で感染症が増加しているとか、抗生物質に耐性を示す細菌が誕生しているといったニュースを聞くと、私たちは動揺し、戦闘態勢を維持しようとする。炭疽菌のような細菌への脅威も闘いを促す。しかし恐怖から下す決断は、つねに危険をはらんでいるものだ。たとえば、細菌を無作為に殺す抗生物質が広く使用されていることについて考えてみよう。専門家は、安易に使用すると無害な微生物に突然変異をもたらすと警告している。細菌は共通の遺伝子プールを持っているので、ひとたびどれかが耐性を備えたら、あらゆる細菌が生き残るために同じ耐性を持つことができるためだ。

一九九九年、鳥や蚊が媒介して脳炎を起こすウイルスが原因で、アメリカで西ナイルウイルス感染症が集団発生した。そして実際の脅威を上回るほどの恐怖を引き起こした。蚊の専門家アンドルー・スピールマンによると、西ナイルウイルスが街にも存在しているとの発表がなされたとき、実際は、ニューヨークでの新たな感染の危険性がゼロに近づいていた（秋になり日が短くなると、蚊は隠れ場所へ移動するため）。だが、街は恐怖に覆われた。さまざまな行事がキャンセルされ、みな防虫剤を厚塗りした。セントラルパークでウイルスを伝染させる蚊が数匹みつかったときは、殺虫剤の噴霧器が公園中を覆いつくした。騒ぎはキラービーに対するヒステリー反応のように大きく、ニューヨーカーは自らを毒性の強い化学物質を浴びる危険にさらした。恐怖に駆られて解決策を選んだために、毒性の化学物質が脅威に対抗する手段にしか見えなかったのだ。

西ナイルウイルスが致命的になりうることは認めるとしても（感染した大半の人は数日間インフルエンザのような症状を示すだけだが）、「終末宿主」は人間だということを忘れてはいけない。私たちは感染はしても、免疫系がほぼつねにウイルスの増殖を抑え、ウイルスが蚊に戻ってまた別な宿主へ移動することを防いでいるのである。

蚊について学ぼう

蚊の駆除でお金を得ている人や恐怖に駆られている人たちに蚊の習性を説明してもらったとしても、蚊対策について賢明な判断をすることはできないだろう。私たちに必要なのは偏見のない情報だが、世間はそんなものを学びたいとは思っていない。数年前、「ナチュラル・ヒストリー」誌が蚊の問題を特集したとき、読者から予約購読をやめるという怒りの手紙が届いた。こんな特集はまったくもって労力の無駄で、誰の興味も惹かないというきり立った文面だったそうだ。

しかし、蚊について学ぶことで、白黒をはっきりつける文化的傾向から離れ、私たちと蚊の関係にどうしても必要な複雑さを取り戻せるはずなのである。事実を知れば、敵意のない想像力を育み、思いやりや共感をもって蚊と関係するための手助けにもなるだろう。

ではまず、蚊の長所について考えてみよう。蚊もハエと同じように、花粉を媒介する。北極圏の湿原に咲くヤチランというランは、受粉をもっぱら蚊に頼っている。蚊の研究家ルイス・ニールセンは、蚊は野生の花の授粉者として、誰もが理解している以上に重要な存在だと考えている。彼は、蚊の体に花を咲かせる植物の花粉が三〇種類以上もついていることを確認した。おのおのの植物種が一〇から三〇の動物の餌になって支えているとしたら、授粉の役割を請け負う虫を殺したらその植物を死滅させるだけではなく、その植物に頼っている虫や、さらにはその虫に寄生している虫さえも殺してしまうことになりかねない。自然界のネットワークはそれほど入り組んでいるのだ。

蚊の一生は卵から始まる。卵は水面近くを漂っている。卵がかえるとボウフラになり、トンボや魚、ムシクイやツバメなどの鳥やコウモリなど、さまざまな生き物の餌になる。ボウフラの多くはよどんだ水の中にいるバクテリアを捕食するが、他の種類のボウフラを捕まえて殺すものもいる。

一週間から一〇日でボウフラはさなぎになる。節のあるしっぽを持ったオタマジャクシのようなさなぎは、数日間水のなかをふらふらと漂い、その後成虫になる。生物学者のロナルド・ルードは、この泳ぎまわるさなぎから成虫への変態を、時速一〇〇キロ近くで走っているジープが二日でジェット機に変身するようなものだ、とたとえた。つまり蚊の羽化は賞賛に値する驚くべき偉業なのだ。

私たちは蚊といえば血を吸う生き物と考えるが、蚊が飛びまわり生き延びるための主食は、じつは植物糖である。多くの蚊は果汁や花蜜、樹液だけで生きている。

広角の複眼のおかげで、蚊はほぼ全方向を同時に見ることができるし、触角の根元にある小さな耳も性能がいい。精巧な感覚器官は人間が吐き出す二酸化炭素を感知するため、蚊は闇夜でも人間に近づくことができる。蚊が近づいてくるとプーンという音で気づくが、それは一秒間に六〇〇回という驚異的な羽ばたきから出る音だ。

蚊は人の皮膚からにじみでる化学物質によっても人間をみつけることができる。その化学物質は食べ物の影響を受ける。蚊を惹きつける物質のひとつがオクテノールだ。オクテノールが初めて発見されたのは雄牛の呼気の中で、のちにこの哺乳動物の胃の中の草が発酵して生産されることがわかった。ある仮説では、野菜料理をたくさん食べる人が過剰なオクテノールを発し、蚊を引き寄せるらしい。これが本当なら、野菜好きな人は蚊に嫌われるためにニンニクを食べるようにするといい。タンザニアの先住民の間では功を奏している方法だ。最近の研究も、ニンニクは成分が汗になって皮膚ににじみでるので、特にマラリアを媒介する蚊を撃退するのに効果的だと裏付けている（ただし、他の種には必ずしも有効ではないようだ）。

人間の体のどこを刺すかは、蚊の種類によって違う。足や足首を刺す種類もいれば、頭や肩を刺すものもいる。足を好む蚊は臭い足を好むので、足のにおいを追って餌場を決めるようだ。この場合のにおいは、においを発する細菌と関係している（チーズにあの特有の強いにおいを与えるのと同じ細菌である)。

メスの蚊

大半の種類の蚊は、卵をつくるために血を必要とする(ただし、蚊がとりわけ必要とするのが血のどの成分なのかはいまだに謎である)。血が吸えなかった場合、メスがつくる卵は通常の一〇〇個から一〇個以下に減ってしまう。だから自分がメスの蚊だと想像してみてほしい。血を求めるのは家族をつくり、種を保存するための材料を集めるという本能的衝動によるものだとわかれば、蚊に敬意を払えるようになるかもしれない。

公平であるためには、そして自分は犠牲者だという立場を捨てて蚊の血液銀行でありつづけるためには、現在の状況は私たちも共謀してつくりだしたという事実を受け入れることが重要だ。というのも、少数の生き物が人間の血を好むようになったのは、彼らの自然の吸血相手である恒温動物が激減したここ数百年の間の出来事なのだ。野生動物の絶滅とそれに伴う人間の増加によって、私たちは必然的に数種の生き物の主食となってしまったのである。蚊の選択肢はどんどん少なくなっている。彼らが昔から住みつづけていた森を削り、彼らがかつて血を頼りにしていた動物を減らしつづけているのは、私たち人間なのだ。

それはそれとして、どんな生き物でもその意図と行為は、たとえ人間にとっては脅威でいらいらするものであっても、その生き物独自の「世界観」から生まれている。それを思い出すことができれば、私たちは生き物の世界観にあわせて対応することができるのではないだろうか。蚊がマラリア原虫や西ナイルウイルスを運んでいる可能性がある地域に行くときは、無駄に怒ったり復讐を企てたりせずにニンニクを食べ、蚊帳（かや）や網戸を使うなどして、蚊が私たちを餌にするのを防ぐようにすればいい。自宅の近くでは、被害にあったと思ったり怒りを感じたりせず、黙って一、二匹の蚊に血を提供すればいい。それでも蚊の大群に取り囲まれたときは、刺された場所を治療したり、刺されないように重ね着をしたりすればいいのだ。

感染病にかかる危険性を低くするための長期的作戦としては、生物多様性を維持することが挙げられる。最近の研究で明らかになったのだが、病気のそもそもの原因は、人間が手を加えたために土地が変化し生き物との交流が混乱したことにあるらしい。実際、蚊やマダニのような血を必要とする媒介動物は、荒れた環境でもっとも繁殖する。そのため私たちが自分の身を守るためには、自然豊かな生態系をもとのままの健全な状態に保ちさえすればいいのだ。たとえばマダニが広めるライム病の発生率は、多様な小型哺乳類が見られる地域では劇的に減ることがわかっている。西欧では、マダニがつくトカゲがライム病の病原菌を抑制し無害化している。私たちはようやく調査に乗りだしたところなのに、生き物同士の相互関係はすでに人間を病気から守るすべを知っていたかのようである。

マラリア原虫

私たちは生物多様性を維持してこなかった。その重要性も、環境をコントロールし支配したいという欲望を抑える必要性も、理解しなかった。この無知と見当違いな優越感が、マラリア発生の増加という結果を招いたのである。マラリア原虫と、蚊に代表されるその媒介者を根絶するという目論見も失敗に終わった。バイオテクノロジーの進歩にもかかわらず、全体的に見ると熱帯地方の住民の健康状態は過去二〇年の間に悪化しているようだ。さらに三〇年前に比べると、多くの場所でマラリアが流行しやすくなり、治療も予防も難しくなっている。DDTの集中散布と乱用、抗マラリア薬の誤った使用法が原因である。さらに悪いことに、化学薬品の介入以前は、熱帯地方の多くの成人にはマラリアに対する免疫があったのに、現在、彼らは苦労して手に入れたその盾を失い、しばしばマラリアの断続的な高熱の犠牲になっている。急性で命に関わるマラリアの幼い子供への脅威も増している。近ごろ現れた、薬に耐性を持つマラリア原虫の変種のせいだ。

一九七二年、世界保健機関（WHO）は、蚊を根絶するための闘いは失敗に終わったと公式に認めた。関係者の多くは打ち負かされた気分だろう。WHOが雇った昆虫学者のひとりで、最近蚊についての本を著した人は、DDT自体が問題なのではなく、その過剰使用こそが問題だったと考えている。この学者は、今後もDDTを制限つきで使用すべきだという。ただ、昔のやり方に戻ることになり、DDTが蚊以外の生き物や環境に与えてきた長期的ダメージを考えると、このように勧められても不安になるだろうが、と言い添えてはいるが。

この学者のように、敗北は教訓になると知っている人は、少数ながら他にもいる。たとえば政治史学者ゴードン・ハリソンは、広範囲に及ぶ際立った失敗は、私たちに何かを教えようとしているのだと示唆する。そういうとき「私たちは自分が無能な兵士だということを示したか……、あるいは問題の意味を取り違えていたか[*4]」どちらかなのだ。

土地と優越感を手に入れるための試み

どうやら私たちは問題を誤解していたようだ。私たちが初めてしかけた総力戦、つまり蚊との闘いの歴史をつぶさに調べても、そこには一部の扇動者が信じこませたような博愛主義的な聖戦はみつからず、欲望に突き動かされて広がった腐敗の連鎖に出会うだけである。

蚊との闘いは、植民地制度の全盛期に始まる。現代の歴史家によると、蚊と闘ったのは先住民族の健康と幸福な生活を守るという愛他的な理由からではなく、土地と人を支配したいという入植者に共通する欲望と人種差別が理由だったそうだ。入植者は征服した土地に人間（価値のある人間）は住んでいないとみなしたので、人間の権利も蚊の権利も尊重する必要性を感じなかったのだろう。

フランス領赤道アフリカは、熱帯アジアや中央アメリカ、南アメリカでもそうだったように、白人の入植者の定住に抵抗した。猛烈な暑さとマラリアなどの病気が外国人に打撃を与えた。入植者の犠牲者がとても多かったので、熱帯地域の敵意を持った「野蛮な占有者」、つまり先住民族が呪いや魔法をかけたのだと多くの人が思い込んだ[*5]。

白人に魔法がかけられたということの思い込みは、先住民族はマラリアにかからないらしいという観察結果によって裏付けられた。一八七〇年、イタリア人医師がこれらの「劣った人種」は下等動物と同じようにマラリアに対して免疫があると推測した[*6]。先住民が持つ明らかな免疫力は、こうして人種による階級制度の根拠として利用されることになる。入植者は、白人がもっとも優秀な人種であり、あらゆる生き物の長であると信じていたのである。

こうした入植者の自分勝手な思い込みとマラリアの原因の仮説は、マラリア原虫とその媒介者である蚊が原因と特定されるまで続いた。このように植民地制度がマラリアの脅威にさらされていたことが動機となり、当時の科学者が病気に注目し蚊を根絶しようとしたのである。彼らのもっぱらの関心は、熱帯に本拠地を置く行政や軍、そして経済界の支配者が健康に長生きすることに集中していた。先住民への関心は、大企業のために役立つ労働力でありつづけることに限られていた。

◈蚊とマラリアとの闘い

第二次世界大戦は、蚊を絶滅させマラリアのワクチンを開発しようという意欲を新たにした。軍がマラリア予防を必要としたためである。一九四〇年代にＤＤＴが開発されたときは、神からの贈り物のように見えたものだ。そうではなかったことが今ではわかっているが。

ＤＤＴが蚊の根絶に失敗したことで、焦点は予防から治療へ移り、ふたたび特効薬であるクロロキンが脚光を浴びた。しかし現在は乱用されたために、もはや新たな耐性を持つマラリア原虫には効き目がない。二〇〇〇年の歴史があるマラリア治療薬「青蒿素(チンハオス)」(アルテミシニン)は、死に至るマラリアの治療にクロロキン以上の即効性を発揮し、毒性も少ないということもわかった。クロロキンに耐性のある原虫にも効果が認められている。現在は科学的な分析が進み、合成して大量生産できることがわかった。しかも近い将来それが実現するかもしれない。いまでは地球温暖化のためにマラリア原虫の活動範囲は広がっているし、国境を越えた旅行者がこの手の研究に資金提供をしている人々のすぐそばまで、マラリア罹患の可能性を近づけているためである。

罹患性とマラリア

ある種のマラリア原虫に免疫がある人は、ヘモグロビン（赤血球で「機能している」成分）の異常が原因だ。入植者らはマラリアに免疫があることを人種的劣性と解釈したが、それは実際は、ある抗体にのみ効果を発揮する自然に得られた免疫性である。遺伝子が変異することで、赤血球が寄生虫にとってあまり魅力のないものに変化するのである。*7

特定のマラリア原虫の系統に対する自然に獲得された免疫性にくわえて、人が病気になるかどうかを決めるもっとも決定的な要素は「罹患性（りかんせい）」、つまり病気に対するかかりやすさである。マラリア原虫に寄生されて死ぬ蚊と死なない蚊がいるのも、罹患性が決めているのだ。

マラリア原虫を媒介する蚊も、自らが刺す人間や動物のようにマラリアにかかることがある、ということを知っている人は少ないだろう。マラリア原虫が寄生している血を蚊が吸うと、その顕微鏡でしか見えない侵入者は、蚊の胃に入りこむ。ひとたび胃に入ってしまうと原虫は増殖し、胃壁に卵に相当するシスト（嚢胞（のうほう））を形成する。この時点で宿主の蚊を殺すことさえある。運良く蚊が生き延びると、シストが破れて何百匹もの新たな原虫が解き放たれる。そのうちの数匹が蚊の唾液腺に入り、蚊が人間の血を吸う際、人間に感染するのだ。そう聞いても蚊への同情がわかないなら、少なくとも

蚊は人間と同じかそれ以上のマラリアの犠牲者なのだということだけは覚えておこう。私たちと蚊にはこんな共通点があるのだ

イエバエと病気の関係について述べた第4章でも見たように、従来の西欧医学は、病気とその媒介者との因果関係について危険な誤解を広めている。たとえばマラリア原虫は病原微生物なので、マラリアとして知られる一連の症状の原因だと言われている。しかし罹患性の高い人の血の中にマラリア原虫が蚊によって注入されたとしても、その方程式のキーワードは蚊でもマラリア原虫でもなく罹患性なのである。マラリア原虫にさらされた人すべてがマラリアを発症するわけではない。なかには病気の症状がまったく現れない人もいるのである。免疫系によって抑制されている場合もあれば、なんらかの未知の理由による場合もあるかもしれない。ハエの章で触れたように、健康状態の自然な変化(あるいはバランス)によって症状が出たり出なかったりするのかもしれない、と考える健康関連分野の関係者が増えている。

新たな戦略

たとえ私たちが蚊との闘いをやめて共存を受け入れたと宣言しても、私たちの好戦的精神は武器を求めつづけることだろう。たとえば一九七六年、アメリカの科学者がイスラエルのネゲブ砂漠である細菌を発見した。この細菌にはマラリアを媒介する蚊を殺す働きがあり、そのため現在、アフリカ、アジア、南アメリカの広大な土地で散布されている。この発見は人道主義的見地から画期的な出来事

として誉めたたえられたが、蚊や原虫がその攻撃に耐えるために変異を起こしたり、あるいはその細菌が新たな土地で優位に立ち、他の生き物に脅威を与えるようになったりするのは、時間の問題でしかないだろう。

最近行なわれているのは、最初に遺伝子地図が作成された虫であるミバエをマラリア原虫の保菌者にして、原虫の遺伝子の弱点を探す試みである。別な研究では蚊の遺伝子を変化させ、マラリア原虫を人間に注入できなくしたり、原虫に対して抵抗力を持たせたりする方法が示されている。マラリア原虫や蚊がそのような操作にどう適応するかはまだ実験されていないが、こうした動向に対する懸念は、新たな研究の発表を歓迎する熱狂の渦に埋もれて無視されるにちがいない。

私の気に入っているもうひとつの解決策は、「優しいワクチン」を人に与えることだ。それはマラリアの予防にはならないが、血を吸う蚊が再度マラリアに感染することを防ぐものである。仕組みはこうだ。このワクチンを受けたマラリア感染者の血を蚊が吸うと、蚊は感染した血だけではなく、感染を防ぐ抗体もいっしょに摂取することになる。こうすることで小さなマラリアの流行が爆発的な大流行になるのを防ぐことができるだろう。

このワクチンの研究はけっして蚊の幸福を守るためのものではないが——関係者があわてて大衆を安心させたように、実際はその正反対——、もしその目的が人を極めて致死性の高いマラリア原虫から守るとともに、蚊にも害が及ばないようにするものであったなら、事態は解決に近づいていたのではないだろうか？　おそらく、この問題を抜本的に解決するのは、蚊・原虫・人間の三者間のバランスを尊重することだろう。すなわち、この三者がみな利益を受け、いずれかの犠牲の上で生きるということがないようなバランスを保つことではないだろうか。

闘いを終わらせるために

蚊とある種の寄生虫の関係はとても安定している。良好な寄生関係は、互いが相手を制御する状態になっている。生態学的には、人間・蚊・寄生虫もバランスのとれた安定したシステムであり、人間がその関係を排除しようとしても不可能である。

病気を進化論の観点からとらえて治療法を探る進化医学の提唱者マーク・ラッペは、マラリアの正しい治療法をみつけられないのは、人は進化や変化を起こす力とは無縁だという根強い思い込みと関係があるはずだ、と主張する。実際は私たちも進化を起こす力と無縁ではないのである。「病気は、何の疑いも抱いていない宿主に打撃を与えようと完全武装してやってくるのではない」とラッペは言う。「病気のパターンには、何千年にもわたる原因がある」のだ。現代医学は、病気、人間、細菌の共進化（訳註：二種以上が互いに影響し合う進化）の複雑な相互関係、および現代治療学を理解してこなかった。もはや、人類の進歩と文明の発展は自然界の病気の克服と同義であるとは言えない。進歩は、私たちが自然の力を理解し協力して初めて訪れるものだ。つまり人間も蚊も同じ力によって変えられることを受け入れなければならない。

このように新たな視点で病気をとらえると、これまでとはまったく異なる治療方法に行きつくのではないだろうか。「治療」という言葉が、病気の処置をすっぱりやめて生来の抵抗力を強めることを意味することもあるかもしれない。人口が多い場合は、最良の予防法は致死性の高い病原体の伝染を食い止めることである。先に述べたように、致死性の病原体であっても、宿主から宿主へ移動することが困難な場合は、致死性の低いものへと進化する。そうしなければ、自らがすぐに死に絶える危険にさらされるためだ。この発見を蚊とマラリア原虫（蚊がそうとは知らず媒介するどんな病原菌でもよいが）に当てはめると、私たちは寄生虫をより安全なものへ進化させる手助けができるかもしれない。蚊帳を用いたり、感染者を隔離したりする方法で、蚊がマラリア感染者に絶対に近づかないようにすればいいのだから。

生息地の保護者

ジョーン・ハリファクスは著書『実りの多い闇 *The Fruitful Darkness*』で、ある種の動物や植物は生息地の保護者であり盟友であると述べている。この視点に立つと、蚊のような刺す虫は地球の豊かな資源の守護者ということになる。

私たちは長い間自然界の保護者を殺しつづけてきた。自分たちの行ないを正当化し、傷つけられないように我が身を守っているだけだと主張してきた。自然や生き物の力に傷つけられると怯えたり怒ったりし、そういう生き物は敵だと決めつけ滅ぼそうとしてきた。誰かに、また何かに私たちのやり方を変えるよう求められようとも、それを拒んできた。そんな私たちのやり方が成功するときはいつも、生息地の保護者が他の生き物すべてのために守ってきた無傷の生態系が失われるのである。

蚊のように血を吸う虫を生態系の英雄とみる向きもある。そのような虫のために熱帯雨林は長年の間人間が住めない場所でありつづけ、多くの野生生物にとっての故郷である森の大規模な破壊が免れたからだ。

ツェツェバエもそうした土地の保護者である。ツェツェバエは卵を産むために血を必要とし、ときにはアフリカ睡眠病を引き起こす寄生虫を媒介する（子牛や馬、ロバは特に感染しやすいが、野生動物はそのかぎりではない）。そのために、ボツワナ共和国のオカバンゴ・デルタの湿地帯は長年、人に荒らされずにすんだ。デルタ地帯は野生動物の楽園で、その中心部の湿地帯はツェツェバエの王国である。ツェツェバエを根絶しようという試みは、デルタ中心部の未開地を開拓して畜産業に使おうという人間の欲望によって活気づいたが、あまり感心できない目的である。湿地帯を家畜と人間にとって安全な場所にすると、町の暮らしに必要な水は得られるようになるが、その過程で野生動物の生息地は破壊されることになる。そしてツェツェバエという野生生物の保護者が一掃された地域では、まさに自然破壊が始まってしまったのだ。

進歩という神話

刺したり咬んだりする虫が土地の守護者だと考える人はまずいないだろう。地球全体を利用する権利を持つのは人間であり、ある場所を人間立ち入り禁止にする権限など自然界にはない、と私たちは決めてかかっているからである。特定の地域が人間の定住や科学技術の介入に抵抗したら、私たちはなおさらそこを手に入れたいと思うだろう。それは私たちの優越感と支配欲への挑戦だからだ。そのためか、自然を支配し従わせようという試みは、勇壮な言葉で語られる。環境問題専門家が、人間は人の住めない土地の全体性を尊敬すべきだと言っても、罵声を浴びるだけだろう。しかし専門家のそうした示唆が意味しているのは、地上での私たちの地位と、地球を利用する権利を握っているのは人間だという根強い思い込みへの強い疑問なのだ。

荒らされた自然環境を元に戻し、またそれによって伝染病の危険を減らすためには、こういった根拠のない優越感をなくさなければならない。最大の利益は無制限の開発によってもたらされるといまだに信じている人を教育するのは、手つかずの自然がいかに私たちを病気から守っているかを理解している人々の務めなのである。

蚊の女王

自分が住んでいる土地をよく理解し愛している人は、そこの自然の周期と調和して生きているようだ。彼らはそこに住む保護者を尊敬し受け入れ、協調と譲りあいの姿勢を示している。そしてあらゆる生き物が地上で暮らす権利も、ある種の虫がある季節の間だけ森を占拠し統治する権利も、認めている。

カナダのオンタリオ州サンディ湖のクリー族は、蚊のような在来種の生き物との絆を認識していた。同じ地域に生息する生き物と調和をとり共存することは、現実的な手段だったのだ。ママ・ジー・シクという名のクリー族の兵士の物語は、蚊との共存を伝える好例であろう。ママ・ジー・シクは、自分は不運だと毎日嘆いていた。ある日森に入ったとき、腹をすかせた蚊に襲われる。我が身を守ることができず、ついに彼は屈服し、シャツを脱いで地面に横たわった。蚊の大群が全身を覆ったときは死を覚悟した。いよいよ瀕死の状態になったとき、大きなブーンという声が聞こえてきた。「彼から離れなさい。彼は人生でもう充分に苦しんだのだから」と。これを聞いてすべての蚊が飛び去った。ママ・ジー・シクが目を開けると、巨大な蚊が頭上に浮かんでいるではないか。蚊は下りてきて羽でそっと彼に触れた。すると驚いたことにママ・ジー・シクの傷はすぐになおり、体中に力がみなぎってきた。その日から、ママ・ジー・シクの努力は報われるようになった。蚊の女王が彼の保護者になったからである。語り手は子供たちに、蚊の女王は一族の友人になり、けっして彼らを傷つけなかったと説明して物語を結んでいる。部族の人々ももちろん蚊を尊敬し、賛美したにちがいない。

この蚊の女王は、人間が生態系のバランスを崩すことがないよう見守る土地の保護者と見なすことができるだろう。私たちが蚊に敵意を抱かず、手つかずの自然の保護者として認めることができれば、感染病の発生を食い止めることに成功するかもしれない。その大部分は、敵をつくったり恐怖心をあおったりする絶滅作戦に訴えることなく、自分を危険なウイルスから守ることができるかどうかにかかっているのではないだろうか。

共存に関して言えば、マラリアなどの蚊が媒介する病気にかかる危険性が高い土地では、予防策をとって刺されないようにしたり、すでに病気にかかっている人から蚊を遠ざけたりしなければならない。さらに努力して、野生生物を環境に呼びもどし、蚊が刺す相手の選択肢を増やすことも必要だ。

西欧では、マラリア原虫を持つ蚊が発生する可能性はまだ低いが、人間がある種の生き物の餌であることを受け入れ、現実的な戦略をみつけて彼らの必要性と私たちの快適さのバランスをとらなければならないだろう。たとえばブヨや蚊に刺されないようにするには、そういう虫が多い場所を避けたり、避けられなければ虫よけの塗り薬を使ったりすればいい。どちらも効果的な戦略である。もっと冒険好きな人には、蚊とのコミュニケーションという選択肢も残されている。

蚊とのコミュニケーション

蚊とのコミュニケーションの大半は、刺して血を吸うことをやめてほしいという願いがきっかけで始まる。ジム・ノルマンの『イルカの夢時間――異種間コミュニケーションへの招待』(邦訳、工作舎)では、先住民族の血を半分引くニコラス老人が紹介されている。蚊が原因で彼の家族も友人も長い間家の中に閉じこもっていたが、ニコラス老人は外に出ても蚊に悩まされなくなったらしいのだ。ノルマンに質問されたニコラスは、ノルマンの顔の前に腕を差しだして三回こぶしを握って見せ、こうすると体内の血流をコントロールすることができるのだと説明した。「蚊は誰よりも血の言葉を知っている。私はここで四〇年過ごしたから、その言葉を学ぶ時間がたくさんあったのさ。いまでは蚊にあっちへ行ってくれと伝えるにはどうしたらいいかわかるんだよ」

ローリング・サンダーは、より慈悲深い方法を知っていた。彼は優しい気持ちを生む感情は、においを発する波動であり、それが蚊を追いやる働きをすると教えている。ニューエイジの人々が蚊とつきあうときの理想的な姿勢として取り入れたのも、この波動なのかもしれない。蜂の章で紹介した若きブラジル人男性シキーニョが虫とコミュニケーションをとるときに生みだす波動にも似ている。このような事例は、蚊とのコミュニケーションにはさらなる調査と実験が必要だという正当な理由になりそうだ。しかし選択肢はもうひとつある。蚊に血を与える、という選択肢だ。

◈蚊に餌を与える

一九九一年、虫と人とのつながりにまつわる初めての講演会のあと、私は質疑応答の時間を設けた。するとひとりの青年が、蚊に刺されたらどうしたらいいと思うか、と質問した。私は蚊の大群がいる場所をどうしても避けられないなら、塗り薬を使って予防するようにと助言した。でも蚊が一匹しかいないなら、血を吸わせることを考えてもいいかもしれない、とつけ加え、講演会の数日前の出来事を話した。

私は家でひとりで机に向かって仕事をしていた。すると耳慣れた蚊の羽音がすぐ近くで聞こえた。顔をあげると小さな蚊が目の前を飛んでいる。その蚊が家族をつくるために血を必要としていることは知っていたし、虫のためになる話をするという私の意思と活動を考えれば、腕を差しだすべきだろうという気がした。そこでむき出しの腕を伸ばすと、案の定、蚊はさっそく止まって血を吸い始めた。だが数秒で絶え間ないかゆみが始まったので、私はそっと蚊に息を吹きかけ腕から追いやった。私はおどおどと謝罪し、かゆみがひどかったのでじっとしていられなかったのだと釈明した。それからもう一度どうぞと蚊を誘い、こんどこそ腕をしっかり押さえてじっとしていようと固く決意して腕を伸ばした。こんどは蚊は手のひらに止まってじっとしていた。私は何も感じなかったので、手を持ちあげて顔に近づけ、蚊がただ休んでいるだけなのか確かめてみた。しかし蚊の体は私の血でいっぱいで、血を吸うために使われる口吻はまだ皮膚に刺さっている。それなのに何も感じなかったのだ。

しかしそんなはずはない。私は蚊の唾液の特性が、血を吸い出すスピードに影響していることを本で読んで知っていた。そのスピードは抗体の活動と相関関係にある。言い換えると、吸いこむスピードが遅いと、刺された人が感じるかゆみも遅れて出る。そのため蚊は、人に気づかれて自分の身が危険にさらされる前に血を吸う行為を完全に終わらせることができるのだ。

しかしこのときは、蚊が最初に血を吸おうとしたときはすぐにひどいかゆみを感じたのに、二回目のときは何も感じなかった。これは蚊の唾液の特性とは何の関係もないはずだ。不快感が遅れてやってきたのでもない。そのときもあとになってからも、何も感じなかったのだから。それはまるで蚊がなんらかの目的を持ち、いつもとは違う謎めいた方法で私の血を吸ったかのようだった。私はこの贈り物を理解し、蚊に感謝した。

私が話し終えると、青年はお礼を言った。翌日、彼は興奮した表情で私を脇へ呼んだ。前の晩、彼は夕食後庭先でくつろいでいた。すると蚊がプーンと羽を鳴らしてやってきた。私の話を思い出し、彼は腕を伸ばして蚊が探していた血の食事を提供した。蚊は彼の腕に止まり、そのときもそのあとも彼に不快感をもたらさずに腹を満たした。彼は驚嘆の気持ちに満たされたそうだ。それは人が生き物との絆の神秘に遭遇するとき、必ず生じる気持ちである。では青年はこの体験から蚊の王国とどのような絆を結んだのだろう？　蚊の女王と友達になったクリー族の兵士のように蚊に親近感を覚え、蚊を恵みと考える領域に入ったのではないだろうか。

生き物を成長させようとする力は、さまざまな姿に変装して私たちに近づき、愛情や能力を惜しみなく与えるよう求めてくる。パット・ロドガストがチャネリングする賢く愛すべき存在エマヌエルは、動物は地上でもっとも尊敬に値する愛の存在であり、「信じようと信じまいと、ときに愛は蚊の姿になってあなたの手におりてきて、気前良く血を差しだすよう求めるのだ」と語っている。

私たちが生き物と協調してこの地球に暮らすなら、生き物の視点に立って世界を眺め彼らの行動の動機を理解するなら、彼らの行ないに思いやりをもって応えることができるだろう。そうすれば私たちはこの星を支える力にも、期せずして起こった親切な蚊の反応にも心を開くことができる。世界は本当は私たちが想像していた以上に好意的で親切なのだ。だから感謝の気持ちを捧げようではないか。

第11章　運命の紡ぎ手

人間が生命の織物を織ったのではない。人間はそのなかの一本の糸でしかない。人間がその織物になすことは、すべて自分に跳ね返る。

――シアトル酋長（ネイティブアメリカン）

中国共産党政権下の元政治犯、鄭念は、六年半におよぶ投獄生活について自叙伝『上海の長い夜』（邦訳、朝日新聞社）で語っている。小さな独房に入れられて、自分自身と娘の運命を案じ鬱々とする日々が、気をしっかり持とうという決意を蝕んでいた。ある日彼女は、豆くらいの大きさのクモが窓の格子を上っているのをみつけた。上までのぼりきると、小さなクモは絹のような糸にぶらさがって下り、大きく糸を揺り動かして糸の端を別な格子に固定した。そうして錨がわりの糸が数本固定されると、クモは複雑で美しい網をかけはじめた。

そのクモの自信あふれるようすと、明らかに熟練しているとわかる網を張る技術を見た鄭念は、クモに関する疑問で頭がいっぱいになったが、何一つ答えはわからなかった。唯一確実にわかっていることは、とてつもなく美しく希望に満ちたものを目撃したということだった。彼女は神に感謝し、自分自身の希望と自信もよみがえるのを感じた。彼女は、世界を管理しているのは神であって、毛沢東やとりまきの革命主義者の脅威ではないと気づいたのだ。

このように、逆境の中でふだん気づかない出来事に遭遇する機会が生まれ、そののち洞察と啓示が続いて、その瞬間を忘れがたいものにすることが人生にはときおりあるようだ。

そしてクモもときおり珍しいことをして、私たちの注意を引く。たとえば作曲家アンドレ・グレトリーの自叙伝には、そんなクモにまつわる珍しい逸話が紹介されている。グレトリーがハープシコードの前に座って演奏しようとすると、頭上で一匹のクモが糸を伝って上ったり下りたりしていた。グレトリーはそれが気に入り、クモが音楽を非常に好んでいるしるしと受けとったそうだ。

私たちとクモには、観察と直感だけが明らかにできる共通点がいくつかある。『感覚の魔法』でデイヴィッド・エイブラムは、インドネシアを旅していたときにクモや昆虫によってスピリットに導かれた体験を語っている。彼はクモなどの虫から、人間以外の自然が持つ知性や、虫の認識と彼自身の認識の間の類似点、そして虫が持つ「心に反響を浸透させる」能力について学んだ。それが以前のものの見方や考え方を越えて彼を突きうごかし、生きいきと覚醒した世界へ目を開かせたのだ。

ある日エイブラムは、クモが洞窟の入り口にかけわたされた細い糸を上っていくのを見ていた。クモはその絹糸のような糸で結び目をひとつずつつくっては、網にしていく。彼はその技術と正確さに驚いた。そのとき目の隅に、最初の巣より作業が進んでいる別のクモの巣が見えた。その巣はすでに完成しているらしく、真ん中には巣の作り手がいた。二匹のクモはそれぞれ別々に巣をつくったのだが、エイブラムの目には交差する糸で織りあげられたひとつの模様のように見えた。そのとき、自然界ではこのように多くの網が編まれ、そのすべての中心から放射状につぎつぎと模様が広がっているのだということに気づいた。エイブラムはまるで自分が宇宙の誕生を、銀河がひとつずつ生まれるようすを目撃していたような気がしたそうである。

エイブラムは、先住民族の人々にとってはごくありふれた認識方法に近づいたのだろう。たとえば北アメリカのホピ族にはクモ男の伝説があり、彼が織った織物は天と地をつないだと言われている。また、アリゾナ州南部のピマ族が崇める灰色のクモは、大地と空の縁に沿って網を織りあげ、大地が空にしっかりと固定されるのを助けたと言われている。

古代インドの神秘哲学、ヴェーダーンタの宇宙論では、クモはブラフマン（絶対的存在である神）と結びつけられる。クモは自分自身の体から糸を出して巣を編みあげ、それでもなお巣からは独立した存在だ。同じようにブラフマンも自分自身から世界を創造するが、それでも変わらず何者にも影響されない独立した存在でありつづけるからである。そして世界が一巡し終わると、絶対者ブラフマンは宇宙を自分自身の中へ引きこむ。それもクモが体に糸を引きこむのに似ている。

他の哲学や宗教でも、クモが巣をつくるのを目撃した人は自分が創造の現場に立ち会って、大宇宙の姿を明らかにする小宇宙を見たような気がした、と報告している。霊的指導者のオムラーム・ミカエル・アイバンホフは、私たちは神がいかに世界を創造したかをクモから学ぶことができると教えた。

なぜならクモの巣は、宇宙のように数学的に完璧な構造だからである。

クモの巣

クモの巣にはさまざまな大きさ、形、配置がある。熱帯で円い巣を張るコガネグモは、夜の闇の中で触覚だけをたよりに、空気のように軽い巣を黙々とつくる。ときには外周がじっに五メートルにも及ぶことがある。コガネグモはまず一本の「枠糸」を紡ぐ。木の枝に落ち着くと、クモはその枠糸を腹部の下側にある出糸突起から放ち、風に運ばせる。その仕草はじつに自信に満ちている。枠糸が木の枝や幹など何かの表面につくと、クモは糸をぴんと張り、それから糸づたいに移動しながらさらに糸を出して強化する。それから本格的に網をつくる仕事が始まるのだ。

ある種のクモの絹糸は、虫には見える紫外線光を反射する。多くの花が紫外線光を反射して花粉を運ぶ虫を惹きつけるので、クモの反射する糸は疑うことを知らない虫をだますために、花に似せているのかもしれない。

紫外線光を反射しない網のクモは、光を反射する特別な糸を使って、さまざまなデザインを網の中に織りこむ。そのデザインが暗号のメッセージとなって虫を誘うのだろう。そういう装飾的な網は、普通の網より五八パーセントも多く虫を捕らえるらしいのだ。いくつかの先住民族は、クモの巣の幾何学的パターンと角度は、クモが最初の文字をつくり、言語と筆記の技術を司っている証拠だと考えていた。

織物のアート

エイブラムはクモの持つ一連の技術の内に存在する遺伝情報の役割に気づいたが、クモが知的認識力をそなえていて周囲の状況を理解していることにも目を向けた。

クモが巣を張る作業はけっして機械的なプロセスではなく、集中力、高度の処理能力、創意工夫を必要とする一種のアートと言える。庭で見かけるような一般的なクモは、三、四種類の糸と一五〇〇カ所にものぼる結び目を使って巣を編みあげる。しかも時間は一時間とかからない。無重力状態が巣を張るのにどんな影響をおよぼすか調べるためにＮＡＳＡがクモを宇宙空間へ送りこんだときも、ほぼ完璧な網を編むのに三日しかかからなかった。

機織りや織物の服が持つ象徴的意味には、古来複雑ないわれがあり、女性らしさや創造と関連している。クモと運命も昔から関連づけられてきた。最古の神話では、クモは紡ぐもの、測るもの、命の糸を切るものとして三位一体の地母神（グレートマザー）と結びつけられた。人間と動物、植物、そして鉱物の運命を織りあげるスパイダー・ウーマンとグランドマザー・スパイダーは、聡明で物知り、しかも美しいために、アメリカ先住民の多くの神話の中でも際立った存在である。ギリシア神話の運命の三女神、クロト、ラケシス、アトロポスも、人間の運命を織物によって操る。ユング派の精神分析医クラリッサ・ピンコラ・エステスは、こういう女神は本能的な野性の自己を擬人化したものであると述べている。女神たちは生であり、死であり、そして命の母であり、誰が生き誰が死ぬかを織物に編みこんだり、ほどいたりしているのだ。

運命は人生に影響を与えると信じる人は多いだろう。多くの神話で、聡明でずるがしこいクモが、人の助けにもなるが死にもつながる二重の役割を担っているのは、そんな気持ちも理由のひとつかもしれない。たとえばある状況では保護の網とみなされるクモの巣が、別な状況では紡ぎだされた幻、罠の網、そして人を破滅させる企みと見られたのである。

クモと機織りが出てくるもっとも有名な神話は、アテナとアラクネの物語だ。古代ギリシア以前の神話では、女神アテナもまた運命を紡ぎ、クモに変身することができた。クモの姿のときはアラクネと呼ばれた。しかし、一般に知られている神話は、のちのギリシアの神話編纂者がアテナとアラクネの同一性を解釈しなおした物語である。あとから生まれたこの物語は、人間のアラクネを女神アテナの織物のライバルとして描いている。織物の勝負では、礼儀を知らないアラクネが女神をしのぐ織物の技を見せつけた。アテナは激怒してアラクネを打ちすえ、織物を引き裂いた。アラクネは森へ逃げこみ自殺しようとするが、アテナが彼女を憐れみ、クモとして新しい命を与え、永遠に糸を紡ぎ織物を織る運命を負わせるのである。この有名な神話には、先住民族のグランドマザー・スパイダーの人を助ける聖なるイメージとは相反する意味がうかがえる。もとのギリシア神話が長い時間を経て手を加えられるうちに、クモの（そして女性の）創造の力の側面が徐々に薄められたのだろう。この物語ではクモの姿は刑罰として与えられるので、機織りの技術（創造の仕事）は契約に縛られた生き物にとっての強制労働でしかないからである。

創造行為のすべてがクモの領域に属すると考えられてきたため、織物や機織りも多産や性と結びついている。たとえば女性が子供を産むには、化学的、生物学的、心理学的なさまざまな要素をまとめて、ひとつの組織体に織り上げなければならない。母親が胎児を世界へ「織りこんで」いる間栄養を送るへその緒は、クモが体から放つ「命の糸」にも似ている。

ルイ・シャルボノ・ラセの『キリストの動物寓話』によると、女性原理と生命を生む力がクモと強く結びついたのは、男性優位のユダヤ教とキリスト教でクモが悪魔化されていたためらしい。悪魔とみなされたクモは、売春婦のように男性を誘惑してその魂を罠にかけると考えられていた。獲物を待ちぶせするやり方も卑怯で、裏切り者ユダのようだと思われたのである。

対して仏教は、クモを世界という幻の網の織り手、創造者とみなし、クモがハエをその網で捕まえるように、悟りを求める者は実体のない五感の世界への執着を捕らえ、それを断ち切らなければならないと教える。アボリジニーの文化にも悪魔のイメージとは対照的な聖なるクモの姿が見られる。

◈忍耐という力

機織りは努力と忍耐を必要とする作業なので、ナバホ族の人々はクモの巣を女の赤ん坊の手や腕にこすりつけ、大きくなったら飽きずに機織りができるようにと願った。

オセージ族の神話に登場するクモは、自分のトーテム動物を探すために荒野に冒険に出る戦士に、忍耐力を与える役割をはたしている。どの動物を選ぶかは自分がいちばんよく知っていると思い込んでいる戦士は、大きな動物の跡だけを追いかけ、それ以外は無視する。ある日、シカの足跡に集中して下を向いて歩いていると、クモの巣がひっかかった。すると目の高さにいた大きなクモが、自分が一族のトーテムになり、忍耐力というすばらしい徳を授けようと提案した。「私のもとへはあらゆるものがやって来る」とクモは満足そうに言う。「あなたの一族が忍耐を学べば、本当に強くなるだろう」。兵士はクモの言葉に隠された知恵を理解して村に戻り、クモを一族のトーテムにしたのである。

一四世紀のスコットランド王で国民的英雄でもあるロバート一世も、クモから忍耐とねばり強さを教わった。王がイングランド軍から身を隠していたとき、クモが天井の一部に巣をかけようとしているのが見えた。クモは六回試みたが、そのつど失敗に終わる。クモが七回目の試みを始めたとき、それを真剣に観察していた王は、もう一回イングランド軍を破ろうとする自分の試みが無駄に終わるかどうかが、これにかかっていると考えた。クモが七回目に成功したとき、それに勇気づけられた王はクモの成功を幸運の前兆とみなした。彼は作戦を一新し、不利な状況だったにもかかわらずついにスコットランドをイングランドから独立させたのだった。

賢いクモ

先住民族はクモを知的存在であり、人間の感覚を超えた認識力があると考えていたため、クモから恵みと助言を手に入れようとした。たとえばシャイアン族とアラパホ族の社会では、クモを表わす単語は知的な思考を意味する。現在もこれらの部族はクモを大いに敬愛し、その聡明なものの見方に導いてもらうために祈っている。プエブロ族の神話では創造の女神であるスパイダー・ウーマンを「考える女」と呼び、世界は彼女の頭脳の産物と考えているが、それもクモの聡明さが理由であろう。

クモには意識と知性があるというと、現代人の多くは恐怖を感じるのではないだろうか。私たちはクモを邪悪な意思と結びつけるからだ。クモが嫌われるもっとも一般的な理由もそれである。一九九八年のSF映画「スターシップ・トゥルーパーズ *Starship Troopers*」では、剣のような脚を持つクモそっくりの巨大な地球外生物が他の巨大生物と力を結集し、人類を絶滅させようとする。彼らは一匹の虫(クラゲのような塊でタランチュラのような顔の生物)に統率されていることが判明するのだが、そんな生物に知性があるとは考えるだに恐ろしい。ついにそれが捕まり研究室で残酷で容赦のない処置をされると、観客は拍手喝采するのだ。

個人的な体験には、たとえそれが招かれざるものであろうと、文化の与える陰鬱な恐怖を乗り越えさせる力がある。たとえば郵便配達人にして作家でもあるポーラ・カードランはいま、数年前とは違う視点でクモを見ている。きっかけは、家の近くの小川にかかる木の橋に座っていたときの出来事だ。彼女は脚の長いクモが膝の上にじっととまっているのに気づき、なにも考えずに払い落とした。しかしすぐに罪悪感を覚え、どうか傷つけていませんようにと思いながらあたりを見回した。するとクモは落ち葉の上を歩いていて、葉から彼女の足に這いのぼり、また左膝に戻ってきた。そのとき一瞬クモが私の顔を見たような気がした、とカードランは語っている。それからクモは小川のほうへ向きを変えて、犬がやるように二本の前脚を交差させた。カードランはその小さな生き物を見つめながら、川を眺めるつもりで膝に戻ってきたのだろうかと考えた。「そのときクモにも意識があるということを理解したのです」とのちに彼女は語った。「自己を意識し、私を意識し、そして良い景色を眺めるために、地面から私の脚に続く空間も意識していたのです」。でもクモは本当に眺めを楽しんでいるのだろうか、とカードランは思った。クモが張る網は芸術的な魂の表われだと言えるだろうか。答えはわからなかったが、彼女のクモに対する認識は永久に変わったのだ。

「見つめる行為には、見る人の意識を変え、その後の人生における世界の見方を変える力がある」とヒーラーのレイチェル・ナオミ・リーメンは言う。リルケのような神秘詩人もその現象に注目し、彼はそれを「神の見通す力 divine inseeing」と呼んだ。「見通す insee」とは、見ているものの本質まで見抜くことである。

◈アラクノフォビア（クモ恐怖症）

景色であろうと何であろうと、クモに楽しんでもらうために体の上にのぼらせるという行為を、誰もが快く受け入れるわけではない。クモが怖い人は、クモを見ていてもインスピレーションが湧くことはないだろう。ポール・ヒルヤードは著書『クモ・ウォッチング』（邦訳、平凡社）で、大半の人は幼い頃にクモを怖がることを教えこまれていると指摘する。その好例がマザーグースの「マフェットお嬢ちゃん」だろう。おやつを食べていたマフェットちゃんの横にクモがやってきたので、マフェットちゃんは怖くなって逃げるという内容なのだが、じつはこのわらべ歌のモデルになったペイシャンス・マフェットは、父親のせいで一生クモを怖がることになったのだ。クモが大好きで研究をしていた父親が、ちょっとした病気をなおすために娘に生きているクモを飲みこませていたからである。

病的なほどクモを怖がることをアラクノフォビア（クモ恐怖症）と言う。たいていは特定のクモが対象となる。たとえば、黒い毛で覆われ手のひらほどもあるオーストラリア・アシダカグモがそうだ。数年前には、アシダカグモをみつけて取り乱したオーストラリアのティーンエイジャーが、クモを殺そうとして殺虫剤のスプレー缶に火をつけて投げつけ、家を全焼させるという事件が起こっている。クモが逃げたかどうかは誰も知らない。

毎年このクモは、多くの人や車と遭遇し悲惨な結果を招いている。運転中の車内でのっそり歩くこの大きなクモを発見したら、動転して蛇行運転をしてしまうのも無理はないだろう。道路をはずれて電柱に衝突したり、車をひっくりかえしてしまったり、車がまだ動いているのに飛び降りたりする人もいる。そういう状況で咬まれた人も数人いるが、針でちくっと刺されるようなものなので、咬まれたこと自体では傷つかない。大怪我になるのはパニックを起こして運転を誤った結果なのである。

多少の恐怖なら、理解できないものには近づくなという警告として役に立つが、パニックを引き起こすほど過度の恐怖が役に立つことはほとんどないし、それどころか人を危険な状況に追いやりさえする。自然な反応であるはずの恐怖が極端に歪んだものになるのは、クモに対する誤解と痛みを伴う体験への恐れが原因なのだ。

◈恐怖から興味へ

最近のアメリカの調査で、生物学の授業が動物に対する病的な恐怖症のきっかけとなる場合があるとわかった。一方それと同じ授業が、クモに対する激しい恐怖を同じくらい強い興味に変える魔法の大釜になることもあるらしい。どちらもクモへの生来の好意に根ざしていると言えるだろう。五歳のときに茂みに手を入れて、大きなクモが腕をはいあがってきたとき以来クモが怖くなったジョージ・ユーツのことを考えてみよう。彼はその研究対象がクモだとは知らずに大学の生物学科に入ってしまった。だが彼は逃げ出さずに留まることを選ぶ。クモについて学んでいくうちに恐怖が興味に変わり、それが彼をクモ研究の第一人者へ、さらにはアメリカクモ学会の会長へと導いたのである。

トリックスターとしてのクモ

人生航路の紆余(うよ)曲折や、とりわけまったく予期しない出来事の発生は、古来、神々の働きによるものと考えられてきた。クモの神が運命の糸をからませていると信じる文化も多く存在する。先住民族の人々なら、クモ恐怖症のユーツがクモ研究家になった運命の皮肉を見逃さなかっただろうし、ユーツの変心はクモのトリックスター的性質のせいだと考えたことだろう（訳註：トリックスターとは、神話や物語の中で、神や自然界の秩序を破り、物語を引っかき回すいたずら好きとして描かれる人物）。生物学科の、それもクモ専攻課程へ進むことなど、快適さと安全を求めるユーツの意識的自己が決断するはずもなく、そのような企みはまさにトリックスター――神話の登場人物および私たちの心の元型(アーキタイプ)（訳註：ユング心理学の概念で、人間の無意識の中に仮定される普遍的な行動パターン）のひとつとしてのトリックスター――の仕業(しわざ)であると考えるほかないからだ。

クモやコヨーテ、カラスなどの姿で現れるトリックスターとは、こう進めば万全だという人間の側の考えをひっくりかえし、予期しない行動にひきずりこむ精神エネルギーを体現するものだ。ユーツ自身はクモについて学ぶつもりは毛頭なかったのだから、トリックスターが彼の内と外の出来事をうまく調整したのだ。そのため彼は偶然この特別な授業を選び、しかも詳細な説明を「聞き逃した」まま受講手続きをして、教室の椅子に座ることになったのである。

混乱や予期できない影響を恐れられながらも、トリックスターは人間の役に立つ発見をもたらした文化英雄とも、人間にインスピレーションや創造のエネルギーをもたらす聖なる創造主ともみなされる。ユーツの場合、最初はだまされて、結局は夢中になる仕事を発見するにいたった。つまり明らかに不運に思える出来事が、じつは幸運だったのである。これがトリックスターが関わっている兆候のひとつなのだ。

トリックスターの領域には幸運と不運が同居している。トリックスターは計画を台無しにする存在なので、私たちが不運や損失とみなすものをもたらし、自尊心や傲慢さ、尊大さを戒める。そして早々に結論を求める者も罰し、創造の可能性を断つのである。

どうも不運続きでトリックスターの存在を生活の中で感じるときは、より大きな成長へ私たちを駆り立てる心の力とトリックスターのエネルギーが連携していると思えばいい。トリックスターは私たちが抱いている恐怖、文化的タブー、社会的正義などには関心がないので、誰もが狼狽し罰を受けているように感じるかもしれない。しかしトリックスターが方向転換や静止を要求するのは、ある種の変化が必要だという合図なのだ。理不尽どころか、そのエネルギーは私たちにより深い充実感を味わわせ、フラストレーションや痛みや不運に姿を変えた成長のチャンスをもたらすのである。

◈さまざまなトリックスター

オグララ・ダコタ族はクモのトリックスターをイクト、イクトミ、あるいはアンクトミと呼ぶ。彼らはイクトをこの世界に最初に現れた分別のある存在だと考えている。人間よりも狡猾なので、イクトは文化英雄としてすべての人間と動物に名前を与え、人間の話し言葉を初めて使ったとされている。

西インド諸島のクモ男アナンシもトリックスターだ。また、西アフリカのアシャンティ族に伝わる民間伝承の主人公もトリックスターである。イクトのようにアナンシも、人間が我が身を守るためにつくる無意識の中に隠された境界線を突破することによって、人間の生に聖なる力をもたらすのだ。神話では、アナンシはしばしば人間の姿で現れる。頭のはげた小柄な男で、少し足をひきずって歩き、高い声で舌足らずな話し方をする。世渡りがうまく、人や動物を悪知恵とユーモアで負かすのだ。

西欧の文化はこのエネルギーの集まり、つまりトリックスターとして知られる元型を（それを不運と呼ぶ以外は）意識的に認めはしないが、それでもトリックスターは私たちや社会の中で活動している。私たちは制御を旨とする工業社会の誕生とともに、この混乱をもたらすエネルギーに満ちた存在を置き去りにしてきたと考えがちだが、そうではなかったようだ。私たちはただ、トリックスターの出現を理解するためのコンテクストを置き去りにしてきただけなのだ。

トリックスターと無意識のエネルギーにチャンスを与えれば、私たちは現状維持のための闘いに注ぎこむエネルギーを減らし、新たな成長への道を探るためにより多くのエネルギーを使うことができるだろう。自分自身を笑う機会も増えるかもしれない。この渾沌のエネルギーを擬人化すれば、私たちはアナンシやイクトをよみがえらせることもできるし、六〇年代の地味なマンガのヒーローでどんな虫にも変身できる昆虫男にトリックスターの力を吹きこむこともできるのではないだろうか。このエネルギーを理解すれば、恵みと創造性の贈り物を引き寄せ、利益を得られるはずなのである。

幸運と保護

クモがもたらすとされる幸運は金銭にまつわることが多く、クモがお金をもたらしてくれるとか贈り物を授けてくれるといった信仰は世界各地に見られる。

クモはまた、旅人を守り、幸運をもたらすことでも知られている。カイオワ族の神話には文化英雄のスパイダー・ウーマンの物語があり、旅人を守るスピリットとして描かれている。他の物語でも、クモの巣が旅人を危険から守ると伝えられている。たとえばイスラム教の創始者ムハンマドは、メッカで敵から逃れ洞窟に隠れた。するととつぜん、洞窟の前に木が育ちはじめ、クモが木と洞窟の間に巣を張った。敵は真新しいクモの巣に気づいたので、洞窟を探そうとしなかった。つい最近中に入った者がいるはずはないと考えたからだ。敵は通りすぎ、預言者は無事に洞窟から出た。イエスがヘロデ王の残虐行為から逃れた出来事も、同じような伝説になって残っている。

フリードリヒ大王もクモに命を救われたひとりだ。王がココアを飲もうとしていると、天井から茶碗にクモが落ちた。王はぎょっとし、もう一杯ココアを頼んだ。最初のココアに毒を入れた料理人は、王がおかわりを求めたということは暗殺計画がばれたのだと解釈し、その場で自害した。そのとき初めて、フリードリヒ大王はクモのおかげで命拾いしたのだと気づいた。王は感謝のしるしに、堂々たるクモの姿をその部屋の壁に描かせてクモを偲んだ。その絵はいまも王宮で見ることができる。

クモが急に現れて人を守る現代の物語は、先住民族のヒーラー、ボビー・レイク・トムが語ってくれる。[*1]彼が皿を洗っていると、巣から下りてきたクモが目の前にぶらさがった。レイク・トムの気を引いてから、クモはシンクへ、それから配水口の中へと下っていった。彼は彼女（クモが女性のような気がしたので）に話しかけ、何を伝えようとしたのかたずねた。すると急にクモが配水口からはいあがってきて、シンクにのぼり、彼をみつめるかのようにたたずんだのだ。好奇心にかられたレイク・トムはクモが下りた配水口に手を入れ、ガラスの破片があることに気づく。もしクモが教えてくれなかったら、彼は生ゴミ処理機のスイッチを入れていただろう。そうしたらガラスが配水口から飛び散ってけがをしていたかもしれない。クモが守ってくれたのだと思い、彼は感謝したそうである。

クモの侵入

クモを生活の中へ喜んで迎え入れる人はほとんどいない。それがまとまった数ならなおさらだ。数年前、日本はオーストラリア原産のセアカゴケグモとの闘いに突入した。大阪付近で一〇〇〇匹以上のセアカゴケグモがみつかったとき、保健所職員はパニック状態の世間の要望に応えて、さらにクモを探しつづけた。抗毒素血清がオーストラリアから急遽空輸され、「侵入」に関する緊急情報が毎晩放送された。だが実際は誰ひとりとして咬まれてはいなかったのだ。

そのころオーストラリア人は、日本のパニック状態をおもしろがっていた。オーストラリア人は、はずかしがりやのセアカゴケグモを脅威というよりも困り者と見ているためだ。セアカゴケグモはおどおどした小心者と言われている。余計な手出しをされると、彼らはボールのように丸くなって死んだふりをするのだ。どこの家の裏庭にも二、三匹はいるので、オーストラリアでこのクモを長いこと見かけずに生活することは不可能だ。

ここではっきりさせておくが、セアカゴケグモに咬まれて死ぬ人は毎年世界で数人いる。しかしオーストラリアでは、一九五〇年代に血清が開発されて以来ひとりの死亡者も出ていない。咬まれるとたいてい二、三日具合が悪くなるが、その後は回復するのだ。

クモや他の生き物が持つさまざまな「武器」は、獲物を捕まえたり身を守ったりするために発達した。だが私たちは人に痛みや死をもたらす生き物は、人間を攻撃する機会をうかがいながら生きていると決めてかかっている。映画「アラクノフォビア」には多くの歪曲された表現があるが、そのひとつは毛で覆われた巨大なクモが人間を探し出して殺すシーンだ。この映画がヒットしたのは、社会に蔓延したクモへの恐怖心をあおった結果だという気がしてならない。

◈クモの毒

どんなクモも毒を持っているが、それは一種類の例外を除いてすべてのクモが一対の毒腺を持っているという意味である。クモはあごを使って毒を用いるので、獲物を咬んで鋏角(きょうかく)で刺し、同時に毒腺から毒を絞り出す（尻の部分に毒針を持つサソリやミツバチ、スズメバチとはこの点が異なる）。化学的に見ると、クモの毒は多くの毒素や消化酵素の混合物なので、薬として使えないか研究が続けられている。自然治癒力を最大限に活用する治療法であるホメオパシーでは、すでにクモの毒からつくられた薬を用いている。それは神経系や心臓、脳に作用し、クモの種類によってそれぞれ独特の特徴を示す。実際、アメリカのホメオパシーの祖、コンスタンチン・ヘリングがこの治療法をみつけるきっかけとなったのは、クモの毒だったのだ。

人間にとって危険な猛毒を持つクモは、この世にわずか二、三〇種類しかいない。ただし、人を咬んで苦しませるクモは五〇〇種類ほどいる。大きく毛むくじゃらで、見るからに獰猛そうなタランチュラは、この五〇〇種類のうちのひとつだろうと思い込んでいる人は多い。しかし実際はそうではない。二五センチほどの大きさになる種はたしかに咬むが、痛みは針で刺された程度のものだ。

北アメリカでは、三〇〇〇種のうちわずか二種類、クロゴケグモとドクイトグモにしか毒はない。彼らについて深く知れば、恐怖も取りのぞかれるし、見分け方や、どんな場合に慎重な対応が求められるのかもわかるだろう。

クロゴケグモとドクイトグモ

クロゴケグモは用心すべきクモだが、噂されているほどのことはめったにしない。このクモが生活圏内にいたら（生息地域は広い）、まずすべきなのは見分け方を学ぶことだ。クロゴケグモのメスはオスよりも危険で、体は黒く光沢があり、砂時計のようにくびれていて、下側は赤か黄色である。だが見かけたとしても、それが非常に内気だということがすぐにわかる。毒は命取りになるが、たとえ一滴でも人の体にかかる可能性はごくわずかだ。理由のひとつは、メスグモの体がエンドウ豆ほどの大きさしかないことだ。もうひとつは、クロゴケグモは積み重なった木材や物陰や古いビルの壁のひび割れなどを好み、一生隠れて暮らすためである。とはいえ、納屋や外に出しっぱなしの服や靴も好むので注意が必要だ。

クロゴケグモに余計な手出しをすると、クモはまず巣の中心でボールのように丸くなる。さらに脅威が増すと巣から逃げ出すことさえある。クロゴケグモに咬まれたという統計データは、大半が誇張されているようだ。血清が開発される以前の研究では、このクモが原因で亡くなったとされる数百人のうち、実際にそう証明されたのは五〇人ほどだけだった。血清のおかげで死に至るケースは事実上皆無だし、命に関わるのは咬まれても治療をしなかった人のわずか一パーセントだとわかっている。

他のクモと同じように、クロゴケグモにはずばぬけた触覚があり、獲物が巣にかかったときなどの振動からメッセージを受けとる。巣にかかった虫に急いで近づきながら、後ろ脚で獲物に糸を投げかける器用さもある。

ときおり用心深いオスが巣に振動を起こすことがある。メスが空腹で狂暴になっていないか、確かめているのだ。オスはメスよりも小さく、体には黄色やオレンジ、赤の筋が入っている。交尾の最中や直後にメスに食べられずに生き延びるのは、伴侶候補のメスがどれほど空腹かを見極める戦略を持っているオスである場合が多いようだ。

◈クモの共食い

多くの種類のオスグモは、危険なメスと付きあわなければならない。クロゴケグモのオスの場合、メスの網をちょっと引っ張ってみる。メスが勢いよく出てこなければ、オスはメスが飢えていないと判断する。そうすると、メスとうまく交尾したあとで首尾よく逃げられる可能性が高い。ただし、うまくいくときもあれば、いかないときもある。

クロゴケグモに関する情報を読むと、その毒の致死性と交尾後の共食いに焦点を当てたものがほとんどだ。おそらくそれは、性に対して私たちが抱いている恐れと魅惑の二律背反的な感情のせいではないかと思う。メスグモの行為は残酷な性的異常とみなされているわけだ。

谷崎潤一郎の有名な小説『刺青』（一九一〇年）がそのことをよく表わしている。物語では、若い女性が背中に女郎蜘蛛の刺青をされる。悪魔の所業にも似た神秘的な変貌の真っ最中に、彼女のサディスティックな一面が明らかになるのだ。刺青が終わったとき、彼女は冷徹に抜け目なく（おそらくはクロゴケグモのように）、おまえが私の最初の犠牲者だと彫り師に告げるのだ。

ハンス・ハインツ・エーヴェルスの短編小説『クモ』（邦訳、創元推理文庫）も、女性のエロティックな危うさへの男性の恐怖を描いている。魅惑的な黒髪の女性が毎日窓辺で糸を紡ぎ、向かいの部屋に住む男性を死へと誘うのだ。ごく最近ではテレビ映画「クロゴケグモ殺人事件 *The Black Widow Murders*」が放映された。魅力的な女性の実話に基づく映画で、彼女も男性を誘惑してはつぎつぎと殺してしまうのである。

◈男性対女性

こうした物語は、男性と女性の間には本来葛藤があり、昆虫の世界でも同様だ、という通説を反映している。メスがオスよりも大きく、交尾の最中や直後にオスを食べる生き物の世界では、不運なオスは美しく魅力的なメスに打ち負かされるばかりなのだ。これはいまに始まったことではない。男性優位の攻撃的な文化を持つアステカ族も、クモを邪悪な存在と見ていた。メスが交尾中にオスを食べる習性を、男性に対する敵意の表われと解釈したのだろう。

この男性対女性という見かけ上の対立の本質や、男性が女性を力で支配する家父長制の起源について推測したりすることは、本書の主眼ではない。クモが女性性と複雑に関連しているのは事実だが、それはクモが美しい巣を張るという一種の創造行為に携わっているためだ。それがひいては、世界と人間の創造、そして関係性の創造に結びついていったのである。また、クモの巣作りは関係性の象徴として、女性性の本質と結びついている。メスがオスを食べるという行為を象徴的にとらえる場合、私たちはそれを男性に対する敵意としてではなく、オスを創造の基盤へ連れ戻す行為、存在と生命そのものの根源へ立ち返らせる行為とみなすこともできるのではないだろうか。そう考えるとき、メスは元型的な運命の紡ぎ手、すなわち生命の輪（メディスン・ホイール）を大きく回して命を与えたり奪ったりする存在となる。

物理的な側面について言えば、大自然が生んだ生き物たちは私たちを追いつめたり困惑させたりする動機を持たないと覚えておけば、クモに対する誤解は避けられるだろう。私たちの世界とは異なり、クモの世界では死が受け入れられ、共食いがごく普通に行なわれている。共食いは残虐さによるのではなく、エネルギー確保および生き残りの戦略として必要なことなのだ。ここからは、彼らの繁殖の戦略を見ていこう。

◈オスのセアカゴケグモの意気込み

セアカゴケグモのオスの振る舞いを観察すると、共食いについてのこれまでの考えを改めたほうがいいかもしれない。日本でのパニックは咬まれることへの恐怖が原因だったが、セアカゴケグモのメスがオスを共食いするという習性については、ほとんど注目されなかった。メスは交尾時間の六五パーセントを、オスを食べることに費やしているのだ。オスは「奇妙なことに、まるで自ら望んで運命に身を委ねている[*2]」かに見える、というクモ研究家たちの報告はとりわけ興味深い。事実、オスは交尾中に自らメスのあごへ飛びこむのである。

もしアステカ族がセアカゴケグモを調査していたなら、オスのそんな意気込みを説明するために神話に手を加えなければならなかったかもしれない。現在この現象を説明しようと試みる人々は、食べられることによってどんな利点があるかに注目している。たとえば、そうすることでオスは長く交尾できるので（食べられない場合の二倍の長さ）、多くの卵に受精できるのでは、という意見がある。メスのセアカゴケグモがときおり二匹のオスと順に交尾することを考えれば、遺伝子を残したいオスにとってこれは重要な目的となるはずだ。この理論を支えるのが、最初のオスを食べたメスが二匹目のオスを受け入れるのは、最初のオスを食べなかったメスの一七分の一だという事実である。

しかしながら、動機が何であれ、人間の基準で彼らを判断してはいけないだろう。メスのクモに悪意を、そしてオスに無謀さを投影することは、人間とクモの絆のためにはならないはずだ。絆を深めるのに役立つのは、クモの不思議な振る舞いについては、敵意や恐れを抱くことなく、想像力の中にクモの不思議な振る舞いを自由に解き放つこと、そして、共存の戦略を与えてくれる情報を集めてクモへの不安を消しさることなのだから。

◈ドクイトグモ

クロゴケグモの仲間で、やはり注意が必要なのがドクイトグモだ。体は黄色味がかった茶色で、頭部には小さなヴァイオリンにも似た焦げ茶色の模様がある。かつては南西部にしかいなかったが、最近はスーツケースや旅行鞄にもぐりこんで北米中に広がっている。寒い地方では、生き延びるために人家に侵入することになる。ドクイトグモが原因で亡くなったのはこの一〇〇年の間に六人しかいないが、一九五〇年代、咬まれて皮膚に深刻な被害を受ける人が増え、すっかり悪者にされてしまった。

治癒していない生々しい傷口の写真が公表されるたびに、ドクイトグモのしわざと噂される。咬まれるとなかなか傷が治らないというのは事実だが、咬まれてもまったく影響のなかった人も多い。これは覚えておくべき事実だろう。マスコミの発達により、ドクイトグモに咬まれたという話は頻繁に人々の耳に届くことになった。それなのにいまだに私たちは、なんとか不安を抑えたり彼らに会うことを避けたりといった程度の対策しかとっていない。クモのほうも必死になって人間と遭遇しないようにしているのだ。そのことがわかったら、咬まれないためには、暗い場所や手の届かない場所を掃除するときに注意していれば充分である、という事実を信用できるのではないだろうか。

元祖ネットワーカー

クモとその巣は、世界各地でつながりと関係性の象徴とされたが、今日、ワールド・ワイド・ウェブ（WWW）、すなわちインターネットの登場とともにふたたび文化の中によみがえってきた。このコンピュータ・ネットワークの「クモの巣」は世界中のコンピュータとそのユーザー、そして情報を結びつけている。

クモは元祖ネットワーカーであり、アルファベットの創造者であり、言葉と文字の保護者でもある。そんなクモが持つ魔力――創造性と知性、技術と忍耐力――を現代人も手に入れることができる。その例を紹介しよう。ネットワーク作りに関する本を出版しないかともちかけられた環境心理学者ジェームズ・スワンは、やる気満々で取りかかったはいいが、スランプに陥ってしまった。そこで、自然界にアドバイスを求めようという心の声に従い、木の生い茂る近所の公園へ向かった。トウモロコシの粉を供えて祈りをとなえてから、スワンは自然のなかを歩きはじめた。数分後、ある場所に引き寄せられているような気がしたので、何が自分を呼んでいるのか探しに行った。すると、巣を張っている一匹のクモが目にとまった。しばらくの間クモを観察しているうちに、自分はネットワーク構築の本家本元の仕事を目撃しているのだと気づいた。クモは注意深く網の構造を整え、接合部をひとつずつこしらえて編みあげながら、かなりの忍耐力と注意力をそのデザインに注いでいた。それから彼は家に帰り、クモの絵を描いてタイプライターに貼った。彼が言うには、その瞬間にアイディアがあふれだし本が形になったのだそうだ。

文化全体から見ると、ネットワーカーとしてのクモや、創造性と関係性の象徴としてのクモの巣(ウェブ)は、ピーター・ラッセルのグローバル・ブレイン仮説、すなわち人間が進化して、ガイア(地球とその生態系からなる一つの生命体)の神経系や脳になる可能性があるという主張とも、興味深いつながりがある。ラッセルは、ほぼ瞬時に世界中の人を結びつけるインターネットのコミュニケーション技術と、人間の脳が成長するようすを比較しており、情報処理能力が現在のペースで高度化しつづけると、近い将来「世界的な電気通信ネットワークは、複雑な脳と肩を並べる」と考えている。そうなれば、社会に十分な結集性と積極的な交流さえあれば新たな秩序が生まれ、クモの神が天と地の網を織りあわせて宇宙をつくったときと同じ規模の大変革が人間に起こるかもしれないのである。

クモを助けること、クモと心を通わせること

クモがふたたび強い影響力を持ち、新たな隠喩をまとって現代の文化に戻りつつある一方で、現実世界のクモは生息地の消滅と殺虫剤のために生存が困難になっている。クモを守ることは、いまも私たちの心の中で網を織りつづけている生き物への恩返しだ。バランスのとれた生態系を支えることにもつながるだろう。どの種類のクモもその生息地には欠かせない捕食者だからである。グレートブリテン島のもっとも珍しい種、グレート・ラフト・スパイダーは、いま苦況にある。手のひらほどもあるこのクモにとって幸運だったのは、ある企業がこのクモが生き残れるように介入してきたことだ。一九九七年、おそらくクモ好きの経営者がいるのだろう、イギリスのある水道会社が、三二五エーカーのクモの保護区内の日照りで干上がった池の水位を上げるために、二〇〇〇万ガロンの水を備蓄したのだ。半年間、水道会社は一日七万二〇〇〇ガロンの水を保護区の池へ送りつづけた。

顧客の中には、会社は人間よりクモを優先しているのかと怒る者もいたが（実際は会社は給水制限という事態を避けるために節水してくれと言っただけなので、この言い分は誇張である）、会社は批

判にうまく対処し、クモを助けるという立場を固持した。広報担当者は住民の不平に対して思いやりと年の功でこう答えた。「クモが直面している生きるか死ぬかという状況を、庭にホースで水をまくのを禁止することと同等に扱える人がいるでしょうか？　私たちが正しいことをしているのは明らかです。何もしなければ、この珍しいクモが生き延びることは困難なのですから」

クモを守ったり、その生き方を観察して知恵を拝借したりすることよりさらに進んで、クモと心を通わせること――これはまだ手つかずの研究方法だが、親切心と思いやりはどんなときも正しい道を示してくれるはずだ。ナチュラリストのジョン・コンプトンは、一九五〇年に出版されたその名も『蜘蛛 *The Spider*』という素人向けの著書で、もっともクモを愛している人物としてひとりの警察官を讃えた。一九三六年のこと、この警官は混雑する道路の交通整理をしていた。仕事に没頭していたにもかかわらず、彼はとても大きなクモが道を渡ろうとしていることに気づいた。車にひかれて死んでしまうと思った警官は、車の通行を止めた。クモはゆっくりとおごそかな足取りで道を渡りきり、見物していた人々はみな喝采したそうである。

私が虫に興味があると知ると、いつも家の外にクモを逃がして助けていますよ、と誇らしげに教えてくれる人がたくさんいる。プラスチックの半球がついたはさみのような道具を使ってクモを傷つけずに外へ放している人もいる。ちなみに、バスタブに落ちて逃げられなくなっているクモを助けるには、蛇口からぶらさげるクモ用のはしごが便利だ。それがあればクモが自分で上って安全に逃げることができるから。

このようにクモを家の外へ逃がすことは、共存への第一歩だ。もちろん、オーストラリア生まれのクリスティ・コックスが体験したように、クモが家族の一員である場合は例外である。コックスが友人でプロの異種間コミュニケーターの家に滞在していたときのことだ。ある朝キッチンテーブルでひとり朝食を食べていたとき、床に食べ物がこぼれたので、かがんで拾おうとした。二匹のクモが足下でうずくまっているのに気づいたのはそのときだ。「いかにもクモという存在感とぎょっとするような毛深さ」に、コックスは恐怖でめまいがした。彼女は食器棚をくまなく探してプラスチックカップを二個探し出すと、クモにかぶせ、自分が動けなくなる前にクモを動けなくした。危険なクモなのかどうかはわからなかった。友人が帰ってくるまでカップの下にとじこめたままにしておこうと思う反面、自分がひとりでは何もできない人間だと思われたくないという気持ちもあった。それで彼女はカップからクモを出すことにした。慎重にカップの下に紙をすべりこませ、それから紙ごとカップを持ち上げて一個ずつ家の外に持ちだし、茂みにクモを放したのだ。彼女はまた家に戻り、よくやったわと自分に満足した。

友人が数時間後に帰宅したとき、コックスは二匹のクモを家の外に逃がしたのだと自慢げに話した。しかし友人は喜ばなかった。こぶし大のタランチュラはこの家で生まれたので、家の中の生態系の重要な一部となってハエを食べ、虫の数のバランスを保っていたと言うのである。夜遅くなっても怒りが治まらないようすの友人は、嵐が近づいているので、安全な隠れ家がなければクモたちが危険な目にあうだろうから、彼らの無事をずっと祈っていた、とコックスに言った。

三日後、友人は三〇センチほどの草が茂る前庭の真ん中の木の下に静かに座っていた。彼女はのちにコックスに、心の中でクモたちに家に戻ってくるよう呼びかけていたのだと話した。そのときコックスが見たものは、あの二匹の大きなクモだった。草が伸び放題の広い庭のどこからともなく這ってきて、友人の脚に上ってきたのだ。のちに彼女は、クモが友人とコミュニケーションをとり、外の世界の冒険はおもしろかったが家に戻りたかったと話したと知った。彼らはコックスが怯えていたことも知っていて、コックスがとても優しくキッチンから連れだしてくれたことに感謝しているとも伝えたらしい。彼らは家から自分たちを連れだしたコックスを許し、クモを恐れる気持ちは実際は彼女自身の創造性に対する恐怖なのだと示唆したのである。

コックスは友人の話に耳を傾けた。持ち前の疑い深さが頭をもたげたが、すぐに消えた。結局のところ彼女は、二匹のクモが友人の静かな呼びかけに応えるのを目撃したのだから。*3

クモの知的な認識力を認めれば、私たちは彼らから学び、おそらくデイヴィッド・エイブラムが感じたのと同じように生命の複雑な網を、自然界の存在を支えるいくつもの結び目のある複雑な網を感じとることができるだろう（二七七頁参照）。クモにも認識力はあり、自分に優しく思いやり深い対応をした人間を評価するのだと認めれば、私たちもクモと同じように自信を持って、自分自身の網から可能性の海へ飛びこむことができるのである。

第12章

刺されることの意味

この日、神の名をもって私はすべてを呼ぶ。
激しく無頓着に私の意思の道を横切るもの、
主観的な見方や計画、そして意図を乱すもの、
そして良くも悪くも人生を変えるものすべてを。
——C・G・ユング

超宗派的環境活動団体「アース・アンド・スピリット・カウンシル The Earth and Spirit Council」の前会長リンダ・ニールは、珍しいことにサソリが好きだ。それに気づいたのは、一九八七年に幼い娘と姪をつれてグランドキャニオンでハイキングしたときのことだった。ニールは親指の付け根をサソリに刺され、もう片方の手で払い落とそうとしてまた刺された。激しく手を振ってなんとかサソリ

を振り払ったものの、痛みは強烈で、助けになるのは幼い女の子ふたりしかいない。自分はなんと弱い存在なんだろうと彼女は思った。サソリについて知っているのは、殺人的な毒を持っており、小さいサソリのほうが大きいものより危険だということぐらいだ。ニールは座りこんで娘と姪を呼びよせ、つとめて平静を装って何が起こったかを説明し、助けを呼んでくるよう頼んだ。少女たちはその場を離れ、ボーイスカウトの一団を連れてきたが、誰もどうしたらいいかわからなかった。

ふたつの道が開けたのはそのときだった、とニールは述べている。彼女はそれを命の道と死の道と考えた。死の道は、助けを求め、どうしたらいいか誰かが教えてくれるのを待つ道。命の道は、村へ戻ってとにかく受けられる治療を受ける道。ニールは歩きはじめた。すると痛みがいっそう激しくなった。彼女は人からもらったカセットテープに入っていた「力を捨てよ、知れ。わたしは神」(詩篇四六‐一〇)という聖歌を口ずさんだ。いっしょに歩いていたボーイスカウトのリーダーは、うわごとを言っているのかと思ったようだ。やがて近くの先住民族の村についた。村の女性が彼女にサソリの大きさとアレルギーを持っているかどうかをたずねた。アレルギーはないと答えると、女性は、それなら死ぬことはないだろうと請けあってくれた。

しかしハイキングの旅から家へ戻ったあとも感覚が研ぎすまされたままで、サソリの体験の影響は続いた。ニールはサソリに関する本を読み、自分自身の来し方行く末について考え始めた。人生の何かがおかしいと感じられるが、日常生活でも自分は「命の道を選んで」いるだろうか、と。そんなとき、巨大なサソリが寝室の窓の外に現れる夢を見た。

翌日、金属製のベルトのバックルが田舎道の端に落ちているのを、ニールの夫がみつけた。以前も走ったことがある道で、夢の中のサソリがいた場所にとても近かった。バックルの真ん中には、樹脂で固められた本物のサソリがついていて、先住民族の頭部が描かれた銅貨がまわりを取り囲んでいる。それはニールを刺したサソリにそっくりだった。彼女はショックを受け、言葉を失い、突然恐ろしくなった。自分のために用意されたバックルだとわかったからだ。

このサソリのひと刺しが、ニールの人生の変貌の始まり、死と再生の始まりだった。「脱構築」、つまり既存のものを解体し、そこから新たな何かを再構築するのに五年かかった。それは重要な過程であるがゆえに痛みも伴った。彼女は自分が知っていた人生を手放し、違う方向へ歩いたのだ。サソリの体験がニールの支えだったのだが、なぜ人生を変えるためにこのようなショックが必要だったのだろうとしばしば考えた。「私は（すでに下された決断への）責任と忠誠のためだと思っている。私にとっては揺るぎないということがつねに重要だったので、私の気を引いて人生に変化を起こすためには、何か大きな出来事がきっかけでなければならなかった」とニールは述べている。[*1]

虫に刺されることが伝えるメッセージは、私たちをいやでも注目させる。はじめに痛みと恐怖を引き起こし、危険が去ると、陶酔と研ぎすまされた自覚がやってくる。

痛みをもたらす生き物や死の危険性をもつ生き物は、つねに私たちの興味を引いてきた。それはあらゆる文化、あらゆる時代に見られる普遍的現象だ。人間の側の願望などおかまいなしにやってくる虫のひと刺しは、人生の重要な局面で私たちを秘儀に参入させるものとなる。古代文化における虫たちの象徴的な役割は、よみがえりの元型と複雑にからみあっていた。すなわち誕生、死、変貌、そして再生である。それはすでに私たちの体に刻み込まれているので、この元型や普遍的な新生のプロセスが心の中で作動しはじめると、私たちは成長へ向かって背中を押されることになる。

私の友人は、人生で何か行動を起こす必要があるとき、きまって寝室の床にムカデをみつけるそうだ。彼女はそれに頼って、いま行動しなければ相手が先に行動して自分が刺される、と思い出すようにしているらしい。

ニューヨークの養蜂家ロン・ブレランドは、新しい巣箱の見本を開発することに加えて（二三二頁参照）、針という贈り物についても本を書いたり講演したりしている。彼が言うには、刺されることは覚醒のチャンスだが、腹を立てようと興味を持とうと、どう反応するかは自由なのだそうだ。だが興味を持つことを選べば、私たちは自然界や生き物と新しい関係を結ぶことができそうである。

この話題にまつわる記事で、ブレランドはリチャード・テイラーの著書『養蜂のよろこび *The Joys of Beekeeping*』から、「交雑種の」蜂の巣箱に関する物語を引用している。[*2] その巣箱のカバーをとりはずしたとき、数百匹の蜂がテイラーに襲いかかり、それから近くの畑へ飛んでいって作業中の農夫も刺したという。翌日、巣箱は以前の穏やかな状態に戻ったので、この気分の変わりようは何だろうとテイラーは困惑した。一週間後、刺された傷からほぼ回復した農夫が、どうすれば養蜂家になれるのかと質問を山ほど持ってテイラーのところへやってきたそうだ。彼は蜂に刺されて「ハチ熱」にとりつかれたのである。

虫に刺されることは、トリックスターが私たちの人生に介入している兆候かもしれない。私たちの最良の選択を邪魔し、望んでもいない出来事に伴う不安の中へ私たちを投げこもうとする、その破壊的なエネルギーと見ることもできる。この力に気づいたナバホ族は、そのエネルギーをベオツィディという虫の神のトリックスターに擬人化した。刺す虫を管理するベオツィディは非礼で、好色で、怒りっぽく、人間の生活に渾沌や分裂をもたらすとされる。あらゆる人に共通する普遍的象徴（あるいはユング心理学でいう元型（アーキタイプ））としてのベオツィディは、意識と無意識の境に浮かんでいる。そして心の潜在的な全体性のメッセンジャーとして影や無意識のエネルギーを体現し、なじみのある自己がより大きな自己へ移行するために必要とされるのである。

小さきものの力

思慮深い人なら、野生の、ときには危険でもある生き物の世界にいるときは警戒するだろう。いつもより注意を払い、やみくもにそのような地域へ分け入ることもまずない。そういう人は、人を傷つける可能性のある生き物との出会いというものは、遊園地の乗り物やビデオ投稿番組の一場面とは違い、お金やユーモアや体力以上のものが必要であることを知っている。そうした危険は、私たちの中にある特性、つまり生まれながらの狩人、あるいは瞑想者の特性を呼びおこす。すると私たちは潜在的に危険な生き物の持つ本当の力を感じるようになる。そしてパニック状態に陥らないかぎり、自分自身の雑音に満ちた思考といらいらした気持ちを静め、その生き物の沈黙の深さに心を合わせようとするだろう。それをいかにうまくできるかに、私たちの生命ががかかっていることもある。

生き物のそうした力を前にしたときの沈黙には、人を自らの存在の核心につなぎとめる力がある。その核心において私たちはその力にまみえ、自己変容のためにそれを利用することができるのだ。そのとき、私たちの感覚は研ぎすまされ、心は裸の状態になる。あたかも生き物に対する恐れが、人生の荒々しい現実から私たちを守っている快適さというベールをはぎとるかのように。人を傷つける力をもつ生き物はまた、私たちをいまこの瞬間につなぎとめるが、そんなことができるのは彼ら以外にはほとんどいない。その後安全な場所へ戻ったとき、私たちはより生きいきとした自分を感じることだろう。

小さな生き物には、体の大きさに見合わない力がある。スズメバチは大の大人を走らせることができる――ミツバチもそうだ。小さな生き物は、人間が機械化された人工的世界に住んでいることを気づかせてくれる、と猟師にして教師でもあるジョン・ストークスは考える。彼らのもつ本物の力に魅了されることで、私たちの度を過ぎた自己中心的な感覚が矯正されるのだ。ストークスは、「茂みの中へ入って心にまつわる知識を手にしなければ、力は手に入らない。茂みの中で暑さ、寒さ、蜂のひと刺し、クモの力などに接して謙虚にならなければ、力をつかむことはできない」[*3]と教える。

不意に痛みを伴う経験をして怒ったり取り乱したりすると、たとえ一瞬であっても、一種の隙間――一時的に意識的コントロールのきかない状態――に陥る。そのとき、当たり散らしたり大騒ぎしたりせず、謙虚で控えめにしているなら、あらゆる洞察と未来が手に入るはずだ。自然の圧倒的な力と向き合うことは、私たちを強欲、無関心、そして安楽と支配を求めるエゴイスティックな関心から解き放ってくれる。それはまた私たちの中に直観や想像力を呼び覚まし、自分とは何者か、人はどこから来てどこへ行くのかという深遠な問いへと私たちを導きもする。前述のニールはまさに、サソリに刺されてこうした問いに導かれ、新たな道を歩むことになったのである。

聖人とサソリ

自分や子供たちを傷つけるものに私たちが示す最初の反応は、たいてい非難することだ。こうした反応は世界を戦場と見る世界観に根を持つ文化に支えられたものである。多くの人は非難という反応しか知らないが、それとは異なる反応をする人もいる。たとえば、ヒンドゥー教の訓話では、川で沐浴していた聖人がサソリを助け、両手でそっと包みこんで川岸へ向かう。ずぶぬれのサソリは新たな窮地に気づいて聖人の手を刺したが、聖人は川岸に向かって歩きつづけた。するとサソリはまた聖人を刺した。痛みがかなりひどかったので、聖人はふらつき川に倒れかけた。岸から見ていた弟子が狼狽して、サソリのことはサソリの運命にまかせて、放っておいてください、と聖人に言った。そのような生き物に親切にしたって何の意味もありません、なぜなら学ぶことができないのですから、と。

聖人は弟子を無視してサソリを手にしたまま歩きつづけた。サソリが三度目の攻撃をしたとき、痛みが聖人の頭と胸で炸裂し、幸せそうに微笑みながら彼は川に倒れこんだ。弟子が水に飛びこみ聖人をひきあげると、彼はまだ微笑みながらサソリをしっかり持っていた。乾いた岸にたどりつくと、聖人はサソリを地面におろした。するとサソリはすぐに逃げていった。

弟子は聖人に、サソリに危うく殺されるところだったのになぜ笑っていられるのですかとたずねた。聖人は本当にサソリに殺されかけたと知っていたが、サソリはダルマに、すなわちサソリとしての本質に従っただけなのだと説明した。「刺すのはサソリのダルマであり、その命を救うことは聖人のダルマである……。あらゆるものはそれにふさわしい場所にある。だから私はこんなに幸せなのだ」[*4]

サソリに反応しつつ自分自身の本質に集中していた聖人は、刺す生き物の力に調和することができる人だった。刺されるたびに、サソリの命を救うという責任を深めていき、毒と釣り合わせることができたのだ。それができれば、人と無脊椎動物の双方がそれぞれの本質と正しく調和できる。だから聖人は幸せだったのだ。彼は弟子に、サソリのような生き物は刺して当然だ、ましてや警戒して恐れているときはなおさらだと教える。そういう痛みを伴う出来事に反発してサソリを振り払うかわりに、自分自身の存在の中心に没入すれば、その意識状態において、毒針の力と慈悲の力を釣り合わせることができるのだと、聖人は身をもって示したのである。

「ひどいと思わない?」

世界は戦場だという考えを受け入れてきた私たちには、こうした聖人の行為は訳が分からず、聖人にありがちな例外と片づけてしまう傾向がある。自分を傷つけるものに遭遇したときは殺したり逃げたりするほうが、私たちにとっては安心なのである。たとえば、造園業に携わっているある女性がサソリの殺し方について記事を書いている。それによると、客のひとりが死んだサソリを持ってきたとき、彼女は家の中で生きているサソリを踏んで刺されたときのことを思い出したそうだ。土踏まずに鋭い痛みを感じたので、彼女は本をつかみサソリを叩きはじめた。サソリが死ぬと、彼女は中毒対策センターに電話をした。刺されてもアレルギー反応が出ていなければ、刺された場所が腫れるだけで痛みはないとのことだった。刺されたた。そして「足を氷水につけなさい」とアドバイスされた。

のちに彼女は、サソリが移動してきたのは近くに家が建てられたことが原因だと気づいた。サソリの生息地が侵略されていたのである。彼女はまた、サソリは踏まれるなどして怒ったときしか刺さないということも本で知った。だが刺す理由がわかっても、家の中にサソリがいてまた刺されるかもしれないという恐怖は治まらなかった。記事の残りは、サソリから逃れる方法に焦点が置かれている。彼女が勧めているのは、サソリを徹底的に叩いたり踏んだりしてつぶすこと、そして家の内にも外にも殺虫剤をまくことだった。

この手の記事は私たちの文化ではよく見られるものだ。それは鏡のように、私たちがすでに信じているものを克明に映している。こういう話を語ることには、つらい経験を共有する喜びのようなものがあるのかもしれない。「ひどいと思わない?」というわけだ。こうした状況では、その生き物の情報が増えても助けにはならない。自分に偏見があると気づかないかぎり、事実が偏見を変えることはないのだし、調和のとれた共存の道を探していない人にとって事実は何の助けにもならないのだ。しかし生き物との調和を意識すれば、より多くの知識があるほど想像力もふくらみ、恐怖とのバランスをとってくれる。一歩下がった地点から出会いを象徴的に眺めることができれば、さらに大きな助けが得られることだろう。

◈謙虚な姿勢が必要

他の生き物——とりわけ小さな虫——から痛い目にあうと、私たちは自分の中の尊大で思い上がった部分をくじかれたように感じる。そうした部分は、未知のものに対する漠然とした恐れや、打ち負かされたり変えられたりする痛みへの抵抗を隠蔽しているのだ。「変容やら再生やらについては忘れなさい」と、秩序と予測可能性を後生大事にしている私たちの人格は主張する。王や女王として振る舞いながら、知識よりも安全を好むのは、このなじみ深い自己の一面である。そして偽りの力の上に王国を築き、地位と優越性を他の偽りのリーダーたちと奪いあうのもこの自己の一面なのだ。

しかし、私たちのとてつもなく重要な務めは、私たちを強く成長させ自分自身の本質へ近づけてくれるものから身を引いたり避けたりしないことではないだろうか。「我らが選ぶ闘いの相手の、なんと小さいことか！　我らに闘いを挑む相手の、なんと大きいことか！」と、詩人リルケも「誰かが見ている」[*5]で私たちに教えているではないか。痛みや変化に抵抗することをやめて、期待と不安を感じながら、客観的な世界と主観的な世界が交差する場、変容の領域を探してみよう。そうすれば以前は手に入らなかった思考や行動への道が開け、世界の中での在り方を変えられるのだから。

自然界の生き物たちが私たちの生活に入り込んでくるのは、不可視の力に導かれて私たちを目覚めさせ成長させるためなのだと考えるなら、彼らに従うことができるのではないだろうか。マルロ・モーガンがハエの群れに身を委ねることを学んだように（九二～九四頁）、私たちも手の込んだ要塞をつくることをあきらめ、生き物との正しい関係を結ぶことができるはずだ。そしてささやかながらもすばらしい体験をするだろう。それは世界に根をおろした本源的かつ自然な自己がもたらす、魂の変容の体験である。敗けること、降伏すること、明け渡すことの内には力がある。祝福は、私たちのなじみ深い世界を混乱させるメッセンジャーによってもたらされるのだ。リルケは同じ詩の中で雄弁に語っている。

この天使に打たれた者はみな……誇り高く、力強く、
そして気高く、乱暴なその手から離れていった。
その手は彼を練りあげた。
まるで彼の姿を変えるかのように。勝利が彼を誘惑することはない。
彼はこうして成長する。つねにより偉大な存在によって、
徹底的に打ちのめされて。[*6]

◈成長を助ける盟友

シャーマンの世界では、人間以外の生き物は私たちに生命の謎――私たちの心および森羅万象の内で作用する聖なる力――を示すメッセンジャーであると理解されていた。そうした導き手として、昆虫とクモは申し分のない存在だ。彼らを相手に交渉したり譲歩したりすることは不可能だ。彼らの務めは夢の中でも日中においても、私たちを自己満足の状態から覚醒させ、なじみ深く安逸な世界の縁から私たちを外に押し出すことである。そして、ひとたびその境界を越えて、ヴィジョンもエネルギーも手に入る領域に入ったなら、私たちは変容し生まれ変わることになる。また、私たちを変容に導いてくれた生き物のパワーを身につけて、日常世界に戻ることもできるかもしれない。

虫や他の生き物が私たちを覚醒させる戦略にはとても説得力がある。ある禅の物語がこうした覚醒の道程に伴う不安を活写している。

「崖っぷちへ行け」と声が言った。

「いやです！」と彼らは言った。「落ちてしまいます」

「崖っぷちへ行け」と声が言った。

「いやです！」と彼らは言った。「突き落とされてしまいます」

「崖っぷちへ行け」と声は言った。

そこで彼らは崖っぷちまで進んだ……。

　すると彼らは突き落とされた……。

　そうして彼らは飛んだ。


生き物が果たす役割のひとつは、このように人間を崖っぷちに追いやることだ。ある虫は押し、ある虫は追いかける。私たちを崖へ追いつめ安全な場所から遠ざけるために、痛みを利用する虫もいる。私たちが崖から飛びおりるまで、虫たちは刺したり咬んだりして苦しめるだろう。

刺されることのメッセージを理解するなら――虫たちの意図を理解し、彼らは私たちの魂の成長に協力しようとしているのだと理解するなら、虫に降参する際にも落ち込まずにいられるのではないだろうか。私たちが恐怖や怒りを抱くのは、そこに自尊心、疑い、無力さ、自己防衛が含まれているからだということもわかるだろう。意識の新たなめざめが約束されているにもかかわらず、私たちは虫に咬まれたり刺されたりして痛みを経験することや未知のものを怖がっているのだ。まさに恐怖を受けいれることによって、私たちはそれを変容させ、未知のものと新たな関係を結ぶことができるようになる。恐怖の受容は成長のために必要な神秘であり、重要な一歩とみなすことができるようになる。自分の意思をより大きな存在の意思と一致させれば、私たちは恐れと不安、そして希望を胸に、意識の変化と新たな人生の始まりを告げるものの訪れを待つことができるのである。

◈痛みという贈り物

こうした成長プロセスは普遍的なものだが、現代人にはなじみのない恐ろしいものに感じられる。それは私たちがイメージ的思考をする自然本来の自己と、理性的意識を分裂させてしまったからだ。概念や合理的分析に偏った現代人は、そのためこの成長プロセスの意味も、それを表現するシンボルも理解することができなくなっている。私たちが野性の自己から疎外されているかぎり、このプロセスを表わす力強い象徴やイメージを見ても、それが放つ精神的／霊的なエネルギーを経験することはできないだろう。

この成長プロセスになじみがないもうひとつの理由は、私たちが痛みや不快さを避けるように育てられてきたためである。現代文化には痛みをやわらげる製品やサービスが浸透しており、痛みとともに生きるという文化はほとんど失われてしまった。

臨死ケアの第一人者スティーヴン・レヴァインは、死にゆく人々をケアする中で、肉体的苦痛への反応は人生に対する姿勢を示すものであり、痛みを遠ざければ遠ざけるほど生きる力も小さくなることを発見した。痛みは悲嘆の感情に揺さぶりをかけ、長い間抑圧されていた不安や未解決の問題を表面化させるのだ。いま・ここで経験している物事に対するシンプルな気づきには癒しの力がある。不快を感じる瞬間、瞬間を利用してそうしたシンプルな気づきを培うことで、すべての不快さ、すべての痛みに対処する方法を身につけたり、抵抗すると痛みが苦しみに変わることを調べたりできるとレヴァインは言う。その気があれば、虫に刺されることも良いチャンスになるのだ。

このように、不快なことには私たちに生き方を教え、通常の意識状態においては触れ得ない次元に私たちを連れていってくれる可能性がある。不快な経験をするたび、それは私たちに今この瞬間に留まる機会をもたらし、私たちの心の中のかたくなに抵抗する部分に意識を向けさせる。レヴァインが助言するように、気づきを向けてその部分をほぐすなら、本物の牛を寄せつけまいとしていた鎧を突き破り、生の神秘をより身近に生きることができるのだ。痛みのない人生など存在しない。苦痛という体験には贈り物が隠れていると知れば、痛みを埋めあわせる手助けになるし、痛みをもたらす生き物への反応もやわらげることができるのだ。

マーティ・リン・マシューズはその著書『痛み——挑戦と贈り物 *Pain : The Challenge and the Gift*』で、痛みは導きであり、何が健康で何が不健康かを教えてくれるバイオフィードバック・システムだと考えている。「痛みは正直だ」とマシューズは言う。「それは罰ではなく、私たちを成長させようとする力である。その後押しがなければ、私たちはけっして跳躍せず、自由に羽ばたけるようにはならないだろう」

弱さを強さに変える

不快感やつらさを変化させ、さらなる自己理解を進めるために、瞑想や儀式を行なうことを勧めている文化もある。自分の体にシラミをのせて智慧と慈悲を深めたチベットの僧ゲルセイ・トグメイ・サンポはその一例だ（五〇頁参照）。ジャック・コーンフィールドは、『心ある道 *A Path with Heart*』で毒のある木の物語を紹介している。毒の木を発見したとき、大半の人は危険な点しか見ない。そして誰かが被害を受ける前に切り倒そうとする。これは危険な生き物に対する私たちの最初の反応に似ている。人生で攻撃や強制、貪欲、恐怖などの困難にでくわしたときや、ストレスや喪失、争い、絶望、自分や他人の悲しみに遭遇したときの最初の反応も同じようなものだ。私たちは激しい嫌悪感を覚え、避けたり逃れたりしたいと願う。毒のある木の場合は、切り倒したり引き抜いたりしようとする。そして昆虫やクモ、サソリの場合は、殺虫剤をかけたり踏みつぶしたりするのだ。

一方、スピリチュアルな道を長らく歩んできた人がこの毒の木を発見した場合、生に対して心を開くには、万物への思いやりが必要だと悟るだろう。毒の木は自分の一部だと知っているがゆえに、それを切り倒そうとは思わない。親切心から、まわりに境界線を設けるかもしれない。おそらく木のまわりに柵を作り、注意書きの看板を立て、人がかぶれないようにすると同時に木も生き延びられるようにするだろう。これは善悪の判断と恐怖が思いやりへと大きな変化をとげる一例である。刺す虫や毒のある虫にこれを当てはめると、誰かがそのような生き物の生息地に入りこんだときは危ないと教え、万が一刺されたときのために手元にワクチンを用意するということになるだろうか。

高い叡知をそなえた別のタイプの人の場合、毒の木をみつけると幸せになる。なぜならその木をずっと探していたからだ。この人は毒のある実を調べ、その成分を分析し、病人を治す薬として使う。どんなに厄介な物事にも価値はあると理解し信じることによって、賢者は大勢の人の役に立つように行動するのだ。同様に、偶然にではあるが、毒のある生き物の研究に惹きつけられ、ある種のサソリの毒は脳卒中の治療薬に使うことができるばかりではなく、他の病気の治療薬としても利用できる可能性があることを発見した人もいる。イスラム神秘主義の詩人ジャラール・ウッディーン・ルーミーは言う。「どんな存在も誰かにとっては毒であり、他の誰かにとっては魂の喜びである。その友であれ。そうすればあなたは毒壺のものを食べても、明晰な識別力のみを味わうことができるだろう」

おそらく誰もがすでに心の深いレベルでは、不運な目に遭うことの中に贈り物が存在すると気づいている。だから私たちを目覚めさせ意識の変化を促す生き物に惹きつけられるのだ。夢の中で私たちの心は象徴的な言葉を用いて、恐れや痛みや死は成長と再生には欠かすことができないのだと教えてくれる。そして自己の深層にある何らかの側面が内界／外界の現象を活性化し、私たち自身の通過儀礼および、癒しと成長に向かうために必要な生き物とさまざまな経験とを引き寄せるのだ。私たちはそんな経験を夢で見る場合もあるし、一人ひとりの必要性にぴったり合う自然界の生き物を偶然引き寄せる場合もある。魂は私たちを変えるために必要なものなら、何でも利用するらしい。

シャーマンの知恵にならうなら、怖いと思う生き物に盟友としての名前を与えることによって変容のプロセスを始めることもできる。生き物の力を得るための現実的な方法だ。中世ヨーロッパ最大の賢女といわれる修道女、ビンゲンのヒルデガルドの導きに従って、危険な生き物を「きらきらと艶やかに輝く聖なる鏡」と呼んだらどうなるだろう？　よりすばらしい自己への扉を開ける魔法の言葉のようではないか？　刺されることのメッセージとその贈り物を学ぶために求められているのは、敵意と痛みに敬意をもって注目することだ。私たちを傷つけるかもしれない生き物を殺すかわりに賢者の目でながめれば、彼らと踊ることも、困難を輝かしい未来にすることもできるのである。

サソリ

多くの人はサソリを危険な生物と考えているだろうが、人間に対して特に攻撃的なわけではない。毒を使うのは獲物を捕り、天敵から身を守るためである。人を刺すのはたいていの場合、突然いやな目に遭ったときだ。深い眠りから急に起こされたことがある人なら理解できるだろうが、突然のことにサソリもびくっとするのだ。

予想にたがわず、大衆文化はサソリに対する一面的な見方を再三持ち出している。最近では、黒いサソリの巣穴と、人間とサソリの混血であるスコーピオン・キングを売りにしている映画があった。彼はまるで殺人マシンだ。『神秘への旅 *Journey into Mystery*』というコミック本では、サソリが放射能を浴びて巨大化し、周囲の人間を危険にさらす。彼は人間にテレパシーでメッセージを伝える。

よく聞け、人間ども！　私には以前から意識の種があった！
しかしいまお前たちの放射能がそれに命を与えた。

完全に無能だった数年を経て、ついに力と知性を手にした私は、
お前たちと闘うのだ！

必死になった人間たちは、サソリが兄弟分を集めて人間に反撃する前に、催眠術とだまし討ちによってサソリを打ち負かすのである。

これまでのどの章でも見てきたように、現代の西洋文化に深く行き渡っているイメージと習慣は、他者を支配する力を中心に展開している。虎視眈々（こしたんたん）と人間を破滅させようとねらっている、野蛮な自然界を支配しようとする力だ。それはつねに誰かに見張られているような感じで、とても心地良い生き方とは言えないだろう。こうした私たちを生き物との闘いへ駆り立てる好戦的文化を学ぶために、わざわざマンガを読む必要はない。前述のガーデニング会社の社長が書いた記事で見たように、それは文化としてすでに私たちの社会に浸透しているからだ。

サソリのような生き物に対する人々の好みが、ときには企業によって利用されることもある。そういう企業はサソリについての理解などなく、ただヒット商品になって儲かればいいと思っているのだ。たとえばアメリカ南西部のある企業は、何万匹ものサソリを毎年殺し、サソリのペーパーウェイト、ループタイ、冷蔵庫用マグネットを製造している。サソリ（およびセグロゴケグモ）が生きたままプラスチック樹脂の塊に閉じこめられ、「荒々しい大西部」の土産として売られているのだ。その企業は人々を雇って、夜の砂漠に紫外線ライト持参でサソリを探しに行かせている。紫外線光のもとではサソリは光を放つので（おそらく虫を引き寄せるためだろう）、ハンターたちは簡単にサソリをみつ

けることができるのだ。捕まったサソリは体の一部を固定されて死ぬまで放っておかれ、その後プラスチックの中に封じ込められる。

危険な生き物をプラスチックに封じ込めるなどして、危害の及ばない状態で所有したいという欲望は、自然界の力と私たちの関係を表わす悲しい例だ。恐怖と興味を融和させるのも私たちの習慣なのだ。チャレンジャーが賞金獲得を目指す「フィア・ファクター」というテレビ番組の出現の裏にも、こうした欲望が潜んでいるのかもしれない。その番組ではわざと危険な状況をつくりあげ、それに挑戦することに（お金のためであれ評判のためであれ）同意した人を撮影する。そして私たちも彼らをとおして危険を疑似体験するのである。

最高の師

驚くべきことに、サソリと共存しなければならない地域で生きる人々が、サソリとの遭遇の可能性に備えてわずかでも知識を持っているかというと、じつはそうではない。たとえば、サソリの大部分は人を傷つけないということを知っている人はほとんどいないのだ。また、現在わかっている一五〇〇種類のうち、大人を殺すほど強い毒を持っているのはわずか二〇種類で、北アメリカの四〇種類ほどのサソリの大半の毒は人間にとって致命的ではない。ほとんどのサソリのひと刺しはミツバチやスズメバチに刺されるのに似ていて、痛いことは痛いが命に別状はないのである。

しかしアルジェリアで暮らしているなら、デスストーカー（ブラックファットテイルスコーピオン）については是非知っておくべきだ。報告されているサソリに刺された事件の八〇パーセントはこの種によるもので、その三分の一は命に関わるものだったのだから。デスストーカーは丘の岩の下や浅い穴の中で生きていたが、彼らの生息地の近くに人間も家を建てて暮らしはじめた。そこでサソリは人家を避難所として使い、日中は身を潜めていて夜になると家の中で昆虫を捕まえて食べるようになった。特に好むのが濡れた場所で（湿気と水が彼らの餌になる虫を惹きつけるからである）、シャワーヘッドの裏、バスタブやトイレの中に隠れたり、屋外の水桶や井戸の周りに集まったりしている。

サソリは暖を求めて靴の中に入ることも多い。トリニダード・トバゴではそのために亡くなる人もいた。そんなことにならないように、靴を履く前には必ず振ってみたほうがいいだろう。あらゆる生き物は根本的にひとつであると信じていたガンディーは、蛇やサソリ、クモに僧院の中を自由に動きまわらせた。彼はそんな生き物でもその生をまっとうすべく生きているのであり、人間は安全に彼らと共存できると信じていたのだ。そのため僧院の人々は中を確かめてから靴を履き、夜は彼らを踏みつけないように注意して歩くようにと忠告された。

大半のサソリは単独で生活している。出会いがあるのは同じ種の伴侶を得るときか、あるいは異なる種を殺すときだ。ストライプテールスコーピオンのように、数種類の例外はある。彼らは腐った木材の中をぎっしりと埋め、まるで缶詰のサーディンのように互いの上に積み重なる。もうひとつの例外、西アフリカのダイオウサソリ（二〇〇二年の映画「スコーピオン・キング」で使われた）は、とても不気味に見えるがじつは穏やかな生き物で、多くの報告によると攻撃性はかなり低い。オスとメスのダイオウサソリは一緒に仲良く生活し、子供を二年以上かけて育てるそうだ。

サソリには、想像力を刺激する何かがある。たとえば彼らは驚くほど長生きで一五年から二五年も生き、伴侶をみつけるときはオスとメスが相手の気を引こうと複雑なダンスを踊る。サソリの最長の妊娠期間は、マッコウクジラ（一六カ月間）やアフリカ象（二二カ月間）にも匹敵し、その後親と同じ姿の子供を産む。その平均的な子の数は二五匹である。生まれたばかりのサソリは誰に教えられたわけでもないのに保護と移動のために母親の背中によじのぼり、背中の皮膚を少しずつ食べるらしい。

この最高の師とも呼べるすばらしい生き物は酸素もあまり必要とせず、数時間水の中にいても平気だ。水がなくても三カ月間、餌がなくても一年間は生きられるし、また灼熱の砂漠でも氷づけになっても生きながらえる。フランスがサハラ砂漠で核実験を行なったときは、サソリは他の生き物よりも強い放射能耐性を示した。

愛のない評価

サソリのこうした特徴や能力は、科学者やサイエンスライターの注目を集めてきた。だが、サソリにまつわる大半の報告には、この生き物とつながっているという気持ちが欠けている（注目すべき例外は、神秘的、かつ詩的なシロアリの本を書いたユージーン・マレースで、彼は長年サソリと友情を結び、出産の手助けまでした！）。そのような気持ちが欠けているのは、サソリの研究をしたり記事を書いたりする人がサソリと気持ちを通わせることなど不可能だと信じているからである。

環境問題への意識が高まるにつれて、サソリのように大半の人が嫌う生き物を擁護することが流行しつつある。しかし擁護している人も大多数は、感情的な偏見を残したままのようだ。太古の文化でサソリは複雑な役割を担っていたにもかかわらず、あるサイエンスライターはその歴史的役割をつぎのように紹介している。

歴史上、そしてあらゆる文化の境界を越えて、サソリには悪い噂がつきまとってきた。そして事実、彼らはそれに値する。彼らは不快で怖いもの知らずだ。あなたを殺すことも発作を起こさせることもできる。毒が比較的無害な種類でも、刺されればたとえようのない痛みをもたらす。ある被害者はその痛みを、「焼けつく弾丸が体の中に旋回しながら入ってくるようだ」と表現していた。[*7]

この女性ライターは感情的なコンテクストでサソリの尊敬すべき能力を一覧にしている。そして自然にはさまざまな姿の生き物がいて奇妙だが素晴らしい、私たちはサソリの能力を尊敬するよう試みるべきである、と結論づけている。これが親密で平和な共存を招くコンテクストだったなら、彼女の虫を尊敬しようという呼びかけにももっと説得力が生まれたはずなのだが。

◈サソリの有害な一面

近ごろ出版された動物の象徴学に関する本は、さまざまな伝統を例に用いて、太古の動物の働きや神話ができていく過程を紹介している。サソリの章は「多くの神話ではサソリは破壊をもたらす存在だった」という記述から始まる。あまりにも断定的な言葉なので、現代の読者には、人生における破壊の前向きな役割を思い出してもらうための説明が必要だろう。

私たちがすでにさまざまなコンテクストで議論してきたように、太古の時代には破壊は成長と表裏一体と解釈されていた。破壊とはばらばらに解体することを意味し、この古いものをばらばらにする過程が新しい人生と新しい構造には欠かせないのである。種は芽吹く前に外の殻を破らなければならず、小麦はひいて粉にされなければならない。いも虫はその体を捨てて、姿形をつくりなおし羽を与える荒々しい変容の力に身を委ねなければならない。だからサソリは象徴的な解体業者であり、潜在的自己の役に立つ（あるいは意識的自己にはコントロールできない）エネルギーの集合体であり、再生の過程にはなくてはならない力なのである。

人間の心理を柔軟に進化するシステムとみなせば（実際そうなのだが）、この解体の側面を解明するためにシステム理論を使うことができる。システム理論とは、ある過程を起こすために充分な新しい要素がそろえば、新しい構造やシステムが自らまとまりはじめるという考え方だ。人の心の中では、この新しい一面を構築する過程は認識の扉の裏で始まる。変化や成長の中心は、意識のコントロールを越えたところにあるからだ。さらに、私たちは自分たちの中で何がつくりあげられているのか、古い構造が壊されるまで感じとることさえできない。それがサソリが象徴する破壊的な側面であり、人を傷つける過程の一部なのである。個人的に見れば、破壊的な出来事は、混乱や痛みを伴う排除したいものとしてしか経験されない。しかし幸運なことに、私たちはそれを排除することができないのである（気を逸らしたり、薬物で麻痺させたりはできるのだが）。最終的にはかなりの部分が破壊されるので、私たちはその下の新しい構造、隠れた魂の贈り物をかいま見ることができるのだ。

古代文化は、この再生の過程におけるサソリの役割を理解していた。たとえば紀元前三三〇〇年ごろの蠟(ろう)の封印には、二匹のサソリのはさみで守られた冥界の女神イナンナのバラ模様がデザインされていた。サソリの神聖さと霊的転落における役割を示す証拠である。ハエの章でも見たように、冥界への旅は人生に必要なものとして受けいれられていた。それは解体のときであり、以前の人格が失われるときでもある。そして何にも保護されていないむきだしの人格が、自分自身の忘れられていた内なる深みへ落ちこんでいくのだ。これも最終的に新たな秩序のもとに生まれ変わるためである。サソリは成長せよという心の呼び声と結びつけられたが、それは解体を行なう武器とともに、癒しや復興や回復に必要な解毒剤も持っていたためであろう。

◈サソリの悪魔化

古代、サソリはグレートマザーの破壊の一面と結びつけられたが、やがてサソリの仕える女神が悪魔とみなされたために、ユダヤ教とキリスト教の悪魔の象徴と結びつくことになった。この悪魔の宣告により、古いものを破壊し新たな創造の道を開く力を理解するためのコンテクストが、サソリからはぎとられた。古いコンテクストの残骸だけが残ったのである。たとえばバフィ・ジョンソンの『獣たちの女神 *Lady of the Beasts*』には、女神の象徴に囲まれるサソリを描いたミンブル陶器の写真や、風に髪なびかせる裸の女神を囲む八匹のサソリがあしらわれたハッスーナ・サマッラ期シュメール人の器の写真が掲載されている。サソリは女神のまわりで再生と永遠の象徴である卍模様を二重に描いている。

古代エジプト人が崇めた女神セルケトは頭部にサソリをのせていた。セルケトは女性の頭部を持つサソリとして描かれることもあった。死をもたらす恐ろしい力にもかかわらず、エジプトの母なる女神イシスと結びつくと、セルケトは恵み深くなるようだ。神話にもあるように、サソリがイシスを愛したためであろう。イシスの角をまとったセルケトは、地上の存在を超えた新しい命へのよみがえりを象徴した。生者と死者をとりもつものとして、セルケトは死者が新たな在り方へ適応するのを手伝ったとされている。

より高い領域の守り神

多くの宗教で、サソリはより高い意識レベルへの入り口を守ると考えられた。そこへ至ろうとする者は、新たな存在の高みにふさわしいことを証明しなければならず、門番と対決することでそれを成し遂げた。バビロニアの叙事詩に登場する偉大な英雄ギルガメシュも、永遠の命への答えを探してサソリの門番と対決した。

神話、おとぎ話、そして夢は、すべて象徴的な言葉を使って、人間の心の中で元型（アーキタイプ）がいかに作用するかを示している。神話などに現れる普遍的な象徴は集合的無意識から生まれ、そこにはあらゆる元型、つまり人間の経験と自己認識の基本パターンが含まれているのだ。

ユング派の精神分析医マリー＝ルイゼ・フォン・フランツは、神話とは、人間の心理が根源的な全体性へ発展する過程をもっとも純粋にわかりやすく説明する基本的な教えである、と言う。つまり、神話の背景は心の状態を表わし、登場人物は個人の心の中で作用する調和や破壊のエネルギーを表わしているのだ。神話に出てくる蚊やサソリのような生き物は、伝説や民話の架空の動物とは対照的に、たいていは自然界そのままの姿か、あるいはわずかに違うだけの姿である。神と人とを結ぶものとして、個々の生き物は異なる特徴を持つ力を体現しており、それらは象徴的な文脈においてもっともよく理解できるのである。

成長も変化も嫌だという人に直面したとき、サソリは啓蒙の門番として破壊的な力を使う。精神的成長プロセスを表わす古代的象徴のひとつとして、自らを刺して死に至るサソリは、私たちの中にある啓蒙へも破壊へもつながるエネルギーを表わしている。これらのエネルギーが変容するとかけがえのない宝になる。つまり精神が根源的な全体性へ至るのだ。サソリが毒針によってコントロールする変容の炎は、チャクラ、すなわち霊的エネルギーを生む場を通りながら背骨を上っていくときに、洞察力と成長を人にもたらす（訳註：チャクラとはサンスクリット語で車輪を表わす。体には意識エネルギーの中心となるチャクラが七つ存在し、脊椎基底部の第一チャクラに眠るエネルギーを覚醒させ頭部の第七チャクラへ上らせると悟りを得られるとされている）。そして、この変容のエネルギーが無視されて脊椎底部に集まると、当人に大きなダメージを与えることになる。サソリの毒はそれ自体に解毒剤も含まれていると言われているため、その自己犠牲による再生の贈り物は、当然のことながら恐れられも讃えられもしてきたのである。

神話や夢の象徴は、生き物との痛みを伴う出会いの意義を取り戻す文脈（コンテクスト）を提供し、彼らに変容の媒介者という確固たる地位を与えるものだ。それは人間の魂の成長過程を信じるか信じないかの問題ではないし、私たちがそれを受け入れたり理解するまで待ってもくれない。実際、何度も虫に刺されるという出会い（イニシエーション）をしても、私たちがその意味を認識するのは、時間が経って過去を振り返る余裕ができてからである。しかし神話はその出会いが何であり、私たちの姿勢や行動次第でどういうものになりうるかを示してくれるのだ。

◈魂の暗夜

サソリの神話の役割をただ破壊的と要約した作家には、成長に伴う破壊の視点が欠けていると言わざるを得ない。彼は旧約聖書の列王記を引き合いに出して自説を裏付けようとしている。そこでは砂漠に住むサソリが日照りや荒野、孤独、そして恐ろしい罰と結びつけられている。しかしキリスト教における荒野と孤独は、魂の暗夜の一部でもあり、啓蒙を求める決意と責任を試すものでもあるはずだ。あまりにも狭いコンテクストの中に象徴を置いてしまうと、象徴と現実を結びつけようとしても、無意識の偏見がもたらす曖昧で否定的な関連性しか見えないだろう。

作者はまた、サソリの破壊的な（そして彼の視点では否定的な）象徴の証拠として、アマゾン川流域の先住民族の話に触れている。彼らは、サソリは嫉妬深い創造主が自分の愛する女性を妊娠させた人間を罰するために送りこまれたと信じている、というのだ。この信仰は特定の場所や部族に特有のものかもしれないが、中南米の大半の先住民族はアマゾン川のサソリの女神をイチュアナ、つまり母なるサソリと呼んで崇めていたはずだ。イチュアナは死後の世界を司り、死者の魂を天の川のはずれにある彼女の家で迎えるのである。新たな生命に転生する魂にも目配りするし、豊かな胸で大地の子供たちに乳を与えて育てもするのである。

◈さらなる矛盾

現代の別な文献でも、古代中国ではサソリがまぎれもない邪悪さを象徴すると信じられていた、と作者が断言している。しかし古代中国では、サソリや毒のある生き物こそが、亡霊すなわち鬼によって不滅になった邪悪さを消すために協力を求められていたのである（太陰太陽暦によると、鬼は一年の陰の部が始まる夏の間もっとも問題を起こす）。明朝の時代には、皇帝に仕える宦官（かんがん）さえ、亡霊と闘う五種類の毒のある虫の記章をつけたとされている。蛇、ムカデ、サソリ、トカゲ、そしてヒキガエルかクモである。中国の子供たちはいまもこれらの絵がついた前掛けを旧暦五月五日に身につける。

解釈に矛盾が生じたり、神話や民話が歪められたりするのは、さまざまな情報の中から自分がすでに信じていることしか探そうとしない無意識の偏見によるものだが、それだけが原因ではない。矛盾は、成長に欠かせない崩壊のプロセスにつきものの力や大きな恐怖に適応するための機能でもある。

元型としてのサソリの影響

古代ギリシアからコロンブス以前のマヤ文明まで、世界中の文明が超巨星である赤いアンタレスを含む星のグループにサソリの姿を見ていた（たいていはアンタレスがサソリの「心臓」だった）。この事実は、サソリの元型としての地位を示唆している。サソリの星が象徴するものは、バビロニア、インド、ギリシアでも、アメリカの先住民族にとっても同じだったのである。

古代占星術の神話は、サソリを秋分点に置き、夏の死と冬の闇への移行に結びつけた。現代の占星術では、蠍座は冥王星に支配される。冥王星の影響は、心の奥深くから私たちを変える。『母なる平和 *Motherpeace*』の著者ヴィッキー・ノーブルは、冥王星との関係において「サソリは変貌、死、霊的体験を表わし、これらはシャーマニズムの中心となる三つの神秘体験である」と述べ、サソリは「生殖器、深い無意識、癒しのエネルギーと交流する能力をも支配する」とも語っている。*8

サソリはいまだに強い影響力を持つ象徴であり、心理的な成熟と精神的な啓発を懸命に求める過程で、元型として作用する。この過程に自ら飛びこめば、サソリの豊かな神話を読み解くことができ、夢や家の中にサソリが現れたときや外で出くわしたときに特別な暗示を読みとることになるだろう。

先住民族の伝統にならって一日の最初に見た生き物をその日の案内役にするなら、サソリを見た場合、それは転落の合図かもしれない。しかし翻って、より深く成長する機会ととらえることもできる。この力を受け入れることは、私たちの転落の体験をがらりと変えるだろうが、古くさいものをはぎとったり脱ぎ捨てたりすることには必ず大きな恐怖と不安がつきまとうものなのだ。サソリとの出会いは、精神的であれ肉体的であれ、極限状態を生き抜く能力とも結びつくかもしれない。

サソリが人生に関わるようになったら、この生き物の中に世界での在り方が隠されていることに気づくだろう。それは針で刺すような言葉や行動の裏に傷つきやすい心を隠すあなた自身の在り方に似てはいないだろうか。自分がサソリに愛情を持っていることに気づく人もいるかもしれない。ペットセラピーのプログラムで初めてサソリに出会ったティーンエイジャーの少年のように。

◈サソリのセラピー

ここに、有名なペットセラピーの巡回訪問プログラムを物語にした本がある。そこからサソリの逸話を紹介しよう。あるときボランティアの人々は、問題を抱えるティーンエイジャーの家を訪れるときに、一般的な犬や猫、ウサギといっしょにサソリなどの虫を連れていった。そして彼らは、タランチュラやサソリのような生き物は、子猫やウサギにはできないやり方で特定のティーンエイジャーの興味を引くということに気づいたのだ。知識の豊富なボランティアが、サソリは見た目は恐ろしいが穏和な性質を隠そうとしているということを語ると、ひとりの少年がむっつり黙りこんだ不機嫌そうな態度をかなぐり捨てて、熱心に質問をしはじめた。注目せずにはいられない生きいきとした何かをサソリにみつけたかのようだった。彼はサソリをとおして自分自身の世界での在り方を理解したのだろう。

特定の生き物への愛着は、いわゆる偶然の出会いがきっかけで姿を現す。つまり、愛着を感じる生き物に出会えば、すぐにそれとわかるのだ。なぜならその生き物が私たちの中に強い感情を呼び起こすからである。それを魅惑、恐怖あるいは愛、何と名付けてもかまわないが、それも私たちを内なる故郷へ呼ぶ生き物との原初の絆なのである。

作家のロレンス・ヴァン・デル・ポストは、「最初の人類」である南アフリカのカラハリ砂漠のブッシュマン（サン族）の擁護者である。彼は「おのおのの世代の務めは、私たちの中に最初からあるものを、新しく現代的なものにすることだ」と述べている。これをサソリに当てはめるなら、今日の私たちの務めは、生き物にまつわる太古の心理的、霊的真実と、彼らの独特な在り方についての最新の科学的見解を結びつける新たなメタファーを探すことであろう。

感受性の鋭いサソリ、サラ

犬の訓練士ヴィッキー・ハーンが語るすばらしい物語も、奇妙に聞こえるかもしれないが、サソリとの関係の新たな扉を開くことだろう。

ハーンは『動物の幸福 *Animal Happiness*』で、ウォレン・エステスという爬虫類両生類学者について語っている。彼は蛇やカンガルーネズミ、あらゆる種類の虫、そして「サソリのサラ」と一緒に暮らしていた。エステスによると、サラは親戚が訪ねてくる休暇の時期に問題を起こしたらしい。彼らはサラを見て、いやがったり怖がったりしたので、親戚が帰ってもしばらくの間サラの機嫌はなおらなかったそうだ。エステスはハーンに、サラが怖いなら手に取ろうとしないほうがいい、なぜならサラも望まないから、と警告した。

その訪問はハーンにとって忘れられないものになった。最初に彼女が惹きつけられたのは、エステスがサラを手にとって話しかけるようすと、それに反応しているかに見えるサラの態度だった。彼はハーンに、サラが緊張しているかリラックスしているかわかるのだと言った。そしてサラに語りかけ、毒嚢(どくのう)に触れ、その勇気をどんなに尊敬しているか話しつづけた。

その数カ月後、ハーンはエステスのカンガルーネズミのような茶色い手と、その上で輝くサソリのサラのようすを思い出した。最初は、サソリの特徴である黒い革のような外皮の輝きが、動物をこよなく愛するハーンにさえも脅威に思えた。しかしエステスがサラについて話したように、それは「意識にとてもよく似たものの輝き」[*9]に変わったのだ。サラを優しく手に持っているエステスを見て、ハーンは「サラも手にのせられるのが好きなのかもしれない」と考えた。そしてエステスがサラとの友情から得た知識は、動物の権利をめぐる議論の外にあり、どんな政治的視点とも相容れないのだと知ったのである。

エステスとサラについてどう考えればいいのか、じつのところハーンにもよくわからなかった。彼女は、エステスがあるレベルの何かを理解している可能性は認めている。というのも彼はどんな動物にも咬まれたり刺されたりしたことがないからだ。もしサラがサソリではなく犬だったら、おそらくハーンは自分が見たことをもっとすんなり受け入れられただろう。特定の生き物に対する憶測は私たちの邪魔をし、私たち生き物はみな言葉を超えた言語や、より直接的に知る方法を共有していることを忘れさせるのだ。体に刻みこまれているこの「心の言語」は、思考と直観の軌跡をたどり、言葉より早く相手に届くものなのである。

エステスはサソリのサラを、知的で霊的な存在であり、愛に応えることができると言った。そして実際その通りだった。彼はサラをそっと優しく手にとっていると、サラが穏やかになごんでいることを感じとることができた。サラを信頼していたので、刺される心配はまったくしていない。彼のそんな愛情を感じとって、サラも彼への信頼を示し、手の中でリラックスしていたのだ。ゲーリー・コワルスキー牧師は、著書『動物の魂 *The Souls of Animals*』で、他者とこのような愛情あふれる関係を結ぶと、「私たちは親友になる。それは文字どおり、信頼しあえる仲になるということだ。そして神に触れることも、信頼そのものをとおしてなされる。教義や信条への信頼ではなく、互いに親しく交わりながらやすらぐ〝動物的な信頼〟をとおしてなされるのである」と述べている。

エステスがサラを手に抱いているときにハーンが見た、まるで手に取られることを喜んでいるかのようなサラのようすは、人とサソリが互いに心を通わせながらやすらぎ、神に触れている姿だったのかもしれない。この真実を受け入れる心の場所を準備し、日常生活の基盤に置いたら、自分自身はもちろん私たちが接するすべての人を変えることができるだろう。これが私たちと他の生き物とのつながりに秘められた、癒しの可能性と力なのである。

第13章　羽のある人々の国

いも虫が命の終わりと呼ぶものを、神は蝶と呼ばれる。
――リチャード・バック

一九九八年、サウスカロライナのシャバド・アカデミーで、ユダヤ人大虐殺を子供たちに教えるための視覚教材を用意することになった。そこで教師たちは「バタフライ・プロジェクト」というものを始めた。紙の蝶を亡くなった人々と同じ数だけつくるのだ。その紙の蝶を見れば、子供たちが死者の数を実感できるのではないかと考えたのである。一年のうちに一二〇万匹の紙の蝶がつくられた。蝶はまとめて展示され、ホロコーストで殺されたユダヤ人の子供たちのことを思うよすがとされたそうである。

二〇〇一年の春、同じグループが「追憶と善行のプロジェクト」に乗り出した。また一〇〇万以上の紙の蝶が、ナチスの大量虐殺をはじめとする残虐行為によって殺された子供一人ひとりの魂を悼み讃えた。それぞれの蝶の背中には、命を失ったために、人のためになる行ないができなくなった子供にかわって、蝶をつくった子供がこれからどのような善いことを行なうつもりか書きこんだ。

二〇〇一年九月一一日、テロリストがニューヨークとワシントンD・Cを攻撃したのち、蝶の癒しのプロジェクト（バタフライ・ヒーリング・プロジェクト）がふたたび始まった。今回先頭に立ったのは、蝶の愛好家マラリーン・マノス・ジョーンズである。犠牲者を尊び、そして紙の蝶をつくるような小さな行動にも世界を大きく変える力があるのだ、と人々に思い出させるためだった。それは気象学者が発見した「バタフライ効果」と呼ばれる現象で、映画「ジュラシック・パーク」で一般に知られるようになった。香港の蝶が羽ばたいて空気をかき乱すと、それが巡りめぐってボストンで嵐を起こすという理論である。大海の水面の温度のごくわずかな変化が、熱帯の嵐をハリケーンへ変えるのと同じことだ。つまり、動力学のシステムでは、小さな変化がとてつもなく大きな変化に結びつくのである。

外見上の分離の背後に存在する不可分の全体性という考え方を参考にすれば、量子力学の視点もバタフライ効果の説明になる。それはイギリスの物理学者デイヴィッド・ボームが提唱した、部分が全体を含んでいるという「内蔵秩序」であり、そこからあらゆる一見関連性のない出来事が生じるのだ。この現象は目に見えない霊的な世界にも存在し、先住民族がつねに行き来していた世界にもあった。つまり、あらゆるものはつながっているので、この全体性から生じた小さな出来事は、場所にとらわれず別な出来事を生み出すのだ。不可視のつながりが、私たちには想像するしかない場所や方法でさまざまな影響を生み出すのである。

蝶の力は、バタフライ効果を越えて広がっている。想像力におよぼす蝶の影響は、古来、世界各地の文化に見られるものである。この繊細な生き物は、悲しみや死からの逃避と希望の象徴として広く浸透している。死と臨死の分野の先駆者エリザベス・キュブラー・ロスは、第二次大戦時のナチの強制収容所の小屋で見た無数の蝶の絵についてよく口にする。その蝶は、そこに監禁されていた大人や子供が木の壁をひっかいて描いたものだった。現在蝶の絵は、ほぼすべてのホスピスに見られる。また、生まれ変わりと死を超えた命の象徴として、死を目前にした人のケアをするグリーフ（悲嘆）・カウンセラーや、セラピーやヨーガが行なわれるスピリチュアル・センター、愛する人を失った人のための援助グループでも広く利用されている。

美への親近感

蝶の象徴的な意味ではなく、その美しさそのものに惹かれる人も多いだろう。アメリカ先住民の神話は、蝶がつくられたのは主神が人々に自然を愛しその美に気づいてほしかったためだ、と教えている。その美の引力はとても強く、他の仕事と並行して蝶の探求をする人もいるほどだ。スタンフォード大学の人口学教授ポール・エーリックもそのひとりで、人口問題、核兵器による最終戦争、そして絶滅について発言する環境活動家であると同時に、蝶にとりつかれた人でもある。四〇年以上にわたり、毎年夏になると妻を伴ってコロラド州西部の草原へ蝶を観察するためにでかけているそうだ。

蝶の専門家にとって独学は珍しいことではない。ポール・グレイは、蝶の特定の属に関するアメリカでも有数の専門家だが、本業は大工である。ジェフリー・グラスバーグは、年に一度蝶の数の調査を行なっているアメリカ蝶協会の会長で、分子生物学者でもある。リチャード・ハイツマンは、世界的に認められている蝶と蛾の権威だが、アメリカ郵政公社の郵便配達人として生計を立てている。

ワシントンDC在住の自然写真家シェル・B・サンベッドは、二〇年間で三〇カ国を旅して、蝶の羽の模様が偶然描き出したアルファベット二六文字と数字0から9すべてをみつけて撮影した。彼の熱意と忍耐のおかげで、いまではほぼすべての小学校に彼が発見した美しい模様のポスターが貼られている。

親近感は、人生のいつなんどき人にとりついてもおかしくない。退職した電気技師ロナルド・ベンダーは、いつも蝶の観察を楽しんでいた。彼は趣味を極めるためにフロリダの家の裏庭で植物を育て、蝶を呼び寄せることにした。その決断が、その後の彼の人生を決定づけたのだ。一九八八年、彼はフロリダ州ココナツ・クリークに「バタフライ・ワールド」を設立。現在はアメリカ最大の蝶の研究と教育の場となっている。

法律家秘書ロー・バカロは、アメリカのオオカバマダラの越冬地のひとつであるカリフォルニア州パシフィック・グローヴを訪れて、行動を起こさなければとせきたてられたという。莫大な数のオオカバマダラが集まるまばゆい光景を見ただけで、行動を起こすには充分だった。彼女は辞職願を提出し、「オオカバマダラの友 Friends of the Monarchs」というグループを起こした。一八〇名の会員を抱える彼女のグループは最近、パシフィック・グローヴの人々を説得して増税を承認させ、蝶の生息地を開発から守っている。

蝶からの呼びかけ

蝶の国へすでに誘われているなら、マラリーン・マノス・ジョーンズの『蝶のスピリット――神話、魔術、芸術 *The Spirit of Butterflies : Myth, Magic and Art*』を読めば、情熱の糧をみつけることができるだろう。この広範囲にわたる調査の末に書かれたうっとりするほど美しい本は、蝶の力を霊的な存在として賞賛している。これを読めば、蝶のためにすべての時間を注いでいる作者がそうであったように、私たちもより深く蝶の魔法に引きこまれるはずだ。

マノス・ジョーンズへの最初の合図は、偶然の出会いだった。蝶が彼女の心臓の上に止まり、その日の午後ずっとそこにたたずんでいたのである。二回目の合図は数年後、彼女が外で薬草を探しているときに起こった。彼女はよろめいて、片膝をついた。すると顔からほんの数センチのところにまるまるとしたいも虫がいた。彼女はそれを家に連れ帰り、どうやらオオカバマダラの幼虫らしいとわかったので、トウワタという植物を与えて育てた。するとある日、いも虫は小枝へ急ぎ、逆さまにぶらさがった。皮膚が裂け、縁に沿って金色の点が並んでいる薄緑色のさなぎが見える。それから彼女はひたすら待った。そしてついに、いまや透きとおったさなぎからオレンジと黒の蝶が現れたのだが、あいにく外ではハリケーンが猛り狂っていた。マノス・ジョーンズは彼女を放たず（蝶はメスだと確信していたのだ）、蜂蜜と水を手から与えた。彼女と蝶の絆はその後数日の間に強まった。蝶は自分に利益をもたらすこの人間を探検し、ジョーンズの上を羽を広げたり閉じたりしながら歩きまわった。肩の上や額、眉間に長居をすることも多かった。嵐がおさまると、ジョーンズは彼女を外へ連れ出し、逃がした。蝶は舞いあがり、数回戻ってきてジョーンズの上にとまった。去りがたそうにも見えたが、ついに蝶は飛びたち風に乗って行ってしまった。残ったのは蝶への情熱。それがジョーンズの人生を決めたのだ。[*1]

親近感があるところには、シンクロニシティ的体験がよく起こる。親近感の力がなんらかの方法で人の心を魅了して動かし、ある出来事が実現する可能性を高めるのではないだろうか。私は詩人にしてナチュラリストでもあるデイヴィッド・ホープの「ある人々は、他の人には見えないものを見る。なぜならそれが彼らに見られたいと願っているからだ」という意見が気に入っている。[*2]見ることには、見られている生き物の「意思」も不思議な方法で関わっていると言えるだろう。ニューサイエンスの言い回しを借りると、意図的な行動や観察は、観察の対象を生み出すプロセスの一部なのだ。私たちは文字どおり、生き物のつながりの網の中に存在する潜在性を呼び起こしているのである。こう説明しても、伝統的な科学にすっかり染まった人は混乱するだけかもしれないが、つまり〝マノス・ジョーンズ‐いも虫‐蝶〟という潜在性は実現される日が来るのを待っていたのだ。人の心にはすべての生き物への親近感が潜在的に存在し、私たちの興味と注目を引く日を待っているのである。

絶滅寸前のパロス・ヴェルデス半島のモルフォ蝶は、ロサンゼルスの元ストリートギャングでドラッグの売人だったアーサー・ボナーに、その繊細さやアスファルトで覆われた世界で生き延びるための闘いを見てほしかったのだろう。そうでなければ、この虫の苦悩がこの世間ずれした若者の心に深く響いたことの説明がつかないのだから。「ピープル」誌のインタビューで、ボナーはこう語っている。「僕は道を踏みはずしそうな若者に新たに人生をやり直させることが目的の、自然保護計画の活動に参加していた。そして蝶の不確かな運命について学んだ。きっと僕は誰にもわからない不思議な仕方で蝶と結びついたんだ」。彼は自分の気持ちに従い、蝶が生き残るために必要な生息地を復元しはじめた。いまではその環境保護活動団体の一員となったボナーは、彼自身がなりたいと思っていた人間に変身することを蝶が手助けし、彼の生きる力が消滅するのを蝶が防いでくれた、と述べている。だから彼はいま恩返しのために、これらの蝶がカリフォルニアのパロス・ヴェルデス半島のごつごつした丘で個体数を回復できるよう活動し、そのかたわら自然観察旅行に来る町の子供たちの案内もしているのである。

蝶への愛のために

蝶を愛するのは簡単だ。蝶は咬んだり刺したりしない。その美しさゆえに他の虫よりも高い地位を確保し、私たちのネガティブな心理的投影からも大部分は逃れてきた。しかし、完全に逃れおおせているわけではない。

たとえば数年前、タブロイド紙が一八〇センチの蝶が荒れ狂う物語を掲載した（最後は、中西部の農夫に撃たれて終わる）。より最近の例では、ピュリッツァー賞を受賞したコラムニストの体験談がある。キッチンの天井を飛んでいるコウモリを見て妻が叫んだときのことだ。実はそれはコウモリではなく、大きな黒い蝶だった。彼はともかくほうきを振りあげてそれを殺してしまう。おそらく正当な行為だと彼は思ったことだろう。妻を怖がらせた一種の侵入者だったのだから。心優しい生き物を敵に仕立て上げたのは彼の投影のせいだと私は思う。部屋に迷いこんで出られなくなった蝶は、攻撃ではなく助けを必要としていたのに、投影のせいで彼はそこまで頭が回らなくなっていたのだろう。ちなみにふだんの彼は、私たちの文化的偏見を楽しげにあげつらうコラムを書いているのだが。

幸い、多くの人にとって、蝶はカリスマ的魅力をもった存在だ。たとえ、家の中で壁や窓にぶつかってばたついているときでさえ。自然保護運動家は、蝶を無脊椎動物の「宣伝ポスターのキャラクター」にして、充分な公的支援を引き出し、とりあえず、その蝶が消滅しそうな生息地を集中的に救おうと考えている。そこには蝶だけでなく、私たちが魅力的だとは思わない生き物も数え切れないほど生息しているからだ。

蝶は女神の顕現として人類の誕生以来ずっと崇められてきた。古代メキシコ人は蝶を愛と美の神とみなし、蝶の卵を幸福が育つ種として崇めた。

蝶と愛の強い結びつきは、東洋でも見られる。中国の玄宗皇帝は、蝶に愛人を選ばせたと言われている。庭のかごから蝶を放ち、大勢の女性たちの中でどの女性が蝶を惹きつけるか見ていたそうだ。キリスト教の物語では、イヴがエデンの園を追われたとき、彼女を愛していた蝶たちもついていったと言われている。

◈苦しむ蝶

蝶に関わっている人すべてが、この魅力的な虫を尊敬すべき仲間と考えているわけではない。たとえば愛と幸福と蝶とのつながりにつけこむ多くの企業は、結婚式や開店祝いなどのおめでたい席で放つための蝶を売っている。これは経済活動に歪められた情熱と言えるかもしれない。

蝶が繁栄するために必要なものを理解している人々は、このように蝶を利用する風潮に危機感を覚えている。「クセルクセス協会」という世界最大の昆虫保護団体の創立者、ロバート・パイルは、特別な行事で蝶を放すことは、蝶の交尾と渡りの周期を無視した行ないだと述べる。[*3] いっせいに蝶を放すために、詰め込まれた箱の中で圧死する個体がいつも出ているという指摘もある。もうひとつの恐れは、蝶を売ることに魅了された人々が、越冬地にまで蝶を捕りに行くようになるかもしれないということだ。それはいずれあらゆる生き物を脅かすことにもなりかねない行為である。

蝶に魅了された人は、その関心が経済的なものでなければ、蝶の幸福を気にかけ、彼らが生き残るのに必要なものを探す労をいとわないだろう。蝶のあまり魅力的ではない仲間と同じように、蝶は面倒に巻き込まれているのだ。

蝶はその生態を生息地の環境に対して繊細に調整して生きているので、気候が変わると真っ先に影響を受ける生き物だ。事実、蝶は幼虫も成虫も環境に敏感で、汚染された環境でも蝶がいるなら、それはまだその生態系のバランスが充分にとれていることを意味する。

私たちは花さえあれば蝶を引き寄せ定住させることができると思いがちだが、じつはそうではない。多くの繊細な種類は、霧が出ると花から蜜を採ることができなくなる。生息地が区分化されることにも敏感で、たとえば道路やフェンスができただけで通り抜けられないと認識してしまう。

さらに複雑なことに、多くのいも虫は一種類の植物しか食べないのだ。しかも雑草と思われているような植物である。この特定の植物を必要とする習性のために、開発によって生息地を破壊されたアメリカの多くの種が絶滅へ追いやられた。それでも蝶の全種の八〇パーセントほどは、環境の悪化した生息地でがんばっている。約一〇～二〇パーセントはいますぐに定住できる生息地を必要としている。みつからなければ近い将来絶滅するだろう。こういう蝶は私たちの助けがなければこの状況を切り抜けられないのだ。いまでは北アメリカの一五種が公式に絶滅寸前種、あるいは絶滅危惧種としてリストに載り、少なくとも七五種が絶滅寸前種の候補なのである。

環境との繊細なバランスの上に生きる蝶の生態を考えると、土地に蝶がいないことは殺虫剤が使用されてきたことを示す典型的な証拠であるというのも当然だろう。一般的に使われている殺虫剤によって多くの昆虫が苦しんでいるが、蝶は特に影響が顕著に出てすぐに弱り、たいていは死んでしまう。そのため、蝶の不幸な親戚であるマイマイガへの化学物質による絶え間ない攻撃が、蝶を傷つけていることは容易に推測できる。遺伝子組み換え作物の議論につねに登場する天然の殺虫剤Ｂｔ（一九四頁参照）でさえ、標的とした虫だけではなく蝶の幼虫も殺してしまうのだ。

蛾と影

蛾のことを心配する人は、あまりいそうもない。特に、戸外の灯りに集まるくすんだ小さな蛾には誰も関心を払わない。ふつうは蛾を美しいとは考えないものだ。もし蝶と蛾を分類しなさいと言われたら、見た目の美しさと、昼間飛ぶか夜飛ぶかで簡単に分類できそうである。蛾は羽のような触角と毛に覆われた胴体を持ち、夜間に飛びまわる汚い色の虫で、それに対して蝶は、こん棒のような触角と鮮やかな色を持つ昼間飛ぶ虫と考える人がほとんどだろう。しかし実際はそれほど簡単に分類はできない。昼間飛ぶ蛾もいるし、たいていの蛾が鈍色で羽のような触角を持っているものの、そうではない蛾もいるからだ。

もうひとつの分類法は、蛾が繭を紡ぎ、その中でいも虫から成虫への変化をとげることだ。蝶は変態をさなぎの中で完了する。その外皮は硬く、いも虫の最後の脱皮となる。

一般的に蛾は、夜飛ぶ習性のために、あらゆる影の投影を担うことを運命づけられた。たとえばボリビアのアイマラ族は、珍しい蛾が姿を見せると死の前触れとみなした。古代メキシコ人も夜行性の蛾の一種を死のメッセンジャーとして恐れていた。

初期キリスト教の謎に包まれた古文書では、蛾は肉欲の誘惑の象徴だった。飛ぶときに耳障りなキーキーという音をたて、胸部にドクロ模様があるドクロメンガタスズメという巨大な蛾は、悪魔を表わす死の象徴とされていた。

しかし、こうした影の象徴にもかかわらず、蛾も蝶もどちらも繭とさなぎの中で謎めいた変身をとげるために、大半の古代文化では蛾と蝶が関連づけられている。どちらの虫も、生から死へ、そして新たな生へ移りゆく秘密を知っていると信じられていたためだ。

いも虫から蝶へ

蝶や蛾の幼虫の変化を見た人は、ほとんどが死やよみがえり、再生を連想するのではないだろうか。

古代の宗教では、蝶や蛾のスピリットは神の子宮とみなされた。二本の斧（蛾の外側に開いた羽を思い起こさせる）と蝶や蛾との組み合わせは特徴的な宗教的イメージで、死と再生はどちらもこれらの羽のある人々のスピリットから生まれるとの考えを表わしている。

先住民族は、生の本質はもっとも小さい生き物の姿に現れると考えていたので、いも虫が変態し生まれ変わることと、毎年春になると自然が生まれ変わることを結びつけていた。たとえばアメリカ先住民のプレーン族は、冬が春へ移りかわることを祝う年に一度の行事でフープダンスを踊るが、踊り手は美しい蝶へ生まれ変わるいも虫をイメージしていた。

ホピ族のバタフライ一族にとって蝶は一族の守り神であり、そのスピリットはカチーナと呼ばれる人形に擬人化されている。毎年、一族の若い男女はブリチキビというバタフライダンスを踊り、豊作をもたらすと信じられている儀式を行なう。

◈殻の外へ

虫ほど成長と変化のモデルにふさわしいものは他にない。どの虫も必ず周期的に外側の殻を脱ぎ捨てて脱皮をするからだ。虫の成長には二種類ある。そのひとつ、徐々に進行する不完全変態は、ゴキブリやバッタ、カマキリに見られ、ニンフと呼ばれる幼虫は成虫と同じ姿形をしている。齢（れい）と呼ばれるおのおのの成長の段階で、幼虫は表皮を破り以前より大きくなって現れる。これが脱皮だ。人間の体も同じように成長するが、私たちの外皮はもっとゆるやかに変化する。

もうひとつのより複雑な成長方法は完全変態と呼ばれ、蝶やハエ、甲虫などの幼虫が取り入れている。人の心理的成長もこの方法だが、それについてはつぎの章で述べることにしよう。完全変態には蛹化というさなぎの段階がある。その間にほぼすべての体細胞が壊れ、新しい体が組織されなおす。そのため未熟な虫、つまり幼虫は両親とは似ても似つかない姿をしている。ウジ虫はハエに似ていないし、地虫も甲虫には似ていない。いも虫も蝶や蛾には似ても似つかない。大部分の虫が取り入れているこの成長方法の利点は、成虫と幼虫がまったく異なる生息地を利用できることだ。

成長の隠喩（メタファー）

すでに本書で見てきたように、生命の本質は自然の中に種をまかれ、私たちが誕生する以前から文化や宗教の背景に織りこまれていた。たとえばバッタが経験する不完全変態の各段階は、この世の雑事から私たちを解放する力であると象徴的に理解されていた。この能力が、バッタが初期キリスト教の図像で魂の象徴として尊敬されていた理由だ。

甲虫やハエ、蛾、蝶に見られる完全変態の各期（ステージ）は、ひとつのアイデンティティからつぎのアイデンティティへと変化する成長の段階を、普遍的に反映したものと言えるだろう。このような徹底的な変化には必ず、一時的な闇の期間が存在する。その間に生まれ変わりを可能にするプロセスが起こるのである。さまざまな異なる文化や宗教を背景とする人々は、このプロセスとその驚くべき結果を観察し、そこに人間の生命にも当てはまるモデルを見たのだ。

◈私たちと社会の変貌

この変貌のイメージは、太古の時代に意義深くとらえられていたのと同じように、現代社会の個人にとっても集団にとっても深い意味を持つ。一九九〇年のアースデー（四月二二日）に、作家にして教育者のノリ・ハドルが『バタフライ――もし地球が蝶になったら』（邦訳、ハーモニクス出版）という本を出版した。[*4] その中で彼女は、人間が持続不可能な社会から「蝶の文明」へ転換する物語を描いている。蝶の文明は人間の可能性を実現し、個としての、そして集団としての地上の生き物すべてに平和と健康、繁栄、正義をもたらす、という考え方だ。いまでは広く知られている比喩だが、ハドルは私たちが今いる場所を、莫大な量の食料を食べ尽くしてしまったあとのいも虫がいる場所にたとえた。いも虫のように、私たちはさなぎに包みこまれ、変身のときを待っているのだ。しかしいも虫にとっては死を待つにも似た時間だ。大人の形をした細胞（つまり、成虫と呼ばれる虫の成長段階に関係する細胞）が成長しはじめ、いずれ蝶になるさまざまな部分をつくるプロセスが本格的に始まるからである。ただし、さなぎの外からは何も起こっていないように見える。ハドルは、文化が成虫になるための細胞は、一人ひとりの人間であり、グループであり、新しい体をつくろうとする行動であると述べている。それらが群れをなし、塊になって、情報を共有して成虫になるのだ。彼女は人が現状にしがみつこうとする試みを、単なるいも虫の免疫システムにすぎないと切り捨てる。かたくなで受け身で、古いいも虫の形に執着し、羽のある姿を表現するのに必要なものがすっかりそろうまでは成虫の細胞を自分のものと認識しない反応だからだ。

バーバラ・マークス・ハバードは、一九九八年に出版された『意識的な進化――共同創造（コ・クリエーション）への道』

（邦訳、ナチュラルスピリット）で、ハドルのたとえを引用して人間の変化を説明している。それは環境を汚染する人口過密な状況が、システム全体の変化を経ていずれは私たちの潜在能力をも刺激し、完全に覚醒した社会へ変貌することを約束する。ウィリス・ハーマンも虫のたとえを使って、システム全体の変化が文化にいかに良い影響を及ぼすか、ビジネスが経済や金融の基盤から生き物や地球を重んじるものにいかに変わることになるかを説明している。ハーマンもハドルのように、私たちのこの転換の過程と、さなぎの中にいるいも虫が本能によって（そしておそらくは神の恵みによって）成虫へ変わろうとする過程を結びつけている。新たな共同体や組織が、すでに社会の徹底的な変化へ向けて動きはじめている。フェミニストや環境保護の団体、霊的なものを求める活動の大きな影響を受ける彼らは、ビジネス界の成虫の細胞と言えるだろう。現在の社会構造が崩壊すれば、こういう「成虫の細胞」の活動が軌道に乗り、ビジネスはすっかり様変わりするのではないだろうか。

蝶のイメージとメタファーの現代への復活と時を同じくして、一九九七年六月二六日、ニューヨークの国連本部に世界中の国家元首が集まった。一九九二年六月に開催された国連環境開発会議、通称「地球サミット」以降の成果を再評価するためだ。そこでカリフォルニア州オークランドにある「バタフライ・ガーデナーズ・アソシエーション」の創設者アラン・ムーアは、蝶を空へ放つ準備をし（事前の世話と気候条件に十分配慮していた）、地球のはかない美しさに人類があらためて気づいたことを象徴しようとした。[*5] ムーアはそれ以来、この千年期の象徴である生き物の潜在力をつねに意識し、人間はさなぎから出て、新たな改革の章を始めようとしているのだと考えている。新たな章が始まれば、他の生き物と平和的に共存し、人間がその世話役として責任を果たすことが当たり前になるはずだ。ムーアにとって蝶は、地球の復活と世界平和の夜明けにもっともふさわしい象徴であり、その復活のために全力をつくすよう人々を鼓舞してくれるものでもある。蝶にまつわる数々のシンクロニシティ体験を持つムーアは、共同出資で「バタフライ・ヒーリング・プロジェクト」を推進している。世界中の人々が彼の考えに共感して、六〇〇〇万羽の蝶をつくってくれるよう願いながら。

霊的成長の手本

蝶と蛾は変容と成長の普遍的プロセスの見本である。条件がそろえば隠れた生命が現れてくるという考えはとても魅力的だ。それは、いまは社会や家庭など幾層もの下に隠れているが、羽のある美しい命が自分の中にも存在するという希望を私たちに与えてくれる。私たちの変容を手助けするために、さまざまな霊的な道はみな、私たちが本来なるはずだった存在への進化は、私たちがいかに考え、いかに行動するかにかかっていると教えている。思考と行動が、私たちの精神的な細胞なのである。虫にならって、ときには暗闇の中でじっとしていることも必要だろう。そうすれば、手の込んだ防御壁をつくらなくても、生命の深い泉に入ることができるのではないだろうか。

ジーン・ヒューストンは『神話を生きる *A Mythic Life*』で、社会の変容とは私たちの個人的成長への影響をともなう復活（ルネサンス）である、と述べている。「いも虫としての自己」への扉が開けられ、魂をとりかこむ壁に割れ目ができると、私たちはふたたび自分は何者か、人生とは何かという「蝶の疑問」の洪水でいっぱいになり、それに導かれるようになる、というのがヒューストンの考えだ。

さまざまな霊的伝統において、自己変容を経て完璧な状態を目指すために、日常生活での動揺や喧噪、不安を捨てて修行に取り組む人は、蝶に変わるためにさなぎになるいも虫にたとえられてきた。東洋の宗教の視点から見ると、さなぎは平穏な瞑想の理想的イメージであり、新たな人生を約束するものでもある。いまでもヒマラヤ山脈には、人が容易に近づけない洞窟で何年間も最低限の食料で隠遁生活を送り、聖なる真理を悟ろうとする修行者がいる。やがて彼らは偉大な導師となり、自らをインダス川とガンジス川の谷に住む巨大な蝶にたとえるのである。

◈キリスト教の象徴学

キリスト教では、いも虫はキリストの象徴である。ルイ・シャルボノ・ラセの『キリストの動物寓話』によると、五世紀の人々は「キリストはいも虫だ。彼が卑しいからでも、自ら卑下したからでもなく、よみがえったからだ」と語ったそうである。事実、変態を経る虫はすべてキリストの象徴だった。いも虫の変態は（他のどんな虫の幼虫よりも）キリストの傷つけられた体が暗い墓場からよみがえり、新しい肉体へと変貌した過程を連想させたのだろう。また、フランス西部の田園地帯でよく見られる明るい黄色の蝶は、三月や四月になると真っ先に姿を現すので、復活したキリストの象徴となり「イースター・ジーザス」と呼ばれている。

いも虫はまた、蝶になる前にふたつの準備段階を通り抜けなければならないキリスト教信者も表わす。第一段階は、いも虫に象徴される肉体の生、第二段階はさなぎや繭に象徴される死である。死後、人間の魂は目的地である復活と永遠の命に到達し、蝶にたとえられるのだ。

◈変貌の闇

個人の再生や地球の再生をも求める人にとって、羽のある生という目標は、その前に起こる繭やさなぎの闇の中での〝死〟のせいで、暗いものに映りがちだ。個人や文化の古い時代遅れな側面が死のうとするときの葛藤を目撃したり経験したりして暗い気分になっている人は、昆虫の変態の過程でもそんな葛藤が復活のためには欠かせないという事実を知って、気を取り直してほしい。

たとえば、こんな実話がある。繭をみつけて家に持ち帰り、蛾が現れるのを待っていた男がいた。ある日繭を見ると、虫が小さな穴を開けていた。それから数時間、虫はなんとか体を出そうともがいていたが、ぴたりと動かなくなってしまった。それ以上は何の変化も起こりそうもない。男は親切にも蛾の手助けをしようと決め、繭の残りをはさみで切った。すると蛾はたやすく外に出てきたが、胴体は腫れ上がり羽は小さく縮れていた。男は胴体が引き締まって小さな羽がもっと広がることを期待しつつ観察した。しかし何も起こらない。結局その蛾は飛ぶこともできないまま一生を終えた。男が蛾を長い葛藤から「救いだした」ために、胴体と羽に血を送りこんで羽のある生の準備を整えるプロセスが阻害されてしまったのである。

蝶の魂

魂の概念が歴史上のあらゆる文化で記録されてきたように、蝶の魂の概念も記録に残されている。多くの文化では、蝶や蛾は亡くなった人の魂だと信じられていた。たとえば日本人は、家に入りこんだ蝶に優しい。人間の魂は蝶の姿になって、永遠に肉体を去ろうとしていることを告げにくると信じているためである。南太平洋のソロモン諸島の人々は、死を目前にすると自分がどんな姿に生まれ変わるつもりかを家族に伝える。たいていは鳥や蝶、蛾が選ばれる。そのときから、家族はその生き物を聖なる生き物として扱うのだ。

現在も蝶と魂の関係は続いている。『生きがいのメッセージ——愛する故人とのコミュニケーションがもたらす新たな人生観』(邦訳、徳間書店)の著書ビル・グッゲンハイムとジュディ・グッゲンハイムは、死後のコミュニケーションのしるしとしてもっとも引き合いに出されるのは蝶と蛾である、と述べている。以下に同書から蝶とさまざまな象徴に関するふたつの物語を引用するが、そこには蝶や蛾がどのように人と触れあうかが描かれている。

◈愛は永遠

一〇カ月前に一〇代の娘ダイアナを交通事故で亡くした元警察官がいた。妻や訪ねてきた親戚数人といっしょに庭のラウンジチェアに座っているとき、蝶がいるのに気づいた。すぐにダイアナのことが頭に浮かんだので、彼は思った。「ダイアナ、もしお前なら、私のところへ下りてきておくれ」。すると蝶はためらうことなく彼の指にとまり、行ったり来たりした。それから蝶は手のひらに移り、また行ったり来たりしはじめた。触角の動きが見えるほど蝶に近づけたことは、いま思い出しても驚きだそうだ。妻は彼が何を考えているのか気づいているかのようにみつめていた。

彼が立ち上がってキッチンへ行っても、蝶は手の上でじっとしていた。彼は蝶に、シャワーを浴びなければいけないから外へお行きと話しかけた。彼はドアを開け、そっと蝶を手から放し、空へ舞いあがるのを見送った。信じられない体験だった。蝶を手に止まらせたことなどこれまでなかったのだから。彼は家の中に戻りシャワーを浴び、そして泣いた。その後、「コンパッショネイト・フレンド」という嘆き悲しむ家族のための自助組織の集まりに参加したとき、彼はその組織のマークが蝶であることを知ったのである。

◈ヤママユガ

蝶と同じように蛾にも、人にメッセージを伝えてきた長い歴史がある。東南アジアには、人間の涙を餌にして生きている蛾がいる。涙にはさまざまなタンパク質が含まれているだけではなく、慰めというぴったりなイメージもある。おそらくこの世を去った人の魂が蛾の羽に乗って戻ってきて、何も言わずに残された人を慰めるためにその涙を飲みほすのだろう。

タイミングよく現れて、慰めや確かなメッセージをもたらす蛾もいる。グッゲンハイム夫妻の『生きがいのメッセージ』の二つめの物語では、教師である母親とその夫が一〇代の息子がなぜ亡くなったのかを告白する。心臓発作で息子が亡くなってから二週間、母親がキッチンにいると、夫の呼ぶ声がした。外に出て夫のもとへ行くと、明るい日差しの中に、羽を広げると一五センチ近くある大きな薄黄緑色の蛾がいた。夫はそれを拾いあげ、近くの茂みの枝の上に置いた。ふたりはしばらくの間蛾をみつめていたが、ついに蛾はひらひらと飛んでいった。その後、彼女は本を調べてその蛾がヤママユガ、英名 luna moth であること、そして luna はラテン語で「月」を意味することを知った。息子の趣味は天体観測で、将来は宇宙物理学者になりたいと言っていたのだ。彼女はまた、ヤママユガがヤママユガ科（*Saturniidae*）に属し、亡くなった息子の机には土星（Saturn）の写真があることにも気づいた。両親は息子がサインを送って、自分が新しい命を得たことを知らせようとしたのだと信じている。

シンクロニシティ現象

このような出来事が体験者の心を癒すのは、そこに個人的関連性が示唆されているからだが、意味ある偶然の一致にはつねにそうした関連性が存在している。主観的な考えや気持ちを外の物理的世界に結びつける出来事は、安心や導きをもたらすものだ。それらは疑いや嘆き、何らかの仲違いによって一時的に曇らされた人生に、私たちをふたたび結びつける。そしてまた、こうした出来事や生き物は、科学的な事実や統計をどれほど考慮してもありえないほど、魔法のようなタイミングで出現する。ふと気づくと自然界に包まれて、さまざまな意味が交差する領域へ持ちあげられ、聖なる力を植えつけられているのだ。

ヘレン・フィッシャーの『エリンより愛をこめて *From Erin with Love*』は、がんと闘った娘エリンが、死後も家族とコミュニケーションをとる感動的な物語である。その中でフィッシャーは、何度も蝶がやってきた体験について語っている。蝶が来るようになったのは、エリンの死の四日後のことだった。黄色と黒の蝶が、エリンの遺灰をまいたあたりに現れたのだ。その二日後、エリンが通っていたカレッジのキャンパスにある円形劇場のような大きな窪地で彼女の人生を讃える式が開かれたとき、一匹の黄色と黒の蝶が丘を下るように飛んで窪地に入ってきた。そこで蝶はひらひらとエリンの家族や友人の席の上を飛びまわり、注意を引いた。

大きな街に住むエリンの姉は、エリンの死後三週間の間に「黄色と黒の蝶が二回、別々に現れて、文字どおり急降下してきた。どちらのときも、蝶は自分のほうへまっすぐに飛んできて、羽のはためきが髪に感じられるほどだった」と語った。蝶は節目の時ごとにエリンの家族や友人の前に現れつづけ、あわせて二〇回以上も姿を見せた。エリンは元気に生きているというメッセージを運んでいたのだろう。コミュニケーションはどんどん増えていき、その後数カ月間さまざまな方法でメッセージが届けられたそうである。

◈蛾の訪問

いまは亡き愛する者の知らせを運ぶとみなされる場合は、蛾の訪問もあまり非難されない。私たちは生命のさまざまな側面や強い意思について口にはしても、ふだんはついつい忘れがちである。ところが数年前大きな蛾が現れ、私を精神の覚醒へと高めてくれたのである。

その蛾はある夏の日の朝早く、シナモン色の羽で現れた。そして安全な避難場所として家の玄関を選んだ。瞑想しているかのようなその姿勢を邪魔しないように気をつけながら、私はその模様や、うっすらと鱗粉で覆われた広げた羽、そこに繊細に描かれた色鮮やかな「目」、房飾りのある触角の優美なカーブ、そして髪の毛のように細いがしっかりとした脚を観察した。子供のころ蝶や蛾に興味があったので、ヤママユガ科の大きな蛾だとすぐにわかった。しかし私はそれがわが家にいることが不思議でならなかった。それまでは付近で見かけたこともなかったからだ。数時間たっても、蛾はまだ玄関ポーチにいた。そのとき私は、ちょうど読んでいたメディスンウーマン（女性シャーマン）に関する本の表紙に、同じ種類の蛾が美しく描かれていたことを思い出したのである。

シンクロニシティと神の恩寵

先住民族は伝統的に、シンクロニシティ的出来事を健康の兆候とみなした。今日でもカウンセラーは、生活の中で起こるシンクロニシティに気づかないなら、それは何かがおかしいしるしだと認めている。シンクロニシティを体験すると、自分よりも大きな存在に見られているような、守られているような気持ちになる。それが人の力を回復させ、やすらぎをもたらすのかもしれない。

シンクロニシティ現象は、成長の過程の重要な場面でよく見られ、神の恩寵とも呼ばれる。私は心の世界の巡礼者であるスコット・ペックが、恩寵は贈り物以上のものだと説明している言葉が好きだ。

恩寵の中で、何かが乗り越えられる。恩寵はどんなことがあっても現れる。
恩寵は別れや仲違いがあっても現れる。
恩寵は命と命がふたたびひとつになることであり、自己とそれ自身との和解である。[*6]

たとえ一時的であっても、乗り越えられるものとは、私たちが感じている人生に対する漠然とした遠さである。そのために私たちは悲嘆に暮れ、孤独に苛まれ、行動を決断できなくなっている。メッセンジャーとしての、そして成長や変化のモデルとしての蝶の役割を理解していれば、私たちが岐路に立ち、人生の危機に直面しているときにしばしば蝶や蛾が姿を現しても驚くことはないだろう。蝶が現れたとき、私たちはこれから取るべき道のひとつについて考えをめぐらせているか、内界／外界を問わず新たな道に一歩を踏み出しているはずである。

◈少年から男性へ

心理学者にしてセミナーのリーダーでもあるジョン・リーは、著書『フライング・ボーイ——愛することを忘れた男たちへ』（邦訳、ＰＨＰ研究所）で、初めて体外離脱体験をして蝶になったときのことを語っている。それ以来、その日学んだことを思い起こさせるようなタイミングで蝶が現れるという。初めての経験は、彼がひとり桟橋で本を読んでいたときのことだった。一匹の蝶が現れ、足の親指に止まった。彼は直観に従い、蝶の体と入れ替わろうとしてみた。蝶はじわじわと体を上ってきて、ついにリーの手にたどりつき、そのままじっとたたずんだ。彼が蝶をそっとなでるとすぐに体が入れ替わった。およそ四五分間、蝶の心の世界を体験したのち、彼はそっと自分の体にすべりこんだ。翻訳はできないものの、彼の人生に助言を与えるであろうことを学びとって戻ってきたのである。

その後数カ月間は、周期的に蝶と出会った。もっとも印象的な出会いは、真の男らしさをさがす旅についての原稿を書いているときだった。蝶がリビングルームにひらひらと入ってきて、机に止まったのだ。その存在が彼の仕事に祝福をもたらし、彼自身が拠り所のない「フライング・ボーイ」、つまり現実逃避する少年から大人の男性へ変身したことを暗示していたようだった。

他の兆候

莫大な数の蝶や蛾、いも虫の大群は、昔から恐怖を呼びおこし、悲惨な運命の兆候とみなされてきた。一〇世紀の日本では、平将門がひそかに反乱を企てたときに京の都に蝶の大群が現れ、人々をぞっとさせたらしい。尋常ではない大量の虫は不吉な前触れであり、蝶はこれから起こる闘いで命を落とす大勢の人々の魂だと信じられていたのである。

◈オオカバマダラからのメッセージ

虫の大群は、必ずしも破滅を意味するものではないことを、『神の女性の顔 *The Feminine Face of God*』と、ごく最近の『新たな文化をつくる人々 *The Cultural Creatives*』の共著者であるシェリー・ルース・アンダーソンは発見した。父親が七五歳のとき、アンダーソンは父親がオオカバマダラの魅力とその大移動の謎に魅せられていることを初めて知った。父親は途方に暮れたような顔で彼女にこうたずねた。「オオカバマダラはどうしてあんなに長い旅ができるんだろうね?」その現象について調べ、渡りの仕組みについてわかったことを教えても、父親はまだ頭を振って、どうしてあんなに小さくてか弱い生き物にそんな大移動ができるのだろう、と言いつづけた。そんな旅ができる能力を持った繊細なオオカバマダラと自分がなんとなく似ていると感じていたのかもしれない。というのも彼はここ一〇年の間に心臓バイパス手術を二回受け、それ以来すっかり弱っていたからである。ついにアンダーソンは、父親がオオカバマダラについてたずねるのは、自分自身の魂の旅のことを考えているからだということに思い至った。

その年のうちに父親は昏睡状態に陥って危篤となり、親族が集まった。そのときアンダーソンの姪のキャサリンが、祖父とふたりきりで話したいと言った。そして長い間祖父の部屋にこもり、目を真っ赤に泣きはらして出てきた。その後アンダーソンとキャサリンは海岸に散歩にでかけた。キャサリンは、祖父に腹を立てていたことや、祖父が自分を知ろうともしてくれなくて、どんなに傷ついたかわかってもらいたかったことを話した。だがいまとなってはもう手遅れだ。

ふたりが歩いていると、オレンジと黒の蝶の大群に囲まれた。オオカバマダラだ。無数のオオカバマダラが、ふたりの歩くペースにあわせてついてくる。アンダーソンはここで育ったのだが、一度に二、三匹しか見たことがなかった。彼女は父親がオオカバマダラに魅せられていたことを考えつづけたが、姪には何も言わなかった。するとキャサリンが足を止め、蝶に向かってうなずいた。

「これはポップポップだわ」と彼女は静かに言った。ポップポップとは、彼女が幼かった頃の祖父の呼び名だ……。「おじいちゃんがさようならを言いに来たんだわ。もうだいじょうぶ。おじいちゃんが私たちを理解してくれなくても、過ちを犯していても、もうだいじょうぶ。私は許せるわ」。彼女は何かを思い返すかのように間をおいてから、言った。「彼が私のおじいちゃんでよかった」[*7]

キャサリンが話し終わると、ふたりについてきていた蝶の大群は方向を変え、風に乗ってすぐに見えなくなった。アンダーソンはキャサリンに、この長旅を生きぬく蝶が一年をとおして父のもとを、病院のベッドで自分自身の長い旅の準備をしていた父のもとを訪れていたことを話したいと思ったが、言葉が出なかった。二日後、父親は亡くなり、彼の旅を「りっぱに」締めくくったそうである。

トンボの疑問

オグララ・スー族は、飛ぶ生き物をひとまとめにして「羽のある人々」と呼び、風の持つあらゆる力と結びつけていた。[*8] 鳥、蝶、蛾、そしてトンボがこのグループに入る。

もし古代の人々が信じたように、より単純なつくりの生き物のほうが、科学者をいらいらさせるとらえどころのない不可視のエネルギーに反応しやすいということが本当なら、いつか昆虫——とりわけ「羽のある人々」——は、私たちに起こる意味深い偶然に関わってくるだろう。彼らに心を開き注意を払っていれば、そうなる可能性は高い。

アリエル・フォードの『神秘的な魂にココアをもう一杯 *More Hot Chocolate for the Mystical Soul*』の中には、作家にして講演家でもあるトム・ヤングホームがトンボに変身した経験を語るエッセイが載っている。そのトンボは彼の目の前で羽ばたき、それから左手の親指の関節に止まった。そしてまた舞い上がったがすぐに戻ってきて同じ場所に止まった。そのとき、ヤングホームはいまだにうまく説明するための言葉がみつけられないそうなのだが、トンボとの間に静かな交流が起こった。かつて誰かや何かと結んだどんな絆よりもそれは深かったと彼は考えている。母親の死を悲しんでいたヤングホームに神が恩寵をもたらした瞬間だったのかもしれない。

トンボが飛び去ると、自分の人生や選択に関する疑問があふれるように湧いてきた。彼の体験は、ジーン・ヒューストンが考えたとおりだった。つまり、「いも虫としての自己」への扉が開かれ魂を取り囲む壁に割れ目ができると、私たちは自分は何者か、人生とは何かという新しい「蝶の疑問」に満たされ、それに導かれるのである。この場合、魂を囲む壁は蝶ではなく別の「羽のある人」、トンボによって倒されたので、ヤングホームの心をいっぱいにしたのは「トンボの疑問」だったのだろう。

羽のある人々

空を飛ぶ生き物は、私たちの想像力の中では風に乗る能力と結びつけられているが、先住民族の文化でもその能力は高く称賛されていた。また空を飛ぶ生き物たちは、異界からのメッセンジャーであると広く信じられていた。彼らは死者のメッセージを運ぶだけではなく、地球と密接なつながりのある別な世界からのメッセージも運ぶと信じられていた。異種間コミュニケーターのペネロペ・スミスも、蝶やトンボ、ハミングバードのような生き物は、世界や次元を超えたメッセンジャーであると認めている。彼らはさまざまな次元の命のリズムと交流するために羽の振動を調節し、他の動物や植物からのメッセージを伝えるのだ。

スミスは著書『動物たち――全体性への帰還 *Animals: Our Return to Wholeness*』で、マーシャ・ラムズランドの物語を紹介している。彼女はストローブマツの若木からのメッセージを蝶をとおして受けとったのだ。ラムズランドは葉が黄緑色になっている枝を観察し、切ってしまおうと考えていた。すると目の前に蝶が現れ、テレパシーでそんなことをしてはいけないと伝えてきた。蝶が木のために行動しているのだと思ったので、ラムズランドは忠告を受け入れた。その後葉の色は本来の色に戻っていった。ラムズランドが考えたように枯れたのではなく、ただ成長過程にあっただけだったのだ。

おもしろいことに、蝶と木の協力関係が国中の人の想像力を捕らえたことがあった。ジュリア・バタフライと名乗っていた当時二三歳の女性が、パシフィック・ランバー・カンパニーという建材メーカーが木を切り倒すことを阻止するために、六〇メートルもあるアメリカスギに登って枝の上で二年あまりも暮らしたのだ。「スピリットに導かれてここに来ました。そしてスピリットとともにここにとどまるつもりです」と彼女はレポーターに説明した。名前の由来をたずねられると、子供のころに蝶と感動的な霊的体験をしたためだと語った。長くつらい道のりの間、蝶が手にじっととまり、彼女を魅了し励ましたらしい。

民話では、蝶や蛾と、自然界のスピリットや妖精の住む世界との間の長い関係が語られている。生き物の神秘的な力に関する貴重な本『動物の言葉 *Animal Speak*』および『動物の知恵 *Animal Wise*』の作者テッド・アンドルーズは、妖精や小人がテーマの講演会の準備のために、近くのネイチャー・センターで瞑想していた。目を開けると、たくさんの黒と黄色の蝶に囲まれていた。膝の上に止まっている蝶もいた。この出来事は彼にとって重要な意味があった。伝統的な天使論では、黄色と黒は自然界のスピリットの働きを見守る大天使ウリエルに関連した色だと知っていたからだ。蝶は、講演会の間、自分に寄りそって守ってくれる好意的なエネルギーのしるしだと彼は思った。鋭い洞察力を持ったルドルフ・シュタイナーも、虫と自然界のスピリットを結びつけた。虫は肉体の世界とスピリットのエネルギーの波長を、特に炎のスピリットの波長をつなぐ重要な鎖であると主張したのである。[*9]

虫が人間の感覚では感知できない波長を利用していることは、すでに科学によって立証されている。事実、植物が調子が悪いことをどう虫に伝えるか、そして虫同士がどのようにコミュニケーションをとっているかを発見した科学者フィリップ・キャラハンは、世界にはコミュニケーション用の膨大な送電システムが作動していて、その一部は数え切れないほどの虫の触角でできていると考えている。触角が波長を受けて、共振しながら地球と宇宙を結びつけるというのである。この宇宙と昆虫（そしてすべての生き物から細胞にいたるまで）がコミュニケーションをとりつづけているという考えは、私のお気に入りだ。神によって創造されたものすべてに感覚があり、コミュニケーションができるという、伝統的な文化に伝えられてきた永遠の叡知を反映しているからだ。とすると、その莫大な数とコミュニケーションの道具から判断して、虫は見えない世界のメッセンジャーとして働いているという考えは妥当なものなのかもしれない。

メッセンジャーの手伝い

科学的知識と秘教的知識を紡ぎあわせると、人間はなぜ存在しているのか、この世とは何か、異界はあるのかといった深遠な謎にともなう生命の複雑さと神秘の背景が見えてくる。羽のあるメッセンジャーのコミュニケーションは、巨大な宇宙のネットワーク――そのほとんどがまだ未知だが――という網の中で起こっている私たちの内面と外界との相互依存性を浮かび上がらせるからだ。そして、そうした現象のすべては、宇宙は意識的存在である――そこでは意図がもっとも重要であり、私たちの思考、言葉、行動の一切が目撃されている――という説を支持しているようだ。

この世界の背後に存在する神秘に参入する旅は、自己というなじみぶかい家の外へ一歩踏みだすことから始まる。私たちは意思と注意力だけを伴って、よく知っている道を通りぬけ、曖昧な境界地(虫が好む場所)へ入っていくのだ。虫たちの存在に意味を見出し、絆を結ぶ経験をしたいと心底願うなら、つねに油断なく気を配っていることが必要だ。そうした経験にとって最大の障害は、注意深さの欠如であるからだ。もうひとつの障害は、多くの羽のある人々が絶滅の危機に直面しているという事実だ。羽のある人々が地球から消えるままにしておいたら、その生息地がショッピングモールや遊園地のコンクリートと喧噪に取って代わられるままにしておいたら、彼らとはもう夢の中でしか接触できなくなるのだろうか？　もし彼らがこの物質界の一員ではなくなったら、誰が私たちをその美しさで魅了し、その変態のようすで希望を与え、いまは亡き愛する人がすぐそばにいると伝えてやすらぎをもたらしてくれるのだろう？

羽のある人々のメッセージを受けとる人は、今後、彼らの窮状に応えて何かしてくれるだろうか？　蝶を希望の象徴として選んだ人たちは、恵み深い不可視の創造のエネルギーによって生かされている地上の生き物たちに、希望を与えられるだろうか？　植物が大好きないも虫の消滅、水を好むトンボの幼虫の絶滅、現在の農業技術による犠牲、マイマイガや蚊への闘い、これらに抗議している声に、彼らも賛同するだろうか？　私たちは虫たちにこの先、生息と繁殖のための場所がみつかることを保証することができるだろうか？　そして虫の美しさを愛する私たちは、彼らのために発言し、経済的観点以外では彼らに価値を見出せない人々に勇敢に立ち向かうことができるだろうか？

私たちが、羽のある人々の役割はこの生ける地球および超越的世界のメッセンジャーだと認識し、彼らの合図に従うなら、それは、あらゆる形態の意識的存在の中に大きな喜びをもたらすことだろう。そして、私たち自身が成熟し、現在の殻を破って、羽のある虫たちの中に自分自身の生が反映しているのを見るとき、羽を広げ舞いあがろうとしている自分の姿をそこに見るとき、祝福の儀式が始まるのである。

第14章 奇妙な天使

私はあなたに天使しかおくらなかった。

——ニール・ドナルド・ウォルシュ『神との対話』

古代人は夢やヴィジョン、そしてそこに登場する生き物に注目し、導きや警告、知恵、創造性を求めた。生き物は神の使者とみなされたので、そのメッセージを理解することは何よりも重要なことだった。

シャーマンやヒーラーは動物の心の「読み方」を心得ていたが、それは夢事典や動物寓話集から学んだのではなく、生き物を観察し、その在りようについて深く瞑想することで身につけたものだ。そのメッセージは生き物の外貌や独特な生き方の中に暗号化されているのである。

私たちは虫にまつわる多くの事実を手に入れてきたが、その事実から、特に夢から意味をくみとることには長けていない。私たちは文化的偏見の存在に気がつかないかぎり、その偏見によって夢を解釈する傾向がある。カール・ユングでさえ、虫は「無意識的に反応する機械」でしかないという考えを撤回したのは、晩年になって、蜂には意味を伝達する能力があり、おそらく意識があり考えることもできると知ってからのことだった。

通俗的な夢事典の類いでは、昆虫は当然のように敵や恐怖の対象とされている。シロアリはおちぶれて「ゆるやかな滅亡」を迎えるという意味になり、ゴキブリは「汚物……無頓着、不注意、誇りや自尊心の欠如」と同等に扱われる。サソリは「復讐」を意味し、甲虫は「人生、特に未熟な思考や主張に存在する破壊力」、そしてハエは「まぎれもない厄介者」というように。

こうした描写には明らかに文化的偏見が見てとれる。虫に関する知識の欠如は偏見を助長する。知識があれば「姿形が違うだけの同胞」として虫の訪問を讃え、象徴に用いる語彙を増やし、夢にもっと創造的な可能性を与えることができるはずである。たとえば、シロアリは愛他的で、私たちの心の「木々」の生長にとって欠かせないものであり、思考や能力、個性の健全な発達のために重要な役割を果たす、と解説している本があってもいいのではないか。その場合、シロアリが夢の中で何かを食べたら、それはすでに使い物にならなくなった考えや心の枯れ木だということになるだろう。

先住民族でさえ、西欧社会で教育を受けると特定の生き物への文化的偏見の犠牲になるようだ。先住民のヒーラーで社会学と心理学の修士号を持っている人が近ごろ書いた、アメリカ先住民族の自然の象徴に関する本は、民族の伝承と西欧の偏見が入り交じっている。文化が害虫の烙印を押した生き物について、彼は繰り返し文化的な偏見を述べる。まるでハエを病気や嫉妬や悪天候のメッセージをもたらす害虫と呼ぶのが、先住民族の一般的な見方であるかのように。彼は、死んだ生き物や残飯を食べるハエは、邪悪な闇の力を表わす悪い兆候だとも述べている。

彼の文章の中には、ハエはすばらしいナビゲーション能力の持ち主で魚の守護者であるという先住民族の視点はまったくない。古代のハエと勇敢さとのつながりも見あたらない。さらに、生命の再生のサイクルにとって重要な、破壊と再生の知識も欠けている。ハエは不潔で病気を媒介する生き物でしかないとみなす西欧の神話や、ハエは邪悪だと非難するユダヤ教やキリスト教の考えに言い換えられているのである。

この西欧かぶれの先住民は、ゴキブリも非難している。彼はゴキブリを不潔な「悪い虫」と考え、迫り来る病気や望まない訪問者をもたらす凶兆とみなしている。そして、魔術師はこうしたたぐいの虫と手を組み、他人に虫の大群を送りつけるとも書いているのだ。

またしても、ゴキブリは不潔で病気をまき散らす生き物という西欧の視点だ。ゴキブリは邪悪な計画に関与しているという彼の言葉は、『ゴキブリ』という物語のヒロイン、マーシャを思い起こさせる。彼女はゴキブリを使って隣人を殺すのだ。

彼の言葉をブルック・メディスン・イーグルの『バッファロー・ウーマンは歌いながらやって来る *Buffalo Woman Comes Singing*』の見方と比較してみよう。彼女は、「夜明けの星（ドーン・スター）」というシャーマン一族の女性たちが、銅色の羽を持つ輝く黒い虫を送って彼女に合図しはじめたときのことを語っている。彼女は神秘的な夢を見て、その中で偉大な力を持つ虫に出会い、「虫のおばあちゃん」と呼んだ。夢の中でブルックは、その虫について洞窟に入り、巨大な水晶を発見する。彼女はこう語っている。

「虫のおばあちゃん」は後ろ脚で立ち、洞窟の中をすばやく動いている他の甲虫たちを指し示した。一言一言はっきりとわかりやすく発音して、おばあちゃんは言った。「ここはコミュニケーションのための場所です。私の仲間はこの水晶を使って、遠く離れた仲間たちとコミュニケーションをとるのです[*1]」

夢から目覚めたブルック・メディスン・イーグルは、これは虫の長老からのお告げだと理解した。長老は、エネルギーを増す作用があると長い間信じられていた水晶（夢の中では自己のシンボルであり、また物質とスピリットの結合のシンボルでもある）を利用すれば、いま使われている技術よりもっと直接的なコミュニケーションができることを彼女に教えようとしていたのである。

相互浸透する世界

虫に心を開くと、一般的な意見や集合的な「影」の影響から逃れることができる。虫の研究をする人は虫の夢を見ることが多いようだ。イギリスの動物学者ミリアム・ロスチャイルドは、彼女が知っている聡明な昆虫学者はひとり残らず、すばらしく魅力的でめずらしい蝶の夢を見たことがある、と述べている。

昆虫学者が夢を記録したり研究したりすることはなさそうだが、化学生態学の父トマス・アイズナーは、自分が研究している虫の夢を見ると認めている。インタビューの中で彼は、ヒトリガの研究をしていたときはとても集中していたので、自分が蛾になった夢を見たと語った。また別な夢では虫になった自分が仲間の虫に、人間になる夢を見たと語っていたそうだ！

日常的現実での経験と夢の中の経験との境界線はけっして固定的なものではなく、流動的で透過性がある。そのため虫に対する感情はおのずから、夢や夢を解釈する能力に影響を与えることになる。夢に出てきた生き物が日中、自然界の生き物として出現することはめずらしくないし、昼間出会った虫が夢に出てくることもよくあることだ。

イギリスの高名な蝶の専門家L・ヒュー・ニューマンは、蝶の蒐集家だった父親のエピソードを書き残している。あるとき父親が、サセックス州の不案内な小さな村にめずらしい蛾を探しに行く計画を立てた。その前の晩、父親は三本のオークの木へ向かって村の道を歩いている夢を見た。木の前まで来ると、彼は足を止めて真ん中の木の幹に目をこらし、探している蛾を発見する。父親は目覚めると妻に夢の話をして笑いあい、願望がつくりあげた夢にすぎないと思って気にも留めなかった。しかし父親が実際その村に着くと、夢で見たとおりだということがわかった。父親は三本のオークがある道にいたのだ。彼は木に向かって歩きながら、非現実的な感覚を味わっていた。真ん中の木の幹を見てみると、夢で見たとおり蛾がいたのである。

こういう信じられないような出来事は、心の内と外の出来事を紡ぎあわせようとする力の存在を示唆している。目覚めているときも夢見ているときも生き物との出会いに注意していれば、両方が互いに作用しあい頼りあうようすや、私たちに成長とより大きな自己表現を促すようすを見るチャンスがあるのだ。

ボビー・レイク・トムは『大地のスピリット *Spirits of the Earth*』で、自分の娘の話を語っている。寒い冬の夜、娘が瞑想して月経の儀式に集中していると、蝶が部屋に現れた。娘が声を出して語りかけ笑っているのが聞こえてきたのでようすを見に行くと、娘はベッドの縁に腰掛けていたが、まだ夢うつつの状態だった。娘は蝶を指さし（レイク・トムには見えなかった）、「おばあちゃん」と呼んだ。娘は父親に、蝶がいまは人間と同じ大きさになり、少女から老婆に変わりつづけていると話した。それはそばにきて抱きしめてほしいと願っているという。レイク・トムは娘に、おばあちゃんは良いスピリットだから抱きしめてあげなさいと話した。翌朝、娘は両親に美しい夢を見たと語った。彼女はそれが夢だと確信していた。すると、そこへ蝶が寝室から飛んできた。レイク・トムと妻は驚く娘にこう説明した。あれはご先祖さまのスピリットで、神秘的な月経の期間にあなたとコミュニケーションをとりたがっているのだ、と。

マーク・イアン・バラシュは著書『ヒーリング・ドリーム *Healing Dreams*』で、あるチベットの仏教僧から教わったことについて語っている。夢を変えるだけでなく、目覚めているときの現実を変える方法も学ぶことができる、なぜならそのふたつに違いはないから、というのだ。その言葉はマークの心に、現実を変えた出来事を思い起こさせた。彼が友人の庭で日光浴をしていると、蜂が飛んできて裸の胸にとまった。虫嫌いを克服しようと何年間も努力してきたので、彼はさも興味があるような態度をとった。「すぐに私は蜂の羽の虹色の光沢や……ひっきりなしに小刻みに動く触覚、とんとん叩くような足の動きに魅了された。それまでに見たことがないような、超自然的な、夢に出てくる蜂のようだった」[*2]

彼は刺されるのではないかという恐怖を忘れ、蜂が後ろ脚に着いている花粉をこそげ落として彼の胸に小さな黄色い山をつくるようすを眺めながら、現実離れしたひとときを過ごした。やがて蜂は不意に羽を広げて静かに飛び立っていった。

マークは、もし蜂を危険な虫とみなしていたら、たたきつぶして殺したり追い払ったりしていただろうと気づいた。その攻撃が出会いの力学を変え、蜂も彼を脅威とみなし刺していたかもしれない。

「私は『目覚めているときの蜂の夢』を変え……認識が私の経験の結果を変えたのだ」[*3]

マークは、こうした「夢のヨーガ」は心理的なトリックではなく、強固な迷妄から私たちを目覚めさせるための修行なのだと述べている。それがひいては、同胞たる生き物たちへの慈悲を解き放つことにもなるのである。

影からのメッセージ

虫に対する偏見を手放すと、恩寵や肯定的なメッセージを運ぶ彼らの役割を認めることができるようになる。しかし虫は、当人にとって必ずしも心地よいとは言えない無意識の世界を暴くこともある。

近ごろ出版された夢の持つ癒しの力に関する本の著者は、夢に虫が出てくるとたいがい不愉快だと書いている。不愉快と感じるのは、心の中に無視されたりバランスの崩れたりした部分があることを示しているのだが、彼女はそれ以上の説明をしていないので、そのことがわかっていないのだろう。

夢に出てくる虫は、私たちを自己防衛の壁の外へ押し出し、ふだん無視したり拒絶したりしている問題に気づかせてくれる存在なのだ。

こんな話がある。仕事も住んでいるアパートも嫌いなのに、状況を変えようとしない女性がいた。ある日彼女は、人間と同じ大きさの繭がいくつも天井からぶらさがっている部屋にいる夢を見た。多くはしなびていて、中にいるものはずいぶん前に死んでしまっているように見えたが、そうではない繭もあった。するととつぜん巨大ないも虫が繭のひとつから現れた。それは怒り狂っていて、彼女を刺そうとした。彼女はいも虫が近づいてくると後ずさりして逃げた。

いも虫の恐ろしい振る舞いは、行動しろという合図にも、彼女の中に抑圧されたエネルギーが変化とより豊かな人生を要求しているようにも見える。夢を見た女性は行き詰まっているので、いも虫もその姿のままにっちもさっちも行かなくなっているのだろう。いも虫は羽のある人々に変化するはずだったのに、女性が行動を起こさなかったがためにそれができなくなり、怒っていたのである。

同じような夢を見た女性がもうひとりいる。彼女は薄暗く風通しの悪い小部屋にいた。食器棚を開けると虫が飛びだしてきて刺した。彼女はその痛さのあまり泣きわめいた。この夢の設定は、女性が人生のどんな場所にいるかを物語っている。閉ざされて、見ることも息をすることも難しい小部屋。そこに女性は飛ぶ虫といっしょに閉じこめられている。虫は羽のある自己で、食器棚から解放されるやいなや彼女を刺す。おそらく虫は彼女を目覚めさせ、必要な変化を起こさせようとしているのだろう。あるいは刺して泣かせることで、フラストレーションや絶望を表に出す手助けをしたのかもしれない。

夢の中の虫が何かを伝えようとするときは、たいてい私たちを追いかけたり、体に止まったり、咬んだり刺したりする。こういう場合、虫に好意を持っていてもやめさせることはできない。虫が私たちの注意を引いて新しい方向へ導いたり、抑圧された感情を暴いたりする必要があるときは、それを止めることはできないのだ。

アメリカ北西部の瞑想を実践するコミュニティで、虫にとても優しい女性が森へ続く小道を歩いている夢を見た。その途中、森から出てきたのか森へ入ろうとしているのか、ひとりの男が蜂の大群から逃れようともがいていた。そのとき蜂が彼女のほうへ向かってきたので、彼女は蜂への好意をテレパシーで送ったが、蜂は襲ってきて彼女を刺した。彼女は身を守ろうと頭を下げた。するとうなじを刺され、ずきずき痛むみみず腫れができた。

虫をメッセンジャーとして認め、刺されることの意味を思いだせば、その夢をただの厄介事と捉えるのではない、べつの解釈が生まれる。夢を見た女性は森へ続く道を歩き、蜂に好意を伝え、刺さないようにと願った。それでも蜂は彼女を襲って刺した。彼らのこの執拗さは何を意味するのか。そして同じように蜂から必死に逃れようとしていた男性は誰なのか？

蜂の章で学んだように、群れている蜂には家がなく、巣箱や巣を出て新しい落ち着き先を探している。ではなぜ彼らは夢の中で自分たちが攻撃されているかのような反応を示しているのだろう？　蜂は彼女に街道を下りて森への小道を歩いてほしいのだろうか？　どんなエネルギーが夢を見た女性の中にあふれているのだろうか？　太い街道には従わず新しい小道を歩こうとする、自由を求めるエネルギーだろうか？　好意の気持ちを送ったり頭を下げて自分を守ったりすることでも阻止できないような、どんな怒りが目覚めたのか？　彼女は物事に直接取り組むことを拒絶しているのだろうか？　みみず腫れは蜂が刺したからなのか、それとも自然に現れたのだろうか？

影に立ち向かう

目覚めていても夢を見ている間も、影はたいてい敵として、驚異的で不快なものとして現れる。とすれば、取り組むべき自己の一面を表面化させるために、私たちの心が虫の姿を借りるというのは容易に理解できる。地球の住民同士を仲違いさせ、私たちが人間以外の生き物の世界を管理し、操り、よそ者として扱うことを黙認する専制政治や搾取の仕組みは、すべて影から現れ夢の中で暴かれる。そうした夢の中で私たちは、「自分ではない」と教えられ、さげすみ拒絶してきたものに傷つけられることになる。

夢の解説者にして作家でもあるジェレミー・タイラーは、夢を分析することは自分の内と外の「敵を愛する」ことを学ぶためにも重要だ、と言う。「夢は、見下されたり恐れられたりしている他者が、じつは私たち自身の心の狭さへの挑戦だということを示してくれている」のである。私たちが夢と真摯に向きあうなら、思いやりと成長が他者への恐れとのけ者意識に取ってかわる、とタイラーは断言する。

影の一面と向きあう見返りに、影には「ネガティブ」な面だけではなく、私たちの未開発の才能と資質も隠れているとわかれば、ほっとできるだろう。実際、逆説的ではあるが、影には私たちの健全な成長にもっとも必要なものが存在しているのだ。神話の世界では、再生はつねに私たちが意識的にさげすんだり拒絶したりしているものから生まれると教えている。影の贈り物を受けとるためには、その暗黒面（無意識）が引き起こす恐怖や嫌悪を克服しなければならないのだ。

影に立ち向かうことは一度きりの出来事ではない。それは成長や発展の各段階で引き受けなければならない作業である。各成長サイクルの間に影は新しい姿形をとり、そのつど私たちに勇気を出して正直に内面をみつめなおし、心のエネルギーのバランスを新たに調えるよう命じてくるのである。

メッセージを理解する

夢の虫の働きで、見たくないものに注意を向けさせられるとき、私たちはその特別なメッセージから自分を守ろうとする。ジェームズ・ヒルマンは、『虫になろう *Going Bugs*』という啓発的なエッセイで、自分を守ったり虫を避けたりするその仕方によって、苦しみの原因がわかると述べている。たとえば、良いものと悪いもの、あるいは理性と本能とに分けるように、蜂をふたつに切る夢を見た女性は、安心感を得るために蜂を解体していると言えるそうだ。彼女は問題を解体して明確で実際的な区分を与えることで、安心感を得ようとしているのだろう。

ヒルマンのエッセイのもうひとつの夢では、夢の主が天井を見上げるところから始まる。すると天井を虫が這っているので彼はそれをほうきでつぶし、上を見あげたままほうきで払い、元の何もない天井の眺めを取り戻す。ヒルマンはこの反応を英雄的態度と呼ぶ。自分自身の意思に従って、夢の主は目の前から、新しいもの、未知のもの、それゆえに恐ろしいものを跡形もなく拭い去るのだ（つまり彼はそれを拒絶しているのである）。

◈虫と病気のイメージ

虫の夢は不快だと言った夢の専門家は、病気が夢の中で虫の姿になることがあると述べている。もっと詳しく説明するために、虫は姿を現すことで病気や機能不全を指摘する、とつけ加えておこう。大半の虫は、死んだり死にかけたりしているものを再生する解体業者なので、彼らが引きつけられる存在とはおのずから、また必ず、機能不全を起こしている。したがって虫が夢に現れることは警告であり、何かのバランスが崩れているので、もしバランスを取り戻せないなら解体してほしいと生き物が彼らを呼んでいるというサインなのである。

ユングにならい、ジェームズ・ヒルマンは、病気や苦痛は神が私たちに触れるための手段であると示唆する。この視点では、夢に出てきて心の病の存在を示してくれる虫は神の道具で、私たちに魂の存在を実感させる病気や苦痛を与える手助けをしているということになる。病気は、私たちが求めている研ぎすまされた最高の感覚の経験というわけではないが、私たちの注意をしっかり固定し、心とそれが必要とするものの動きに敏感にさせるものなのだ。

そのため夢の中の虫に従えば彼らに導かれ、不調になっている部分をみつけることができる。みつけたら、体の一部が「話す」ことを必要としていると気づかせてくれた彼らに感謝しよう。苦痛がなければそこがどう機能しているか意識することはないだろうし、イメージがなければメッセージを聞くこともできないのだから。

癒しの夢

いろいろな意味で、あらゆる夢は癒しの夢である。夢に動揺させられたり、メッセージを理解できなかったりした場合でもそうだ。癒しはさまざまなレベルで起こり、本人の自覚がある場合もない場合もある。

癒しの夢はライフワークの助けとなり、すでに選んだ道を支持し明確にしてくれる。第1章でも紹介した虫を主題にするアーティスト、グウィン・ポポヴァッチは、虫を描きたいという願望を再確認するだけではなく、すばやく短いタッチでペンや鉛筆、絵の具で描いていくスタイルを、虫の波動と一体化して描くための最良の方法として教えられる夢を見た。

私は友人たちと歩道を歩いていた。舗装路が途切れたところで、私以外はみな立ち止まった。私は人の手が入っていない沼地のような領域へ入りこみ、円を描いて歩いた。歩道に戻って友人たちに加わると、虫がたてるブーンという高周波のような音で頭の中がいっぱいになった。自分にしか聞こえない何かを聞いているようだ。私がよく知っている方法で、つまり虫の絵で友人たちに説明しなければいけない何かを聞いているような気がした。

◈トランスパーソナルな癒しの夢

元型が主題の夢には、強さと明白なメッセージがある。それは人を包みこむが、トランスパーソナルなもの、個人の境界を超越したものでもある。また、文化的な状況を反映するものでもある。つぎの夢では、夢の主の女性の注意を彼女自身と文化の傷ついている側面や癒しが必要な部分へ向けさせるために、アリが一役買っている。アリはまた、傷を癒すためのエネルギーが手に入れられることも伝えている。夢を見たとき、その女性は積極的に問題の解決方法を探していたが、虫との明らかな接点はなかったそうだ。

私は母の白い車を運転している。目の前に黒い服の少年がバイクに乗って近づいてくる。少年はでたらめにハンドルをきっている。私はどちらに寄れば衝突を避けられるのかわからず、車を止めた。彼はどんどん私に向かってきて、車のバンパーにぶつかる寸前で止まった。私は運転席を下りて車の前へ行った。バイクの少年は消えていて、彼がいた場所には別の男性の頭が胴体から切り離されて落ちていた。インド出身の人のように見えた。頬がこけ落ちぶれた感じで、マザー・テレサの「貧しい人の中でもっとも貧しい人」という言葉を思わせた。体中をアリが這っている。アリは目、耳、口、あらゆる開口部にいて、生肉のように見える首のぎざぎざの部分にもいた。彼は軽くうめき、明らかに痛そうに苦しみながら頭を動かした。私はぞっとした。触れたくなかったが、そうしなければいけないことはわかっている。私はたずねた。「手を貸しましょうか」彼は答えなかったが、私のほうを向いた。私はもっとしっかりと繰り返した。「手を貸しましょうか」彼は弱々しく言った。

「助けてくれるのか？」私ははっきりと大きな声で答えた。「もちろん！」

この夢を完全に解釈することは、アリの役割を強調するという目的から逸脱してしまう。そのため夢の豊かさが失われることになるかもしれないが、二、三の考えに絞ってあえて解釈してみよう。影の姿が夢の主にまっすぐ近づいてきて、胴体から切り離された生きている生首に変貌する。それは明らかに苦しんでいる。頭、つまり正常な機能が肉体から分離し、胴体とその本能的な知恵と心から切り離されている。男性らしさが強引に女性らしさから切り離されたイメージだ。単純すぎるが印象的な現代社会を表わすイメージである。アリの群れが首の傷口を覆い、目や耳、鼻、口にも入りこんでいる。アリは巣が荒々しく攻撃されたかのように猛りたっている。

アリの巣は長い間それ自体ひとつの生き物と考えられ、人間の体にその機能がたとえられてきたことを思い出せば、この切り離され興奮したアリにたかられている頭が、人間の共同体の崩壊を表わしていることがわかるだろう。姉妹関係を基盤とする社会や女性らしさのシンボルとして、アリは全体のために自発的に自己犠牲をはらう個人の愛他的な傾向も表わしている。

アリの巣が平穏を乱されたり一部でも壊されたりすると、壊れた部分付近のアリが全員修繕のために集まる。夢の中では、アリが切り離された頭部のあらゆる開口部に群がるが、そこでは癒しを求めて新しいことが、聞かれ、感じとられ、消化されているのだ。おそらく彼らは巣のエネルギーや、共同体と全体性の意識を運んできて傷口を癒し、夢の主に当人自身の愛他的な傾向、すなわち癒しの代理人として社会に貢献する意思と能力を主張していくよう後押ししているのだろう。

◈女王蜂の自発的な死

トランスパーソナルな主題をもった別な夢では、蜂とはなんの接点もない学校の教師が神聖な儀式を行なう。そこで彼女はおもむろに女王蜂を殺すのだが、女王蜂はその死を幸せそうに受け入れる。

私は広々とした場所をしっかりした足取りで歩きながら、草地で女王蜂を集めていた。私はこの作業をしながら自分の女性性を強く感じていた。

私は手に薄手の白い布を持って草地に近づく。女王蜂は幸せそうに寄ってくる。自分自身をその「目的」のために犠牲にするのが義務であるかのように。とはいえその目的が何なのかは私にもまだわからない。私たちは互いにコミュニケーションをとり、心は喜びに満ちあふれ、そのときが来たと知る。私はこの虫に純粋な愛だけを感じ、布を使って窒息させるときは女王蜂とひとつになる。私たちは姉妹なのだ。

私はつぎの草原へ歩きながら、姉妹である蜂に誇りと尊敬を感じている。そしてこの収集作業を行ないつつ彼女たちを祝福する。私たちはひとつになるのだ。

この多層的な夢にも、全体の利益のために社会的に協力しあう個から成る、また別の虫の共同体が登場している。巣の蜂の大半はメスで女王蜂に支配されているという事実が、蜂の巣を神聖な女性の象徴にしているのである。

夢には自発的な死のイメージも現れているが、先住民族の社会ではそれを「無償の贈り物」と呼ぶ。

その死は「良い死」である。殺されたものは自ら望んで自分の命を大きな目的のために犠牲にしているからだ。その目的は彼女自身の生存本能を押しのけ、人と蜂を聖なる行為で結ぶのだ。

おもしろいことに、自然界でも女王蜂が巣全体によって殺されることがときどきある。それは「女王蜂への密集」というひとつの儀式がもたらす死だ。巣の全メンバーが加わり、母親である女王蜂のまわりにぎっしりと集まって玉をつくり、窒息死もしくは圧死させるのだ。このようすを目撃した人たちは、女王蜂のルール違反が引き金となる集団殺人行為だと推測するのが常だったが、これは蜂ではなく観察者自身の内面を投影した言葉と言えよう。

先の夢が示唆するのは、より深遠な真実がそこにはあるということだ。女王蜂の命には周期的な摂理があり、適切な最後と人生の周期の完了も決められている。だから命を取りあげる行為は女王蜂の許可に反しては、あるいは許可なくしてはなされない。事実、女王蜂は説明のつかないやり方でそれを可能にしている。より大きな目的が彼女の自発的な死によって達成されるのである。

◈黒い蝶のヴィジョン

アメリカ先住民のブラックフット族は、大いなるスピリットのメッセンジャーである蝶が、夢や情報を夢の主に運ぶと信じていた。黒い蝶は、感覚が研ぎすまされる喜びをヴィジョンを通じて心理学者リチャード・モスにもたらした。それは彼の著書『黒い蝶――根源的な生命感への招待 *The Black Butterfly : An Invitation to Radical Aliveness*』に詳しい。

ヴィジョンは目覚めているときに見る夢だ。当人は目覚めているが、意識は変性状態に入り、一般的な時空の指針は通用しなくなる。モスは数日、いつもの境界線が曖昧になるような不安で落ち着かない時間を過ごしたのち、瞑想状態に入った。彼は黒い蝶と白い蝶が空中でたわむれているのを観察した。二匹はそばの枝にとまり、彼を驚かせると同時に喜ばせ、交尾し、羽をひとつに重ねて広げたり閉じたりした。それから二匹はまた舞いはじめた。突然、黒い蝶が彼のほうへ飛んできて、眉間に止まった。その瞬間、彼の人生が永遠に変わったのだ。「あらゆる創造物がひとつの意識になり、言葉にできない至福と平和がもたらされた」

研ぎすまされた意識がモスを知識の洪水で満たした。黒い蝶がもたらした合一体験は、すべての神秘的・宗教的伝統の核心を成すものだが、無数の技術や文化的な装飾の下に隠されている。夢とヴィジョンは私たちに、思考や経験の背後に存在するより大きなアイデンティティへの道筋を教え、私たちを広大な自己に触れさせるのだ。あらゆるものはその大いなる自己の一部であり、私たちの魂はあらゆる生き物の魂と触れあっているということを夢は知っているのである。

モスが語るようなヴィジョン体験はそうそう起こるものではないが、自他を隔てているふだんの知覚の境界が曖昧になり、物質の背後にある全体性を直接認識するというような、一体化の体験を報告する人はどんどん増えている。

破壊者から恩人へ

先住民族の社会では、癒しの夢とヴィジョンはシャーマンが扱う領域だったが、生き物によるヴィジョンや夢の訪問を受けた人はみな、なんらかの方法でそれに基づく行動を起こす責任があったようだ。いくつかの部族では、夢やヴィジョン、実際に出会った生き物によって、特別な儀式を執り行ない、互いに責任を持つ一門や共同体を形成していた。コマンチ族の中のワスプ族は、こうした夢によってまとまっていた人々だと言われている。しかし、ヴィジョンや夢だけでは、共同体の一員になるための保証は充分ではなかった。自分がその生き物の恩恵を受けたり、それに好かれたりしていることを行動で示さなければならなかったのである。

ブラックフット族では、ひとりの兵士が力強くわかりやすい夢を見て「蚊の結社」をつくった。それは蚊がびっしりと群れている場所で狩りをしているときに始まった。群れが彼に襲いかかり激しく刺したので、彼は殺されるのではないかと思った。それで服を脱いで地面に横たわり降伏した。蚊はすぐに全身を覆って刺しに刺し、やがて彼の感覚も意識も薄れていった。

突然、不思議な歌うような声が聞こえてきた。「私たちの友人が死にかけている!」肉体の目は閉じていたが、手首にかぎ爪の飾りをつけ頭を羽毛で飾った赤と黄色の蚊が輪の中に入り、歌いながら踊っているのが兵士には見えた。それから声が彼に言った。「兄弟よ、あなたは寛大にも血を自由に飲ませてくれた。あなたに蚊のグループを与え、あなたをリーダーにしよう」

兵士は目を開け、体を起こした。蚊はいなくなり、森の中には彼ひとりだった。兵士は村へ戻り夢を部族の長老やシャーマンに語った。すると彼らは蚊の結社をつくることを認めたのである。

夢の中で兵士が贈り物をもらう前に降伏し、死にかけていることに注目してほしい。賢者、つまり心の準備ができている人は、彼らのもとにやってくる力に降伏し、その後、破壊者である動物から贈り物を受けとるのである。

私たちにはこの過程を変えることも制御することもできないのだから、喜んで受け入れたらどんなに楽だろう。私たちを卑しめたり痛みを残したり、死を思い起こさせたりする冷静な体験を悪夢とみなさなかったら、どうなるだろう? それをより満足のいく人生へ移るためのチャンスとみなして歓迎したらどうなるだろう? 恐れや痛みのない生まれ変わりや、死のない復活を強く求めるとき、私たちは一見悪夢に見えるものから逃げ、心の深淵にあるアイデンティティを破滅させているのだ。

当然ながら、私たちはいつも、咬まれたり刺されたりすることなく、感情にまつわる問題に関する知識を手に入れたいと願う。しかし、私たちのために向かってくる力と闘いたいという衝動に抵抗するうちに、恐れと闇の中にこそ、新しい目的と意思を人生に吹きこむためにもっとも必要な贈り物があることに気づくだろう。

夢の中のパワーアニマル

第12章(「刺されることの意味」)で述べたように、逆境との出会い方や関わり方が結果を決める。シャーマニズムでは、新たに道を志す者を攻撃し破壊する存在は、その通過儀礼の試練を切りぬけた者の盟友にも師にもなる。こうした力との直面は、クンダリニー(内なる意識のエネルギー)の覚醒を体験したヨーガ行者の言葉や、悟りへの道に関する記述に似ている。つまり、生き物に降伏することと――闘いをやめること――が、かえって不運を勝利へ、敵を盟友や守護者へと変えるのだ。これをジョーン・ハリファクスはその著書『実りの多い闇』で一種の「心埋的ホメオパシー」と呼んでいる。力と直面する際に、自分と特別なつながりのある動物が出てくることがある。ヴィッキー・ノーブルは『シャクティ・ウーマン *Shakti Woman*』で、夢に出てきた「パワーアニマル」、つまり動物の姿をしたスピリットについて書いている。ノーブルが大人になってから初めて出会ったパワーアニマルは、人間の大きさのメキシカン・オレンジニー・タランチュラだった。彼女は子供のころクモが怖く、クモを見かけると誰かがやってきて殺すか追い払うかしてくれるまで泣き叫ぶしかなかった。しばしばクモの悪夢も見て、九歳のときには強迫観念に駆られて、ひそかに黄色と黒のクモを捕まえては瓶にとじこめた。彼女の告白によると、小さな火を起こしてクモを炎の中に落としたこともあるそうだ。ノーブルはそれを「恐ろしい陶酔」と表現している。これで安心できたのか、この彼女の強迫的な行動は三週間ほどで消えた。大人になってから彼女は、自分のした行為が心理学的にそれほど常軌を逸したものではないことを理解した。というのも、彼女のそうした行為は、クモのもつ錬金術的な変容のパワーを直観的かつ抗いがたいかたちで認識していたがゆえのものだったのだ。

彼女のクモに対するヒステリックな恐れは、最初の結婚が破綻し自立を学ばなければならなくなるまで続いた。ある日車庫のドアを開けると、ちょうど目の高さにクロゴケグモがいた。子供を咬むかもしれないと恐れたノーブルはクモを殺そうと決め、冷静に、躊躇することなく実行に移した。彼女は怒りも恐れも感じなかったことや、助けを呼ばなくてもクモに対処できるようになったことに驚いた。彼女はクモの死骸を子供たちに見せ、同じクモを見かけてもさわってはいけないと教えた。

これが彼女の転機となる。それ以来クモへの病的な恐怖は最初からなかったかのように消えたのだ。五年後、彼女がシャーマン的な道に入り、クモが彼女のもとを訪れるようになったとき、彼女はもう受け入れる準備ができていた。最初の夢では巨大なメキシカン・タランチュラが現れ、ノーブルをあざけった。「黒っぽくて毛むくじゃらで、膝はオレンジ色の水晶のようで、宝石のように美しく、……彼女は夢の中で飛び回って踊っていた」。畏怖の念を抱いたノーブルは身を小さくして恐れていた。興奮状態で目を覚ますと冷たい汗をかいていた。

その後ノーブルは、周期的にこのクモと直面する夢を見たが、その過程で徐々に癒され、生まれ変わっていった。クモが戻ってくることをいつも恐れていた反面、それを心待ちにしている部分もあった。クモとの出会いは自分にとって成長のための儀式であり、どうせ出会うならより勇敢で創造的な方法で出会うことにしようと思っていたのだ。タランチュラの脱皮からも、古くて窮屈な自分自身を脱ぎ捨て新しくより開放的な自己が現れることだと学んだ。新しく健康な体と能力のある自己である。他のタランチュラも数年にわたって夢に現れた。背中が黒くてそこに何本も赤い輪があるものもいれば、彼女のペットになって床に置いたカップからミルクを飲むものもいた。そしてついに彼女は彼らとダンスを踊ったのである。

野生生物が減り、檻に閉じこめられている現代社会を考えると、夢は虫などの生き物が乗れる唯一の乗り物なのかもしれない。夢が虫を私たちのもとに運び、自らの虐げられた本質と接する手助けをしてくれるのである。そして夢の中の蜂の大群が私たちを刺したり、タランチュラが私たちの首をつかんで肉を引き裂き、知識のつまった骨を折ったりするとき、私たちは知らず知らずのうちに、変容と成長を促すトランスパーソナルな領域に足を踏み入れているのだ。私たちは降伏するだろうか、あるいは恐怖にかられて殺虫剤に手を伸ばすだろうか？　広い心で生き、タランチュラのような生き物と踊るようになるだろうか、それとも不安で恐れおののく偏狭な心にしがみついたままだろうか？

現在ノーブルは家の中でクロゴケグモを発見すると、共に暮らす場合もあれば、彼らが生きるのに適した場所へそっと逃がしてやる場合もある。彼女はクモの存在によって祝福を受けていると感じ、彼らは偉大な女神のメッセンジャーだと理解している。彼らはもう夢に敵となって現れはしない。今では彼女の味方なのだ。

天使としての虫

夢に登場する虫の解釈としてもっとも興味深いのは、ジェームズ・ヒルマンの天使の解釈だ。文化に強制される嫌悪感に隠れて、虫は私たちに超自然的なことや奇跡を思い起こさせているのかもしれない、とヒルマンは言う。虫を「エイリアン」ではなく「姿形が違うだけの同胞」と考えようというゴキブリの章で簡単に触れた考え方だ。天使も虫と同じように、私たちの注意をさまざまな経験領域間の関係に向けさせ、独自の秩序に対する気づきを広げてくれる。虫を怖がる気持ちには合理的な理由がない場合も多く、恐怖よりも畏怖との共通点が多い。

宗教的なヴィジョンは魅力的であるのと同じくらい不安でもあり、始まりはいつも恐怖と嫌悪を呼びさます。辞書では「天使」を「メッセンジャー、特に神の使い」と定義している。虫の行動をよく見てみると、私たちのもっとも基本的なアイデンティティと連携し、つねに私たちを助け、私たちの役に立つ情報を運んでくるなど、最初こそ違和感を覚えるかもしれないが、虫を天使と解釈することはそれほど的外れではないのだ。

虫は天使のようにすばらしい力を持っている。彼らはどこでも生きることができるし、自然界のあらゆる生息地を分かちあっている。変化と成長のモデルとして、虫は永遠に数を増やし、形を変え、擬態しつづけることができる。そして私たちが知っている世界の境界を越えて外部から情報をもたらし、新しい世界を私たちに見せてくれる。どれも天使がすると思われているのと同じことばかりだ。夢の中で快適な人間の視点の外へ私たちを決然として引きずり出すことによって、虫は新しい意識の可能性ももたらす。それは巣、すなわち共同体を認識することだったり、人類がまだ知らない領域の協力や責任だったりする。また、新しいエネルギーとヴィジョンが手に入るカオスの縁に生きるものが持つ、流動性に対応した意識である場合もある。

おそらく虫は、D・H・ロレンスが言うところの、私たちの扉をノックする天使なのだ。「何者が扉を叩いているのだろう？　こんな夜に、何者が扉を叩いているのだろうか？　それは私たちを傷つけようとする誰かだ。いや、違う、それは三人の奇妙な天使だ。彼らを受け入れよう、彼らを受け入れるのだ[*4]」

黄金のゴキブリ

夢に現れる虫について簡単に見てきたが、最後にもうひとつ夢を紹介したい。先住民族なら「ユニヴァーサル・ドリーマー」（普遍的な夢を見る人）と呼ぶであろう女性の夢である。このマーシャ・ロークのヴィジョンに満ちた夢の一部は、アーティストであるデボラ・コフチェイピンとの共著『奇跡の淵にて――目覚めつつある人類の夢とヴィジョン *At the Pool of Wonder: Dreams and Visions of an Awakening Humanity*』でも紹介されている。それは個人的な夢ではないが、彼女の人生の試金石となる夢だった。いや、こうした夢はトランスパーソナルな、聖なる領域――人間の魂の元型的パターンのすべてが存在し、私たちが見る通常の夢の境界外の世界――から生まれるものである。人間の意識の進化、それが始まる経緯、そして新しい考えと文化的発展が現れる各段階を、そうした夢は語る。つぎに紹介するのは私が本書を執筆している間に彼女が見た、著書には掲載されていない夢である。

夢は湿り気を帯びた南太平洋の夜の空気の中で始まる。湿っぽい闇の中、夜行性の虫のリズミカルな鳴き声をのぞいて、すべては静まり返っている。私は女性の長老たちの儀式の輪に加わっている。私たちはドリーマーで、大いなる「生命の車輪（メディスン・ホイール）」を時間と空間の領域へ転がす。私たちは地球のすべての大陸から集まってきている。今夜の仕事は新しいエネルギー場、地球の意識に新たな進化をもたらすための新しいパターンを伝えることだ。私たちがその最深部に到達すると、空気が低いうなり声をあげる。意識が加速しながら集まってきているのだ。子宮、狭い通路、深紅の花の花芯のイメージが閃光の中で次から次へと現れる。それから私たちは数えられないほどぐるぐる回され、使命を帯びた旅人となって、人間には知られていない周波数を持った次元に入っていく。

夢は自らを包みこむ。仲間の輪がふたたび現れると、私はその中心にいる。他の人々の腕に抱かれて、今夜の仕事の成果を産み出そうとがんばっている。陣痛のような収縮が身体をさざ波のように走り、大波が何度か来たかと思うと新しい命が輪の真ん中に産み出される。私たちは、この輪に新しく産まれてくる成虫は何だろうかと思いながら見つめる。私たちの足もと、聖なる輪の中心にいるのは、輝く黄金のゴキブリだ。みなが満足げな小さな声をもらす。これは未来への吉兆だ。虫は内側から光っているようで、その明るさと大きさを増し、ついにその夢そのものになる。目覚めるとき、人間としての意識の境界線で、それが元型的背景にぴったり収まっているのを感じる。[*5]

魂を象徴する不朽の本質である金色と、人類に先立って登場し、人間とともに進化の旅路を歩いてきた虫との組み合わせは、なにか偉大な仕事が進行中であることを意味する。それは、森羅万象の中心に存在する根源的叡知からもたらされる深い調和と癒しである。「個々人が個性化の過程で展開すべき独自の務めがあるように、この世界という物語の一員として残りたいと望む者全員が関わるべき、種を超えた、地球規模の務めもあるのだ[*6]」とマーシャ・ロークは言う。

世界各地の神話はこう教えている。個人と社会の再生の種子は、つねに何か慎(つつ)ましやかなものの中に、ずっとさげすまれ無視されてきたものの中にある、と。金色のゴキブリは、もはや本当の名前すらわからない世界にどんな特徴を、どんなエネルギーをもたらすのだろう？　そして私たちはどのように自分の役割を果たせばいいのだろう？　そうだ、彼らを認めよう、彼らを受け入れるのだ。

第15章 カマキリにならって

言葉はカマキリとともに生まれ、カマキリとともにあった。
——ロレンス・ヴァン・デル・ポスト

人がカマキリの話をするとき、話題になるのはその堂々たる風格だ。デニーズ・レヴァトフの詩『動物の風格を身につけよう *Come into Animal Presence*』に失礼ながら手を加えてカマキリに捧げると、こうなるだろう。

カマキリの風格を身につけよう……
今も昔も変わることなきその聖なる気配、

消えることなきその高潔さ、
まさにブロンズの風格*1……

この虫の魅力は、その大きな目と注意深い物腰だ。しなやかな首のおかげで頭部は自由に動き、四方八方に目を向けることができる。そのまなざしは人間そっくりで、見つめられると冷ややかに観察されているような感じがする、と多くの人が語っている。

カマキリの自信に満ちた動きはただの見せかけではない。カマキリはその不屈さで知られている。アーティストのグウィン・ポポヴァッチは、カマキリがちょうどハチドリをとらえたところを写真に撮った。生物学者のロナルド・ルードは、コネチカットの車が行き交う道の真ん中で初めてカマキリを見たときのことをいまも覚えている。カマキリは挑戦的な姿勢で堂々と立っていたそうだ。

カマキリの勇敢さはつとに有名だ。『古代中国一〇〇の寓話 *One Hundred Ancient Chinese Fables*』には、斉王朝の荘公の物語が紹介されている。狩猟の旅に出た荘公は、大きな虫をみつけた。虫は前脚をもたげ、荘公の乗り物の車輪を相手にいまにも闘おうとしている。荘公が虫の名をたずねると、カマキリだと御者は答え、こう付け加えた。「この虫は前進することしか知らず、けっして後退することはありません。その能力に自信があるため、決まっておのれを買いかぶり敵をみくびるのです」

感銘を受けた荘公は、もしカマキリが人間だったら、世界一勇敢だろうと述べた。そして御者にカマキリを踏まないように注意して馬車の向きを変えるように言った。荘公のカマキリに対する言葉を聞いた勇者たちは荘公に好感を抱き、生涯忠誠をつくしたそうである。

狩猟の技術

カマキリを見たことのない人はほとんどいないだろう。二〇〇〇種類が世界中にちらばり、大きさも一センチあまりから一五センチ近いものまでさまざまだ。アメリカでは、どの種類のカマキリも他の虫をもりもり食べるので、庭師の友人と考えられている。カマキリ自身も他の動物に食べられるが、特にコウモリの餌食となることが多い。しかしたとえコウモリでも、カマキリを捕まえるのはそうたやすいことではない。カマキリは胴体の下部中央に耳をひとつ持っており、そのおかげで熟練した夜の捕食者からも逃げおおせることができるのである。

優秀なハンターであるカマキリは、待ち伏せ戦術を使って効果的に狩りをする。並はずれた視覚と反射神経で、電光石火の速さでしかも正確に獲物をとらえるのだ（獲物を襲って捕まえるまでに必要な時間は、ハイスピードカメラで測ると〇・〇五～〇・〇七秒だった）。「praying mantis」（訳註：カマキリの英名。前肢を上げる姿が祈っているようなので）を「preying mantis」（訳註：prey は「捕食する」の意）だと思い込んでいる人が多いのはそのためだろう。その優れた狩りの能力はカンフーのスタイルのヒントにもなった。カマキリが油断している虫を待つ間微動だにしない技術を取り入れたのだ。

著名な禅学者の鈴木大拙は、カマキリの静けさは禅の大切な教えのひとつ、「静中の動」を示す見事な例だと述べている。カマキリのこうした特徴は、気功にも影響を与えている。

◈ 女預言者

テッド・アンドルーズの『動物の言葉』は動物の象徴的意味についての本だが、カマキリは「静寂の力」と結びつけられている。カマキリをトーテムとしている人々は、静かに預言に心を開くよう導かれるそうだ。このカマキリと預言のつながりは、古代ギリシア人にまでさかのぼることができる。彼らはカマキリを女預言者、すなわち未来を見ることのできる者とみなした。カマキリは旅行者を見ると、その目的地や、道中の危険がわかると信じられていた。さらに、カマキリはどちらへ進めば危険を避けられるかを、明確なしぐさで示してくれる、とも信じられていた。

初期キリスト教の教父たちは、カマキリには予知力および、その力を旅行者のために使おうとする意思があるという俗信を採り入れ、カマキリを「良き案内人」の化身と呼んだ。魂の案内人として、カマキリはキリストの象徴でもあり、正義の道を踏み外した迷い人を助けるとされた。

カマキリはその存在に心を開く人々を今も導きつづけている。ラリー・ドッシーは近著『医療の再発見 *Reinventing Medicine*』で、有名な『魂の再発見』(邦訳、春秋社)を書いていたときのことを語っている。彼は机に向かいながら、非局在的意識のもつスピリチュアルな意味や、遠方の人のために行なう執りなしの祈りの、距離を超越した、普遍的で、宇宙的な効果について考えていた。そこへ妻が庭で摘んだコスモスの大きな花束を持って入ってきた。彼がその美しさを楽しんでいると、茎の一本が動くのが見えた。カマキリ(praying mantis)だった。ドッシーは背筋がぞくぞくした。彼のテーマのひとつ――コスモス(宇宙)の中での祈り――が、文字どおり命を得て飛びだしてきたからだ。また、未来を知ることは、彼が探求してきた意識の非局在性に関わるもうひとつのテーマだった。まるでカマキリが宇宙の預言者であり、「お前は正しい道を歩んでいる。ためらうな」と告げるためにやってきたかのようだった。

◈ 残酷なカマキリ

カマキリが——他の虫もそうだが——受難を蒙ったのは、自然のリズムや生命のもつ女性的な再生力を嫌うユダヤ - キリスト教の権威筋が、言語という顕微鏡をとおしてその習性をながめ、分析しはじめてからのことだ。エジプト人やギリシア人、初期キリスト教徒はカマキリを讃えたが、現代のキリスト教の元となった伝統はそうしなかった。たとえばルイ・シャルボノ・ラセの『キリストの動物寓話』では、この虫の習性は残酷だと断言されている。

残酷だと思われたのは、カマキリが生きた獲物しか食べないためだけではなく、交尾の最中にメスがオスをむさぼり食う（しかも頭から）ことが多いためでもあった。カマキリは残酷だと言う人は、カマキリをトーテムにしていたニューギニアのアスマット族を引き合いに出す。アスマット族には首狩の風習があったが、それは繁栄を祈ったり成人を認めたりする儀式の際に行なわれていたことだ。彼らは、生命の源となるエネルギーは脳に集中していると信じていた。そのため敵を殺すと頭部を手に入れ、脳を取り出し、敵を無力にしてその力を受け継ぐことが重要だったのである。彼らは亡くなった友の頭蓋骨を保存し、一種の枕として使った。それを彼らは「父」と呼び、この枕が夜眠っている間守ってくれると信じていたのである。

◈共食い

共食い（カニバリズム）についてはすでに触れたが、それに関する私たちの考えを軌道修正するにはもう少し説明が必要だろう。メスのカマキリがしばしば交尾中にオスを食べはじめるという事実は、この虫の研究を始める純粋無垢な昆虫学者たちをぞっとさせてきたし、いまも神経質な笑いをもたらしているかもしれない。これは、虫の知識など何も持ち合わせていない人でも、一度聞いたらけっして忘れられない事実だろう。なぜなら虫に対する漠然とした恐怖感がより具体的なイメージで焼き付けられるからだ。

クロゴケグモについても述べたように、共食いはある種の昆虫のオスにとっては繁殖のための戦略かもしれない、と研究者らは考えている。たとえばテントウムシが一回に産み付ける一五以上の卵のうち、大半は二、三時間の内に孵化する。この時間内に孵化しなかった卵はすべて先に孵化したきょうだいたちに食べられるのだ。テントウムシのおよそ五〜一〇パーセントはこうして死ぬので、テントウムシはきょうだいを食べて生きているとも言えるだろう。孵化しないきょうだいを食べるテントウムシの幼虫は、アブラムシを捕食できるようになるまで生き延びるチャンスがはるかに増す。というのも、それまではアブラムシのほうが大きいので、捕まえるのはかなり危険な試みだからだ。

カマキリの専門家は、なぜ共食いが交尾の最中に起こるのかいまだに議論を続けている。交尾をうまくやりとげるためには、オスのカマキリが頭部を失う必要があるのではないか、と主張する学者もいる。つまり個体の存続をもっぱらとする脳が、まだわかっていないが強力な仕方で交尾本能を抑制しているというのだ。それに対して、オスのセアカゴケグモと同じように喜んでパートナーに我が身を捧げ、より多くの子孫を残すために栄養を提供しているのでは、と説明する進化生物学者もいる。自分の遺伝子を持つ子供たちが、命の見返りというわけだ。

◈女性的根源

象徴の側面に目を向けるなら、古代、カマキリが女性の力の象徴だったこともうなずける。この虫のメスはオスよりも大きく強く、あらゆる生き物のメスがそうであるように、生命を創造する力を行使する。その体の大きさと生命創造力ゆえに、（家父長制を持ったアステカ族がクモに対してそうであったように）男性中心の現代社会はメスカマキリの行動に困惑しているのかもしれない。そして、こういった困惑や男女差に関するお得意の理論を反映させた文章を書くことで、私たちはなおいっそうカマキリを減少させ、その行為を異常で奇怪な行為にまで貶（おとし）めることになるのである。

想像力を駆使して考えると、おそらくセアカゴケグモのオスがメスのあごの中に身を投げるときの「あふれんばかりの喜び」が、交尾中にオスが食べられる行為を説明する鍵を握っているのだろう。ゲーテは『聖なる願い』の中で「私は偽りなく生きるもの、死の炎に焼かれたいと願うものを誉めたたえる」と謳った。おそらくこういうオスは「偽りなく生き」ていて、生まれ変わるためには死が必要だということをその存在の深みで受け入れているのだろう。そういう行為を無謀なものへと貶めてしまう偏狭な枠組みを捨てれば、オスが自ら望んだ降伏は、あらゆるものは復活するという教えだとみなすことができる。食べられることは、消化され、死ぬことによる変容を経験することだ。ゲーテはさきほどの詩をこうしめくくっている。

そしてあなたがこの
死と、その後の成長を体験しないかぎり、
あなたは暗い地球の厄介な客でしかない。*2

最後の務めを果たす一方で、あらゆるものを生む女性的根源に戻れるオスは幸いだ。それは合一というすばらしい瞬間に起こる、ひとつの様相の終わりであり、別な様相の始まりでもある。メスにふたたび立ち返ることによって、メスもオスも一体となり、この合一の時点から彼らは生まれ変わり、若々しい生を手に入れ、ふたたび生命のサイクルが始まるのである。

おそらく自然は善かれと考えて、その行為が最良の繁殖戦略であるばかりでなく至高体験であるよう仕組んだのだろう。いくつかの研究によると、生命が危機にさらされるような状況では、脳がある種の化学物質を放出するため、それによって痛みがさえぎられ多幸感が生まれるそうだ。神秘主義の文献によると、死につながるような暴力行為（動物が獲物を殺して食べるような）は見た目の印象とは異なるらしい。そこにはバリー・ロペスが「死の会話」と呼んだ合意があるようなのだ。そしてひとたび死の会話が始まると、力を奪って死に至らしめる攻撃がなされ、死にゆくものの意識はすぐに体から離れる。そのとき体がもがくのは、意識のある苦悶ではなく反射作用なのだという。

性衝動への未熟な恐れや打ち負かされることへの不安を乗り越えることで、私たちは「暗い地球の厄介な客」であることをやめ、カマキリの想像力に富んだパワーに、ブッシュマンの神話の中で輝いているその力に、自分自身を開くことができるのだ。大地と天国の親密な交わりの中で生きていたブッシュマンをとおして、私たちはカマキリの中に、「今も昔も変わることなき聖なる気配、消えることなきその高潔さ、まさにノロンズの風格*3」を再発見できるのではないだろうか。

創造のパターン

ブッシュマンにとってカマキリは創造主のスピリット、地上に顕れた神であった。ブッシュマンの神話では、カマキリは偉大な英雄のような神であり、トリックスターでもある。自己破壊者でもあり、自己回復者でもあり、独自の完全な存在だった。カマキリには超自然的な力があるが、同時に人間的でもあり、他者にしかけた罠でしばしば自分が問題にまきこまれる。しかしカマキリのたくらみに悪意はない。彼らはいつも違う方法を試し、失敗から学び、また試す。そして大部分は、私たちのように、自分自身について学ぼうとしているのだ。

ブッシュマンの創造譚(たん)のひとつによると、カマキリは世界のまさに始まりから存在した。生まれたばかりの地球を覆っていた風吹きすさぶ暗い海の上を、聖なる蜂がカマキリを運んできたとされている。蜂蜜はブッシュマンにとって知恵の象徴だったので、蜂蜜をつくるものが神を新しい家へ運ぶことは理にかなっていたのだろう。何時間も飛びつづけたあと、蜂はカマキリを水面に浮かぶ白い花の真ん中に下ろす。それから死ぬ前に蜂はカマキリの体内に最初の人間の卵を産みつける。カマキリは朝日の中で目覚め、そこで最初のブッシュマンを創造したのである。

カマキリの偉業はブッシュマンの神話の本体を形成している。カマキリを崇める他の諸部族の神話は、ブッシュマンの文化から影響を受けた後、さまざまな部族との相互影響を通して形成された。しかし、カマキリの創造の力が存分に表現されているのはやはりブッシュマンの神話だ。

ブッシュマンはカマキリがすべてを創造し、名前と色を与えたと信じていた。カマキリはまた、病気や危険から人を守り、貴重な雨を降らせ、狩りがうまくいくかどうかも決定するとされていた。

カマキリの物語は、人間だけではなく他の生き物も人とみなされていた時代に触れている。カマキリは動物の姿をとった人を動かして多くの奇跡を起こしたが、カマキリ自身も魔法を使った。たとえば、カマキリは亡くなった人間や動物をよみがえらせることができたし、危険が迫ると羽を広げ、再生と新しい始まりの場所を象徴する水場へ向かって逃げたそうだ。カマキリは夢を見る能力にも優れていた。災いが起こる寸前に、それを避けるためのお告げの夢を見るのだ。他にも、小さくて地味なものを輝かしいものに変えるという、カマキリが表わす創造のパターンの重要な一面を物語る話も残っている。たとえば、ダチョウの羽を使って月をつくり、灰を銀河に変えたとも言われている。

最初の人類の教え

ブッシュマンの神話や物語について私たちが知っていることの大半は、彼らの住むアフリカの大地で生まれたロレンス・ヴァン・デル・ポストの献身的な研究の結果である。子供のころ、ヴァン・デル・ポストは家のブッシュマンの召使いにカマキリに祈ることを教えられた。この体験が、大人になったときにブッシュマンが（他のアフリカの民族や白人入植者に迫害されて）絶滅しかけていると知るや、物語と神話を記録するためにアフリカに戻って彼らとともに暮らすことになるほどの深い影響を与えるとは、そのときは知るよしもなかった。

ヴァン・デル・ポストは、ブッシュマンが多種多様な動物や昆虫の生息する土地に住んでいるのに、大きくて力のある動物を彼らの神には選ばないことを重要視した。彼らは虫を選ぶのである。ヴァン・デル・ポストは、彼らの本能は大きさや見かけに惑わされないから虫を選ぶのだと考えた。彼らはカマキリをもっとも価値あるものの象徴に選んでいるが、それはカマキリほどあらゆる生命に本来備わっている創造のパターンを表わすことができる生き物が他にいないからである。カマキリには、人間と神の特徴すべてが溶けこんでいる。カマキリは自身に可能なことすべてを体験するために地上に現れた神である。それは、多くのスピリチュアルな教えが、私たちこそが創造主であり、可能なことを体験し、力を賢明に使う方法を学ぶために地上にいるのだ、と説くのと同じ意味合いである。

ブッシュマンほど、この地球に登場した最初の人類ないし人種に近いものはいないだろう。人類の祖先なので、彼らは「原始的」という言葉が意味するものの縮図であり、他の先住民族が発達させた洗練された文化を持たずに生活している。ブッシュマンの想像力と直観は、肉体感覚の鋭さと同じように、感覚のある宇宙との謎めいた一体化から生まれる。彼らの抱くイメージがなぜ現在の私たちにとって重要なのかというと、そこには元型的な野生や原初的な自己が反映されているからに他ならない。私たちはそうしたものを、技術的には洗練されたが想像力には欠ける心によって、無意識の領域へ追放してしまったのだ。

◈再生のための創造パターン

ブッシュマンの想像力および彼らの社会における動物や鳥、爬虫類、虫の長いリストは、現代人の心の中の心理学的要素に対応する、とヴァン・デル・ポストは考えていた。別の言い方をすれば、ブッシュマンの神話でなんらかの役割を果たす生き物や要素はどれも、私たちの集合無意識で特別な象徴的意味を持つということである。ブッシュマンの想像力が創り出したこの「太古の、象形文字のような暗号」の解読に取り組んだヴァン・デル・ポストは、そこに並はずれた創造的パターンを見出した。それは元型的な「精神の土台」とでも言うべきもので、それを活性化させることが、現代の地球の危機に際して私たちが正しい判断を下すためには絶対に欠かせない、と彼は考えた。

ヴァン・デル・ポストがみつけた再生のための創造的パターンは、本質的には宗教的なものである。ほとんど定義不可能と考えながらも、彼はあえてそれを、生命に新たな、より大きな表現をもたらそうとする能力および欲望と定義した。ヒーラーで医師のレイチェル・ナオミ・リーメンなら、生命がそれ自体の本質あるいは魂に向かう傾向と呼ぶかもしれない。この普遍的なパターンないし設計図から、衝動と潜在的可能性の内なる領域が絶えず広がっていることがわかる。それはまた、この地球に意識的存在として現れた人類の原初的意識に私たちをつなげ、また、変化のない不活発な存在状態が不健全なものであることに気づかせてくれる。もしこの内なる創造のパターン——野生の自己の発現——に意識を合わせるなら、私たちは「人生および自己について、より堂々と権威をもって語れる力」をわがものとすることができるだろう、とヴァン・デル・ポストは確信していた。[*4]

それゆえ、内なるカマキリ——もっとも古くもっとも自然な神の象徴——に心の波長を合わせれば、私たちはこの生命の土台をなすパターンに触れ、直観的な自己を意識の中の正しい場所へ置き直すことができるのだ。そうすることによって私たちはまた、自分自身や社会の中で軽蔑され排除されたものを喜んで受け入れ、そしてカマキリが教えるように、この精神の土台を偉大な創造と輝きの内なる源へと変化させることができるのである。

◈カマキリの訪問

カマキリはいまも人々の夢に登場したり、シンクロニシティ的に姿を見せたりして、私たちをこの内なる創造の青写真へ導こうとしている。ミツバチの章（第9章）で登場したシャロン・キャラハンは、六歳のときに初めてカマキリを見て、神の存在を感じたことをいまも覚えている。彼女が外で遊んでいると、猫がパティオの上で何かを追いつめた。何だろうと思って彼女はかがみこんだ。すると目の前に大きな虫がいたのだ。そのときはその虫が何か知らなかったのだが、その貫禄に魅了された。猫とボクシングでもしようとしているかのようにその「腕」を振りあげ、大きな目も彼女をじっと見つめたままだ。その表情には人間味があり、意識も感じられたので、幼いキャラハンは驚いた。

彼女が手を差しだすと、カマキリはためらわずに登ってきた。手の届くいちばん高い柳の枝に持ちあげて、彼女はカマキリが安全な場所へ移動するのを待った。だがカマキリはすぐには動かず、じっと彼女の顔を見つめつづけた。その体験を言葉で表現するには数年待たなければならなかったが、それは啓示の瞬間だったのだ。大人になったいま、彼女はその出会いを神の顕現（エピファニー）と呼んでいる。その後、重要な出来事が起こるたびにカマキリは目の前や夢の中、あるいは芸術作品として現れたが、いつでも「初めての出会いのときのように、輝く意識のある目をしていた。神がカマキリの目をとおして私を見ているようだった」と彼女は述べている。

カマキリはまた、ブッシュマンとその虫の神について夢中で研究している人のもとを訪れることでも知られている。これについてはロレンス・ヴァン・デル・ポストも著書『かまきりの讃歌』（邦訳、思索社）で触れており、そこで取り上げられている地味ではあるが驚くべき一連のシンクロニシティ的出来事は、カマキリの夢から始まり、イギリスからアメリカへの旅で終わっている。その最終地ニューヨークで、ヴァン・デル・ポストは追放されたブッシュマンとして知られていた女性に出会うのである。

私が初めて『かまきりの讃歌』を読んだのは一九八四年のことだった。それをはっきり覚えているのは、感動的ですばらしい物語だったからだけではなく、半分ほど読み進んだときにオフィスの入り口にカマキリが現れたためでもある。小型ながら完璧なその姿に、私は驚き、喜んだ。カマキリを見るのは子供の頃以来たえてなかったので、カマキリがブッシュマンの神だと知った直後に現れたことは、私を偏見からはじき飛ばし、ふだんは起こり得ない出来事のすばらしさと不思議さで満たしたのである。

◈意味を求めて

『かまきりの讃歌』は、ニューヨークの心理学者マーサ・ジェイガーがヴァン・デル・ポスト宛てに書いた手紙から始まる。ジェイガーは繰り返しカマキリの夢を見ていたが、その頻度が増してきたので、この虫が何を意味するのか知るために調べはじめたのだ。

ジェイガーは心理学者として、人間の心から現れるものにはすべて意味があり、夢に登場するものは夢見の当人に認められ表現してもらいたいのだと考えていた。しかし、カマキリのイメージと関係するような経験を彼女はしたことがなかった。彼女は自分も含めた人間の内なる領域を探究したいという明らかな意思をもっていたが、そんな彼女の心の背後にある未知の部分から、カマキリは現れ出てきたかのようだった。現実のカマキリとはまったく縁がなかったので、夢に現れたカマキリは、夢についての彼女の理解と夢分析家としての仕事を台無しにするもののように思えた。

そのとき、南アフリカのブッシュマンとその神に関するヴァン・デル・ポストの本を送ってくれた人がいた。彼女は熱心に読みふけり、それから作者に連絡して話を聞くためにイギリスへ飛んだ。

ふたりは数回会い、ヴァン・デル・ポストはカマキリについて知っていること――ブッシュマンの生活や想像の世界におけるカマキリの役割や、カマキリは現代社会をインスパイアして健全なものにする役割を担っているという彼自身の解釈などをジェイガーに話した。話し合っているうち、ジェイガーのカマキリの夢は、ヴァン・デル・ポストがかつて推測していたことを確信に変えた。すなわち、人間の想像の本質を理解するには、こうした特定的な想像のパターンが必要不可欠なのである。

彼はジェイガーにこう説明した。ブッシュマンの意識は、いくつか重要な点で私たちの夢見る自己と通じ合っている。また、彼女の夢のカマキリのようななじみのないものが無意識からひとりでに浮かびあがってくるときは、私たちに「心の深い部分で拒絶された未知の自己」について何か伝えようとしているのだ、と。この「原初の」自己を復活させることこそが、ばらばらになった精神を癒し、健全な自己を取り戻すためには絶対に欠かせない、というのが彼の信念だった。

◈カマキリに導かれて

ヴァン・デル・ポストの言葉はジェイガーの腑に落ちた。するとそれまでは何の意味もないと思われた夢が、啓示的なものに変わった。それは復活を要求する彼女の本来的な自己からの呼びかけだったのだ。ニューヨークの自宅に戻った直後、彼女が感じていた内なる変化を裏付けるかのように、またカマキリの夢を見た。

夢の中は夏の終わりで、彼女ははだしで草の中を歩いていた。見下ろすと、右足の甲の上にカマキリがしっかりと幸せそうに座っている。彼女は「それまで感じたことのない、言いようのない幸福感と、また人生に戻ってきたという感覚」とともに目覚めたそうである。

彼女は夢の意味に気づいた。というのも、ブッシュマンが好んで狩る力強くておとなしいエランド(大型の羚羊(れいよう))はカマキリにとっていちばん大切な存在、心の友であり、カマキリはエランドのひづめのあたりに座っているとされている、という話をヴァン・デル・ポストから聞いていたからだ。その位置は道を指し示すには最適な場所だった。エランドの足が砂漠の砂に触れると、ひづめが電流のようなぴしっという音をたてる。カマキリはこの「電気」が発生する場所にどっしり構えているのだ。まるで「この生き物の進む道が私の道だ」とでも言うように。これは、ブッシュマンの精神に与えられた最初の教え(第一戒)のようなものだ、とヴァン・デル・ポストは考えた。神に従うためには、エランドが心と精神に呼び覚ますものすべてに従え、とカマキリが人々を導いているのだ。

ジェイガーにとってカマキリの夢は、本来の自己を命じられた正しい場所に置くことを意味した。そこで彼女は、人が神と呼ぶもっとも純粋でもっとも自然なイメージによって人生が導かれる以上に幸せなことはない、と考えた。あるいは神ではなく、ヴァン・デル・ポストが彼女にカマキリをこう説明したように、「小さき者に宿るかぎりなき者の声」と言ってもよいかもしれない。彼女は、長年抑圧されていた自分自身の一部がまた正しい軌道に戻り、彼女の意識を拡げ、知恵を伝えているのだと知った。それ以来カマキリの夢はぱたりとやんだ。

その後、彼女はヴァン・デル・ポストに手紙を書き、アメリカへ来てブッシュマンとこの創造のパターンについて講演してほしいと依頼した。彼は同意した。最初の滞在地で、彼が世話人宅の玄関前の階段をのぼっていくと、ドアのところに「瞑想にふけっているようなようすで、まるで寺院の扉が開くのを待っているかのように、大きなカマキリが座っていた」。世話人の妻は、ここには何年も住んでいるがカマキリを見たことはなかったと言う。ヴァン・デル・ポストは、「私に少しでも疑念があったなら、カマキリはいなくなっていたでしょう。私はカマキリの加護の下に旅をしていたのです」と答えた。

カマキリの加護

ブッシュマンの研究に何らかの形でたずさわっている人に、カマキリにまつわるシンクロニシティ現象が生じるのは、意外によくあることなのかもしれない。カマキリが教訓の重要性を強調したり、私たちが彼らの加護の下にあることを知らせたりするために、姿を見せにやって来たかのようである。たとえば、神話学者ジョゼフ・キャンベルは、ニューヨークの高層アパートでブッシュマンの神話におけるカマキリの英雄／神の役割についての本を読んでいたとき、急に窓を開けたいという衝動にかられた。窓を開けて右の方に目を向けると、カマキリがビルを登って窓枠までやってきた。キャンベルが言うには、それはカマキリにしては大きく、顔をじっくり見てみると、ブッシュマンによく似た顔をしていたそうである。

数年前、「サン」誌が読者のお気に入りの虫の話を募集した。北カリフォルニアの女性の話では、オレンジの木の下のテーブルで難しい修士論文を書いていたとき、誰かに見られているような気がしたそうだ。顔をあげると、カマキリが低く垂れた木の枝にいた。翌日、また別のカマキリがテーブルにやってきた。一匹、また一匹とカマキリはやってきて、六匹が彼女を取り囲んだ。彼女と夫はカマキリがうようよいるのではないかと思って裏庭を調べたが、彼女が作業をしているテーブルのまわりにしかカマキリはいなかった。それから五週間というもの、彼女が論文を書いている間、カマキリは彼女といっしょに過ごすことになった。テーブルに二、三匹、木の枝やそばの草地に五、六匹という感じで。

この少し前、彼女は夫に『かまきりの讃歌』を誕生日プレゼントとして贈っていた。彼女が外でカマキリに囲まれている間、夫は家でこのブッシュマンとその神についての本を読んでいた。論文を書き終わった日以降、カマキリは現れなくなったそうだ。

ウィスコンシン州の私の友人はカトリックの家に育ったが、他宗派の教えに興味を持ち、フィラデルフィア郊外のクエーカー教徒のトレーニングセンターであるペンドルヒルへ修行に行った。ここはヴァン・デル・ポストがアメリカ滞在中に講演を行なった場所でもあった。マーサ・ジェイガーがクエーカー教徒フレンド会の宗教と心理学の会議の議長だったので、ここで講演会を手配したのだ。

友人も『かまきりの讃歌』のことは耳にしていたが、ペンドルヒルに来たときはまだ読んでいなかった。このセンターのゲストは、食事の用意や掃除といった雑用を分担することになっており、あるとき彼女はテーブルを拭いていた。すると椅子の上にサヤインゲンのようなものがあるのに気づいた。よく見てみると、サヤインゲンではなく大きなカマキリだった。彼女は食堂にいた別な女性に、「カマキリがいるわ！」と声をかけた。するとその女性は布を手にしてやってきて、最大限の敬意を払いながらカマキリを布の上へ誘導した。それからうやうやしく戸口へカマキリをつれていき、外へ放した。友人は帰宅してから『かまきりの讃歌』を読み、その本で修行中に経験したことすべてが裏付けられた。これが彼女の人生の転機となった。

精神分析医のダイケ・ベッグは著書『共時性 *Synchronicity*』で、彼女と夫が休暇の旅に出る直前、ふたりの親友ロレンス・ヴァン・デル・ポストが亡くなったと述べている。ある日の午後、ダイケの夫はヴァン・デル・ポストの『船長のオディッセー』（邦訳、日本海事広報協会）を読んでいた。そこにはユングが南アフリカへ渡る途中のカモメを使って自分の死をヴァン・デル・ポストに知らせてきたことが書かれていた。そのときカマキリが窓をよじのぼり、こちらをのぞき見ていることに気づいた。ダイケも夫もマジョルカ島ではカマキリを見たことはなかったのに。夫は本を読みつづけ、つぎの段落でその本で唯一カマキリに言及した記述をみつけた。彼はそのとき、ヴァン・デル・ポストからの最後の手紙に書かれていた言葉を思い出した。「私たちはすぐに会えるだろう」。そしてその言葉どおり、ヴァン・デル・ポストは別れを言いに来たのだとダイケの夫は感じた。ふたたびカマキリの加護の下、長い旅をして。

カマキリにならって

先住民族や、さまざまな文化のあらゆる個人の夢に現れる再生のパターンが繰り返し示しているのは、人生の再生／再建のきっかけは小さくつつましいものから生まれるということである。深層心理学者たちもこれに同意していて、自分がさげすみ、拒絶し、ばかにしているものの中にそれを探すよう教えている。太古の知恵も、自己と世界についての現代の理論も、昆虫の広大な王国にパワーと隠れた輝きが備わっていることを証言し、虫との関係を改めるなら、まったく思いも寄らないようなかたちで精神の再生がもたらされることを示唆している。私たちが個人的にも文化的にももっとも必要としているのは、これまで虐げ排除してきた、自己および地球の中の昆虫的側面であるように思われる。それは心の影の中に隠された贈り物のようなものなのだ。

人生を機械的に生きながら（皮肉なことに、私たちは昆虫を機械的に生きている、と非難している）、多くの人が、人生に一貫性と意義を与えてくれる活きいきとした要素——それを魂と呼んでもいい——を失ってしまった、と嘆いている。さらに、地球への帰属感も、動物や植物や星々に守られているという感覚も私たちはなくしてしまった。だが、はしがきで紹介したダニエル・クインの夢の甲虫によると、意識を持った別な存在たちの王国はすぐ近くあるのだ。彼らは助けを呼ぶ声を聞き、無数の方法で答えてくれるだろう。彼らに耳を傾ける方法を思い出さなければならないのは、私たちのほうなのだ。

ダニエル・クインの甲虫は、道をはずれた森の中でクインが必要とされていること、他の虫たちが彼に秘密を教えたがっていることを告げた。その秘密とは、虫も他の生き物も私たちの一部であり、私たちも彼らの一部であるということだとクインは考えている。私たちは地球の異邦人ではなく、むしろ蛾や蝶のような生命から育ってきたのだ。事実、私たちがこれほど必要とされているのは、私たちが生命の共同体に属しているからである。私たちが参加しなければ、その共同体も私たちも、完全体となることはできない。私たちは自分自身を共同体から切り離すことで、みずからの精神も地球共同体の精神も駄目にしてきたのである。

野性の自己を取り戻して心の中の正しい場所へ置き直す過程は、魂の喪失状態――私たちはそれを普通の状態だと受け入れてしまっているが――を癒すための大きな一歩である。この個人的・文化的矯正計画には私たちが考える以上の力がある。その務めを認識し引き受けることは、あらゆる生き物に内在する再生のパターンと調和する位置に自分の意思を置くことだ。そのパターンが私たちの意図によって発動されると、それは私たちが変容し、より全体性へと近づくためのあらゆる助けを呼び込むだろう。そして人が自己の本質の中で生きるようになれば、外的生活もその人の内面の本質に見合うものとなっていくだろう。

再生の作業において重要なのは、見かけが不快なものでも心地よいものでも、あらゆる生き物に聖性を見る力を取り戻し、感謝を叫ぶことだ。ルーミーはこんな詩を綴っている。

神が万物に与えた名前に耳を傾けるがよい……
我々は彼らが持つ脚の数に従って名前を与える
だが神は彼らが内面に持っているものに従って名前を与える[*5]

心の中にいるのが何者なのかを探り当て、「神」が彼らに与えた名前を聞くことには時間がかかるし、おそらくつねに虫と会話をすることも必要になるだろう。「ゴッドファーザー」三部作で知られるアメリカのスター映画監督フランシス・フォード・コッポラは、五〇代後半にさしかかったいま、のんびり虫に話しかけて暮らしている。ある夕方、「グルメ」誌のフレッド・フェレッティとともにコッポラのナパ・ヴァレーの農場のベランダで夕食を食べていると、蚊がテーブルクロスのスパゲッティ・ソースのしみの上にとまった。コッポラは気づいたが食事を続け、静かに蚊が腹一杯食べるにまかせた。そのあとデザートを食べながら、コッポラはフェレッティに言った。「ここでは虫を殺さない。私たちは何も殺さないんだ……。私はバッタにもクモにも話しかけているんだよ」。フェレッティが「何について？」とたずねると、コッポラは答えた。「私はいつも私たちの存在の広さを理解しようとしている。私たちはその一部しか見られないと知っているからね。私はそれを脚本にして撮影したいんだ。きっと実現するよ」
コッポラは直観的にカマキリに従っていたのだ。彼は虫のほうを向き、小宇宙の中の大宇宙をみつめ、想像力を解放し、人間と自然界の間に存在する調和をみつけることを学んでいるのである。

彼だけではない。多くの人がいま生きる方向を変え、心の呼び声に答えている。やがてすべての人が、私たちを取り巻く虫のあふれた世界へむかう内的・外的な旅をするようになるにちがいない。彼らが持つ力の輪に加わり、すべての生命の流れを支える、より大きなコミュニケーションの方法を感じとろうとするようになるだろう。新たに学んだ事柄は、それを現実生活の中で実際に体験しなければ正しく理解されるようにはならない、という理解の下、小さな生き物とじかに触れあうことも、あえて求めるとまではいかなくても、歓迎するようになることだろう。

トマス・ベリーがはしがきに書いているように、人間と虫が互いに向きあう時が来た。森羅万象の核心にある力と偽りの力との間の広大な距離を埋める時が来たのだ。そこでは虫たちが私たちの帰りを待っている。蝶やミツバチ、甲虫やハエ、ゴキブリやクモ、その他無数の虫たちが伝えてくれる無限なるものの声は、彼らの真の名前を思い出し、その教えに心を開くよう私たちに告げる。

君のいる世界では、どんな虫に恵まれているの？

最後に

初版の原稿を検討してもらうために出版社にコピーを送った朝、大きなカマキリが玄関に現れた。手を差しだすと、彼は私の手の上に乗った。彼がその朝来たことの意味と、本書がカマキリの加護の下で旅をするのだということを思いながら、私は写真を撮った。カバー袖の写真がそれだ。

訳者あとがき

春先のことだっただろうか。こんなニュース記事がふと目に留まった。「アメリカでミツバチが原因不明の集団失踪」。養蜂家に飼われているミツバチが巣箱を出たまま戻らない、そんな怪現象がアメリカ全土で起こっているという。原因はダニや寄生虫、感染症、ストレス、農薬の影響など、さまざまに取り沙汰されているが、いまだに解明されていないらしい。ミツバチは果物やナッツ類など農作物の受粉に欠かせない存在なので、養蜂家が受ける打撃もさることながら、私たちの食生活への影響も懸念される。

この現象をどうとらえるかは、人それぞれであろう。ミツバチからの「警告」と受け止め、あらためて虫と人との関係をみつめ直すこともできる。単なる自然現象のひとつと受け流すこともできる。「問題なし」と決めつけてしまえば、何も思い煩うことなく今までどおりの生活を続けることができるのだから、大丈夫と思いたくなるのが人情かもしれない。そもそも虫になど関心がなければ、こんなニュースを気に留めることすらないだろう。

北極海の氷の減少や、海面上昇による南太平洋の島国の水没、年々威力を増す巨大ハリケーンといった現象にかんしても同じことが言えそうだ。今日広く注目を集めるようになった地球温暖化の結果という解釈もできれば、互いに関連性のない個々の現象という解釈もできる。何かを問題視すればそれを解決するために何らかの行動を起こす必要に迫られるが、問題なしとみなせばすべては安泰という顔をしていられる。凝り固まった価値観や視点を崩すのは、容易なことではない。

だが、きっかけさえあれば変われるはずだ。虫に自分自身の欠点を見いだし、自分自身の中に虫の性質を見いだすという原作者ジョアン・ロークの視点は、斬新であまりにも大胆なので、そっくり受け入れるのは難しいかもしれない。それでも、カマキリでもアリでもいい、共感できる物語をひとつでもみつけられれば、それを足がかりに、現代の消費文明の問題点や悲鳴をあげる地球環境に目を向けることはできる。まったく異なる角度から虫や自然界を眺めてみたら世界はどう変わるのか、考えてみることもできる。私自身、本書に出会っていなかったらミツバチの失踪に興味を持つことはなかっただろうし、家に侵入してくる虫に以前より（わずかながらではあるが）寛大になることもなかっただろう。小さな変化かもしれないが、忘れられて久しい自然界への畏怖をふたたび感じるきっかけとしては充分な変化だった。

これから五年、一〇年と時が過ぎたとき、ミツバチの失踪事件はどのように語られているのだろう。そして、失踪したミツバチは養蜂家のもとへ戻っているのだろうか。こんなことを考えさせてくれた本書が、読者のみなさんにとってもひとつの「きっかけ」になることを願ってやまない。

最後に、本書を翻訳する機会を与えてくださり、また編集作業中にもさまざまにお世話になった日本教文社の鹿子木大士郎さん、翻訳に際し貴重なアドバイスを寄せてくださった株式会社バベルの鈴木由紀子さんに、この場を借りて感謝の意を表したい。

甲斐理恵子

Ecology. Jeffersonton, Va.: Perelandra, 1983.
——. *Perelandra Garden Workbook*. Jeffersonton, Va.: Perelandra, 1987.
Youngholm, Thomas. "The Pond." In Ford, Arielle, *More Hot Chocolate for the Mystical Soul: 101 True Stories of Angels, Miracles and Healings*. New York: Plume, 1999, pp. 278-84.

Vitebsky, Piers. *The Shaman*. Boston: Little Brown and Co., 1995.（ピアーズ・ヴィテブスキー『シャーマンの世界』岩坂彰訳、創元社、1996）
von Franz, Marie-Louise. *Alchemy: An Introduction to the Symbolism and the Psychology*. Toronto: Inner City Books, 1980.
——. *The Psychological Meaning of Redemption Motifs in Fairytales*. Toronto: Inner City Books, 1980.（M.-L.フォン・フランツ『おとぎ話のなかの救済：深層心理学的観点から』角野善宏、小山智朗、三木幸枝訳、日本評論社、2004）
Walker, Barbara. *The Woman's Dictionary of Symbols and Sacred Objects*. New York: Harper & Row, 1988.
——. *The Woman's Encyclopedia of Myths and Secrets*. San Francisco: Harper & Row, 1983.（バーバラ・ウォーカー『神話・伝承事典：失われた女神たちの復権』山下主一郎［他］共訳、大修館書店、1988）
Waters, Frank. *Book of the Hopi*. New York: Ballantine Books, 1963.（フランク・ウォーターズ『ホピ　宇宙からの聖書：アメリカ大陸最古のインディアン 神・人・宗教の原点』林陽訳、徳間書店、1993）
Werber, Bernard. *Empire of the Ants*. New York: Bantam Books, 1999.（ベルナール・ウェルベル『蟻：ウェルベル・コレクション〈1〉』小中陽太郎、森山隆訳、角川文庫、2003）
Wheeler, W. M. *Ants: Their Structure, Development and Behavior*. New York: Columbia University Press, 1910.
Willow, Sara. In "Stories of Animal Companions." *Sage Woman*. Spring 1995, pp. 26-27.
Wilson, Edward O. "Ants." *Wings: Essays on Invertebrate Conservation*. Fall 1991. pp. 4-13.
——. *Biophilia*. Cambridge: Harvard University Press, 1984.（エドワード・O・ウィルソン『バイオフィリア：人間と生物の絆』狩野秀之訳、平凡社、1994）
——. *The Diversity of Life*. Cambridge: Harvard University Press, 1992.（エドワード・O・ウィルソン『生命の多様性』上下、大貫昌子、牧野俊一訳、岩波現代文庫、2004）
——. *On Human Nature*. Cambridge: Harvard University Press, 1978.（エドワード・O・ウィルソン『人間の本性について』岸由二訳、思索社、1990）
——. *Sociobiology: The New Synthesis*. Cambridge: Harvard University Press, 1975.（エドワード・O・ウィルソン『社会生物学』伊藤嘉昭監修、坂上昭一［他］訳、新思索社、1999）
Wolkomir Richard. "The Bug We Love to Hate." *National Wildlife*. December-January 1993, pp. 34-37.
Wright, Machaelle Small. *Behaving As If the God in All Life Mattered: A New Age*

Suzuki, David, and Peter Knudtson. *Wisdom of the Elders: Honoring Sacred Native Visions of Nature*. New York: Bantam Books, 1992.

Swan, James A. *Nature as Teacher and Healer: How to Reawaken Your Connection with Nature*. New York: Villard Books, 1992.（ジェームズ・A・スワン『自然のおしえ 自然の癒し：スピリチュアル・エコロジーの知恵』金子昭、金子珠理訳、日本教文社、1995）

——. In *Voices on the Threshold of Tomorrow: 145 Views of the New Millennium*. Edited by Georg Feuerstein and Trisha Lamb Feuerstein. Wheaton, Ill.: Quest Books, 1993.

Swift, W. Bradford. "Down the Garden Path: How Ten Thousand Years of Agriculture Has Failed Us: An Interview with Daniel Quinn." *The Sun* 7 (December 1997), pp. 7-12.

Taubes, Gary. "Malarial Dreams." *Discover*. March 1998, pp. 109-16.

Taylor, Jeremy. *Dream Work Techniques for Discovering the Creative Power in Dreams*. New York: Paulist Press, 1983.

Teale, Edwin Way. *The Golden Throng*. Binghamton: Vail-Ballou Press, 1940.

——. *Grassroot Jungles*. New York: Dodd, Mead & Co., 1966.

"The Year in Science: Ebola Tamed—for Now." *Discover*. January 1996, pp. 16-18.

Thoreau, Henry David. *Walden*. New York: Thomas Y. Crowell, 1961.（ヘンリー・D・ソロー『ウォールデン　森の生活』今泉吉晴訳、小学館、2004 他）

Thurmon, Howard. *The Search for Common Ground*. New York: Harper & Row, 1971.

Tompkins, Peter, and Christopher Bird. *The Secret Life of Nature: Living in Harmony with the Hidden World of Nature Spirits from Fairies to Quarks*. San Francisco: HarperSanFrancisco, 1997.

——. *Secrets of the Soil. New Age Solutions for Restoring Our Planet*. New York: Harper & Row: 1989.

van der Post, Laurens. "The Creative Pattern in Primitive Africa." *Eranos Lectures* 5. Dallas: Spring Publications, 1957.（ロレンス・ヴァン・デル・ポスト「原始アフリカにおける創造的パターン」、『創造の形態学』エラノス叢書、平凡社、1990）

——. "Creative Patterns of Renewal." *Pendle Hill Pamphlet* (121). Chester, Pa.: John Spencer, 1962.

——. *A Far-Off Place*. New York: William Morrow and Company, 1974.（ヴァン・デル・ポスト『はるかに遠い場所』井坂義雄訳、サンリオ、1982）

——. *A Mantis Carol*. Covelo, Calif.: Island Press, 1975.（L. ヴァン・デル・ポスト『かまきりの讃歌』秋山さと子訳、思索社、1987）

——. "Wilderness: A Way of Truth." In *Wilderness The Way Ahead*. Edited by Vance Martin and Mary Inglis. Forres, Scotland: Findhorn Press, 1984, pp. 231-37.

Shiva, Vandana. *Biopiracy: The Plunder of Nature and Knowledge*. Boston: South End Press, 1997.（バンダナ・シバ『バイオパイラシー：グローバル化による生命と文化の略奪』松本丈二訳、緑風出版、2002）

——. "Vandana Shiva and the Vision of the Native Seed." In Kenny Ausubel, *Restoring the Earth: Visionary Solutions from the Bioneers*. Tiburon, Calif.: H. J. Kramer, 1997.

Skafte, Dianne. *When Oracles Speak: Understanding the Signs and Symbols All Around Us*. Wheaton, Ill.: Quest Books, 1997.

Smith, Penelope. *Animal Talk*. Point Reyes, Calif.: Pegasus Publications, 1989.（ペネローペ・スミス『あなたもペットと話ができる』堤裕司監修、金子みちる訳、学習研究社、2002）

——. *Animals: Our Return to Wholeness*. Point Reyes, Calif.: Pegasus Publications, 1993.

Snell, Marilyn Berlin. "Little Big Top: Maria Fernanda Cardosa Reinvents the Flea Circus." *Utne Reader*. May-June, 1996, pp. 67-71.

Spangler, David. "Decrystallizing the New Age." *New Age Journal*. January/February 1997, pp. 70-73, 136.

Spears, Robert. "Gypsy Myths: News, Information, Alternatives and Opinion about Coexisting with the Gypsy Moth." http://www.erols.com/rjspear/gyp_welcom.htm.（リンク切れ）

Spielman, Andrew, and Michael D'Antonio. *Mosquito: A Natural History of Our Most Persistent and Deadly Foe*. New York: Hyperion, 2001.（アンドリュー・スピールマン＋マイケル・ド・アントニオ『蚊　ウイルスの運び屋：蚊と感染症の恐怖』奥田祐士訳、ソニー・マガジンズ、2004）

Steiger, Sherry Hansen, and Brad Steiger. *Mysteries of Animal Intelligence*. New York: Tom Doherty Associates, 1995.

Steiner, Rudolf. *Nine Lectures on Bees: Given to Workmen at the Goetheanum* (1923). Translated by Marna Pease and Carol Alexander Mier. New York: Anthroposophic Press, 1947.

Steingraber, Sandra. *Living Downstream: An Ecologist Looks at Cancer and the Environment*. Reading, Mass.: Addison-Wesley, 1997.（サンドラ・スタイングラーバー『がんと環境：患者として、科学者として、女性として』松崎早苗訳、藤原書店、2000）

Stevens, J. R. *Sacred Legends of the Sandy Lake Cree*. Toronto: McClelland and Stewart, 1971.

Stokes, John. "Finding Our Place on Earth Again." *Wingspan: Journal of the Male Spirit*. Summer 1990, pp.1, 6-7.

Lion Publications, 1997, pp. 8-9.
Ritchie, Elisavietta. "The Cockroach Hovered Like a Dirigible." in *And a Deer's Ear, Eagle's Song, and Bear's Grace: Animals and Women*. Edited by Theresa Corrigan and Stephanie Hoppe. Pittsburgh: Cleis Press, 1990, pp. 53-56.
Rodegast, Pat, and Judith Stanton. *Emmanuel's Book III: What Is an Angel Doing Here?* New York: Bantam Books, 1994.
Rood, Ronald. *Animals Nobody Loves*. Brattleboro, Vt.: Stephen Greene Press, 1971.
——. *It's Going to Sting Me: A Coward's Guide to the Great Outdoors*. New York: Simon and Schuster, 1976.
Rumi, Jelaluddin. "The Name." in *News of the Universe: Poems of Twofold Consciousness*. Translated and edited by Robert Bly. San Francisco: Sierra Club Books, 1980, p. 268.
Russell, Peter. *The Global Brain Awakens: Our Next Evolutionary Leap*. Palo Alto, Calif.: Global Brain, 1995.
Ryan, Lisa Gail. *Insect Musicians and Cricket Champions: A Cultural History of Singing Insects in China and Japan*. San Francisco: China Books and Periodicals, 1996.
Saunders, Nicholas J. *Animal Spirits*. Boston: Little Brown & Co., 1995.
Schul, Bill. *Life Song: In Harmony with All Creation*. Walpole, N.H.: Stillpoint Publishing, 1994.
Shapiro, Robert, and Julie Rapkin. *Awakening to the Animal Kingdom*. San Rafael, Calif.: Cassandra Press, 1988.
Shealy, C. Norman, and Caroline M. Myss. *The Creation of Health: The Emotional, Psychological, and Spiritual Responses That Promote Health and Healing*. Walpole, N.H.: Stillpoint Publishing, 1993.（C・ノーマン・シーリー＋キャロライン・M・ミス『健康の創造：心と体をよい関係にするために』石原佳代子訳、中央アート出版社、1995）
Sheldrake, Rupert. *Seven Experiments That Could Change the World: A .Do-It-Yourself Guide to Revolutionary Science*. New York: Riverhead Books, 1995.（ルパート・シェルドレイク『世界を変える七つの実験：身近にひそむ大きな謎』田中靖夫訳、工作舎、1997）
——. *Dogs That Know When Their Owners Are Coming Home: And Other Unexplained Powers of Animals*. New York: Crown Publishers, 1999.（ルパート・シェルドレイク『あなたの帰りがわかる犬：人間とペットを結ぶ不思議な力』田中靖夫訳、工作舎、2003）
Shepard, Paul. *Thinking Animals: Animals and the Development of Human Intelligence*. New York: Viking Press, 1976.（ポール・シェパード『動物論：思考と文化の起源について』寺田鴻訳、どうぶつ社、1991）

Celestial Arts, 1986.
Myss, Caroline. *Anatomy of the Spirit: The Seven Stages of Power and Healing*. New York: Harmony Books, 1996.（キャロライン・メイス『7つのチャクラ：魂を生きる階段 本当の自分にたどり着くために』川瀬勝訳、サンマーク出版、1998）
Nahmad, Clair. *Magical Animals: Folklore and Legends from a Yorkshire Wisewoman*. London: Pavilion Books Limited, 1996.
Nielsen, Lewis T. "Mosquitoes Unlimited." *Natural History*, July 1991, pp. 4-5.
Noble, Vickie. *Motherpeace: A Way to the Goddess through Myth, Art, and Tarot*. San Francisco: Harper & Row, 1982.
——. *Shakti Woman: Feeling Our Fire, Healing Our World*. San Francisco: HarperSanFrancisco, 1991.
Nollman, Jim. *Dolphin Dreamtime*. New York: Bantam New Age Books, 1987.（ジム・ノルマン『イルカの夢時間：異種間コミュニケーションへの招待』吉村則子、西田美緒子訳、工作舎、1991）
——. *Spiritual Ecology: A Guide to Reconnecting with Nature*. New York: Bantam Books, 1990.（ジム・ノルマン『地球は人間のものではない』星川淳訳、晶文社、1992）
Pearlman, Edith. "Coda: An Inordinate Fondness." *Orion Nature Quarterly*, Autumn 1995, p. 72.
Perera, Sylvia Brinton. *Descent to the Goddess: A Way of Initiation for Women*. Toronto: Inner City Books, 1981.（シルヴィア・B・ペレラ『神話にみる女性のイニシエーション』山中康裕監修、杉岡津岐子、小坂和子、谷口節子訳、創元社、1998）
"Pest Control: Cockroaches Equipped with Tiny Electronic Backpacks Scuttle around Japanese Lab at Scientists' Commands." *San Jose Mercury News*, January 10, 1997, p. 27A.
Peterson, Brenda. "Animal Allies." *Orion Nature Quarterly*, 1994.
Quammen, David. *Natural Acts: A Sidelong View of Science and Nature*. New York: Dell Publishing, 1985.
Quinn, Daniel. *Providence: The Story of a Fifty-Year Vision Quest*. New York: Bantam Books, 1994.
Reichard, Gladys A. *Navaho Religion: A Study of Symbolism*. Princeton, N.J.: Princeton University Press. 1950.
Rilke, Rainer Maria. "A Man Watching." in *News of the Universe: Poems of Twofold Consciousness*. Translated and edited by Robert Bly. San Francisco: Sierra Club Books, 1980, pp. 121-22.（『新訳リルケ詩集』富岡 近雄訳、郁文堂、2003 他）
Rinchen, Geshe Sonam. *The Thirty-seven Practices of Bodhisattvas: An Oral Teaching by Geshe Sonam Rinchen*. Edited and translated by Ruth Sonam. Ithaca, N.Y.: Snow

Energy into Collective Consciousness." *Dream Network: A Journal Exploring Dreams and Myths* 14, no. 4 (1995), pp. 25-27.

Lee, John. *The Flying Boy: Healing the Wounded Man*. Austin, Tex.: New Men's Press, 1987.（ジョン・リー『フライング・ボーイ：愛することを忘れた男たちへ』あわやのぶこ訳、PHP 研究所、1993）

Lertzman, Renée. "Experiencing Deep Time: Brian Swimme on the Story of the Universe." *The Sun*, May 2001, pp. 6-15.

Levertov, Denise. *Poems 1960-1967*. New York: New Directions, 1983.

Levine, Stephen. *Healing into Life and Death*. New York: Doubleday, 1987.（スティーブン・レヴァイン『癒された死』髙橋裕子訳、ヴォイス、1993）

Locke, Raymond Friday. *Sweet Salt: Navajo Folktales and Mythology*. Santa Monica, Calif.: Roundtable Publishing Company, 1990.

Longgood, William. *The Queen Must Die: And Other Affairs of Bees and Men*. New York: W.W. Norton & Co., 1985.

Macy, Joanna. *World as Lover, World as Self*. Berkeley: Parallax Press, 1991.（ジョアンナ・メイシー『世界は恋人 世界はわたし』星川淳訳、筑摩書房、1993）

Manos-Jones, Maraleen. *The Spirit of Butterflies: Myth, Magic, and Art*. New York: Harry N. Abrams, 2000.

Margulis, Lynn, and Dorion Sagan. *Microcosmos: Four Billion Years of Microbial Evolution*. New York: Summit Books, 1986.（L. Margulis, D. Sagan『ミクロコスモス：生命と進化』田宮信雄訳、化学同人社、1989）

Matthews, Marti Lynn. *Pain: The Challenge and the Gift*. Walpole, N.H.: Stillpoint Publishing, 1991.

Mercatante, Anthony S. *Zoo of the Gods: Animals in Myth, Legend, and Fable*. San Francisco: Harper & Row, 1974.（A・S・マーカタンテ『空想動物園：神話・伝説・寓話の中の動物たち』中村保男訳、法政大学出版局、1988）

Millman, Lawrence. *A Kayak Full of Ghosts: Eskimo Tales*. Santa Barbara, Calif.: Capra Press, 1987.

Moore, Daphne. *The Bee Book*. New York: Universe Books, 1976.

Moore, Robert, ed. *A Blue Fire: Selected Writings by James Hillman*. New York: Harper & Row, 1989.

Moore, Thomas. *Care of the Soul: A Guide for Cultivating Depth and Sacredness in Everyday Life*. New York: HarperCollins, 1992.（トマス・ムーア『失われた心 生かされる心：あなた自身の再発見』南博監訳、経済界、1994）

Morgan, Marlo. *Mutant Message Down Under*. Lees Summit, Mo.: MM CO., 1991.（マルロ・モーガン『ミュータント・メッセージ』小沢瑞穂訳、角川書店、1995）

Moss, Richard. *The Black Butterfly: An Invitation to Radical Aliveness*. Berkeley:

『刺青・秘密』新潮文庫、1969、他）

Keen, Sam. *Faces of the Enemy: Reflections of the Hostile Imagination*. San Francisco: Harper & Row, 1986.（サム・キーン『敵の顔：憎悪と戦争の心理学』佐藤卓己、佐藤八寿子訳、柏書房、1994）

——. *Hymns to an Unknown God*. San Francisco: Harper & Row, 1994.

Keller, Evelyn Fox. *A Feeling for the Organism: The Life and Work of Barbara McClintock*. New York: W. H. Freeman & Co., 1983.（エブリン・フォックス・ケラー『動く遺伝子：トウモロコシとノーベル賞』石館三枝子、石館康平訳、晶文社、1987）

Kelly, Peter. "Understanding through Empathy." *Orion Nature Quarterly*, Winter 1983, pp. 12-16.

Kennedy, Des. *Nature's Outcasts: A New Look at Living Things We Love to Hate*. Pownal, Vt.: Storey Communications, 1993.

Knutson, Roger M. *Furtive Fauna*. New York: Penguin Books, 1992.

Koehler, Philip G., and Richard S. Patterson. "Cockroaches." In *Insect Potpourri: Adventures in Entomology*. Edited by Jean Adams. Gainesville, Fla.: Sandhill Crane Press, 1992, pp. 147-49.（ジーン・アダムス編『虫屋のよろこび』小西正泰監訳、平凡社、1995）

Kornfield, Jack. *After the Ecstasy, the Laundry: How the Heart Grows Wise on the Spiritual Path*. New York: Bantam Books, 2000.

——. *A Path with Heart: A Guide through the Perils and Promises of Spiritual Life*. New York: Bantam Books, 1993.

Kowalski, Gary. *The Souls of Animals*. Walpole, N.H.: Stillpoint, 1991.

Lake-Thom, Bobby. *Spirits of the Earth: A Guide to Native American Nature Symbols, Stories, and Ceremonies*. New York: Plume, 1997.

Laland, Stephanie. Peaceful Kingdom: Random Acts of Kindness by Animals. Berkeley: Conari Press, 1997.（ステファニー・ラランド『地上の天使たち：本当にあった動物たちの無償の愛の物語』髙橋恭美子訳、原書房、1994）

Lame Deer, John (Fire), and Richard Eredoes. *Lame Deer Seeker of Visions*. New York: Simon and Schuster, 1972.（ジョン・ファイアー・レイム・ディアー口述、リチャード・アードス編『レイム・ディアー：ヴィジョンを求める者』北山耕平訳、河出書房新社、1993）

Lappé, Marc. *Broken Code: The Exploitation of DNA*. San Francisco: Sierra Club, 1984.

——. *Evolutionary Medicine: Rethinking the Origins of Disease*. San Francisco: Sierra Club, 1994.

Lauck, Marcia. "Dreamtime and Natural Phenomena: The Release of Transformative

平凡社、1995）

Hillman, James. "Going Bugs." *Spring: A Journal of Archetype and Culture*. Dallas: Spring Publications, 1988, pp. 40-72.

——. *Kinds of Power: A Guide to Its Intelligent Uses*. New York: Currency Doubleday, 1995.

Hillman, James, and Margot McLean. *Dream Animals*. San Francisco: Chronicle Books, 1997.

Hogan, Linda, Theresa Corrigan, and Stephanie Hoppe, eds. *And a Deer's Ear, Eagle's Song, and Bear's Grace: Animals and Women*. Pittsburgh: Cleis Press, 1990.

Hölldobler, Bert, and Edward O. Wilson. *The Ants*. Cambridge: Harvard University Press, 1990.

Hope, David B. *A Sense of the Morning: Inspiring Reflections on Nature and Discovery*. New York: Fireside, 1988.

Houston, Jean. *A Mythic Life: Learning to Live Our Greater Story*. San Francisco: HarperCollins, 1996.

Hoy, Michael J. "Amazing Boy Talks to Animals-and They Obey His Commands." *Manchete Revista Semanal* 1452, February 16, 1980, p. 40-41.

Hubbard, Barbara Marx. *Conscious Evolution: Awakening the Power of Our Social Potential*. Novata, Calif.: New World Library, 1998.（バーバラ・マークス・ハバード『意識的な進化：共同創造への道』加藤晴美訳、ナチュラルスピリット、2002）

Hubbell, Sue. *Broadsides from the Other Orders: A Book of Bugs*. New York:Random House, 1993.（スー・ハベル『虫たちの謎めく生態：女性ナチュラリストによる新昆虫学』石川良輔監修、中村凪子訳、早川書房、1997）

Huddle, Norie. *Butterfly*. New York: Huddle Books, 1990.（ノリ・ハドル『バタフライ：もし地球が蝶になったら』きくちゆみ、今村和宏訳、ハ　モニクス出版、2002）

James, Mary. *Shoebag*. New York: Scholastic, 1990.

Jensen, Derrick. *A Language Older Than Words*. New York: Context Books, 2000.

Johnson, Buffie. *Lady of the Beasts*. New York: Harper & Row, 1988.

Jordan, William. *Divorce among the Gulls: An Uncommon Look at Human Nature*. San Francisco: North Point Press, 1991.（ウィリアム・ジョーダン『カモメの離婚』相原真理子、堀内静子訳、白水社、1994）

Johari, Harish. *The Monkeys and the Mango Tree: Teaching Stories of the Saints and Sadhus of India*. Rochester, Vt.: Inner Traditions, 1998.

Jung, Carl. *Synchronicity: A Causal Connecting Principle*. Princeton, N.J.: Princeton University Press, 1973, p. 94.

Junichiro, Tanizaki. "The Tattoo." In *Modern Japanese Stories*. Edited by Ivan Morris. Rutland, Vt.: Charles E. Tuttle Company, 1962, pp. 90-100.（谷崎潤一郎「刺青」、

Gould, Stephen Jay. "Of Mice and Mosquitoes." *Natural History*, July 1991, pp. 12-20.

Grossman, Warren. *To Be Healed by the Earth*. New York: Seven Stories Press, 1998.

Graham, Frank Jr. *The Dragon Hunters*. New York: Truman Talley Books (E. P. Dutton), 1984.

Griffin, Donald R. *Animal Minds*. Chicago: University of Chicago Press, 1992.（ドナルド・R・グリフィン『動物の心』長野敬、宮木陽子訳、青土社、1995）

——. *Animal Thinking*. Cambridge: Harvard University Press, 1984.（ドナルド・R・グリフィン『動物は何を考えているか』渡辺政隆訳、どうぶつ社、1989）

Guggenheim, Bill, and Judy Guggenheim. *Hello from Heaven*. New York: Bantam 1996.（ビル・グッゲンハイム、ジュディ・グッケンハイム『生きがいのメッセージ』飯田史彦責任編集、片山陽子訳、徳間書店、1999）

Halifax, Joan. *The Fruitful Darkness: Reconnecting with the Body of the Earth*. New York: HarperCollins, 1993.

——. *Shaman: The Wounded Healer*. New York: Thames and Hudson, 1988.（ジョーン・ハリファクス『イメージの博物誌 26 シャーマン：異界への旅人』松枝到訳、平凡社、1992）

Hall, Mitchell. "Some Animal Tales." *Orion Nature Quarterly*, Spring 1990, pp. 62-64.

Hall, Rebecca. *Animals Are Equal: Humans and Animals—The Psychic Connection*. London: Century Hutchinson, 1980.

Harman, Willis. "Biology Revisioned." *Noetic Sciences Review* 41 (Spring 1997), pp. 12-17, 39-42.

Harman, Willis, interviewed by Sarah van Gelder. "Transformation of Business." In *Context* 41 (1994), pp. 52-55.

Harrison, Gordon. *Mosquitoes, Malaria and Man: A History of the Hostilities since 1880*. New York: E. P. Dutton, 1978.

Hass, Robert, ed. *The Essential Haiku: Versions of Basho, Buson, and Issa*. New York: HarperCollins, 1994.

Hearn, Lafcadio. *Kotto: Being Japanese Curios, with Sundry Cobwebs*. New York: Macmillan, 1927, pp. 57-61, 137-69.（小泉八雲『怪談・骨董他』第2版、平井呈一訳、恒文社、1986）

——. *Kwaidan: Stories and Studies of Strange Things* (1904). Rutland, Vt.: Charles E. Tuttle Co., 1971.（小泉八雲『怪談・奇談』平川祐弘編、講談社学術文庫、1990 他）

Hearne, Vickie. *Animal Happiness*. New York: HarperCollins, 1994.

Hillyard, Paul. *The Book of the Spider: From Arachnophobia to the Love of Spiders*. New York: Random House, 1994.（P. ヒルヤード『クモ・ウォッチング』新海栄一［他］訳、

Evans, Arthur V., and Charles L. Bellamy. *An Inordinate Fondness for Beetles*. New York: Henry Holt & Company, 1996.（アーサー・V・エヴァンス , チャールス・L・ベラミー『甲虫の世界：地球上で最も繁栄する生きもの』小原嘉明監修、加藤義臣、廣木眞達訳、シュプリンガー・フェアラーク東京、2000）

Ferretti, Fred. "Master of Movies and Wine." *Gourmet*, April 1998, pp. 60-63.

The Findhorn Community. *The Findhorn Garden: Pioneering a New Vision of Man and Nature in Cooperation*. New York: Harper & Row, 1968.

Fisher, Helen M. *From Erin with Love*. San Ramon, Calif.: Swallowtail Publishing, 1995.

Fleming, Pat, Joanna Macy, Arne Naess, and John Seed. *Thinking Like a Mountain: Towards a Council of All Beings*. Philadelphia: New Society Publishers, 1988.（ジョン・シード他『地球の声を聴く：ディープエコロジー・ワーク』星川淳監訳、ほんの木、1993）

Ford, Arielle. *More Hot Chocolate for the Mystical Soul*. New York: Penguin Group, 1999.

Frank, Adam. "Quantum Honeybees." *Discover*, November, 1997, pp. 81-88.

Gadsby, Patricia. "Why Mosquitoes Suck." *Discover*, August 1997, pp. 42-45.

Garfield, Patricia. *The Healing Power of Dreams*. New York: Simon & Schuster, 1991.

Gillett, J. D. *The Mosquito: Its Life, Activities, and Impact on Human Affairs*. New York: Doubleday & Co., 1972.

Gimbutas, Maria. *Language of the Goddess*. San Francisco: Harper & Row, 1989.

Goethe, J. W. von. "The Holy Longing." *In News of the Universe: Poems of Twofold Consciousness*. Translated and edited by Robert Bly. San Francisco: Sierra Club Books, 1980, p. 70.

Goleman, Daniel. *Emotional Intelligence: Why It Can Matter More Than IQ*. New York: Bantam Books, 1995.（ダニエル・ゴールマン『EQ：こころの知能指数』土屋京子訳、講談社 + α文庫、1998）

Goodall, Jane. *Reason for Hope: A Spiritual Journey*. New York: Warner Books, 1999.（ジェーン・グドール、フィリップ・バーマン『森の旅人』松沢哲郎監訳、上野圭一訳、角川書店、2000）

Goodwin, Brian. *How the Leopard Changed Its Spots: The Evolution of Complexity*. New York: Simon & Schuster, 1994.（ブライアン・グッドウイン『DNA だけで生命は解けない：「場」の生命論』中村運訳、シュプリンガー・フェアラーク東京、1998）

Gordon, David George. *The Compleat Cockroach: A Comprehensive Guide to the Most Despised (and Least Understood) Creature on Earth*. Berkeley, Calif.: Ten Speed Press, 1996.（デヴィッド・ジョージ・ゴードン『ゴキブリ大全』松浦俊輔訳、青土社、1999）

menino que fala com os bichos"). February 1980.
Clausen, Lucy W. *Insect Fact and Folklore*. New York: Macmillan Company, 1954.（ルーシー・W・クラウセン『昆虫のフォークロア』小西正泰、小西正捷訳、博品社、1993）
Combs, Alan, and Mark Holland. *Synchronicity: Science, Myth, and the Trickster*. New York: Paragon House, 1990.
Compton, John. *The Spider*. New York: Nick Lyons Book, 1987.
Cooper, Gale. *Animal People*. Boston: Houghton Mifflin, 1983.
Cooper, J. C. *Symbolic and Mythological Animals*. London: HarperCollins, 1992.
Costello, Peter. *The Magic Zoo: The Natural History of Fabulous Animals*. New York: Saint Martin's Press, 1979.
Cousineau, Phil. *Soul Moments: Marvelous Stories of Synchronicity—Meaningful Coincidences from a Seemingly Random World*. Berkeley, Calif.: Conari Press, 1997.
Covell, Victoria. *Spirit Animals*. Nevada City, Calif.: Dawn Publications, 2000.
Desowitz, Robert S. *The Malaria Capers: More Tales of Parasites and People*. Research and Reality. New York: W. W. Norton & Company, 1991.（ロバート・S・デソウィッツ『マラリア vs. 人間』栗原豪彦訳、晶文社、1996）
Disch, Thomas. "The Roaches." in *Strangeness: A Collection of Curious Tales*. Edited by Thomas M. Disch and Charles Naylor. New York: Charles Scribner's Sons, 1977, pp. 175-84.
Dossey, Larry. *Recovering the Soul: A Scientific and Spiritual Search*. New York: Bantam, 1989.（ラリー・ドッシー『魂の再発見：聖なる科学をめざして』上野圭一、井上哲彰訳、春秋社、1992）
——. *Reinventing Medicine: Beyond Mind-Body to a New Era of Healing*. San Francisco: HarperSanFrancisco, 1999.
Eagle, Brooke Medicine. *Buffalo Woman Comes Singing*. New York: Ballantine Books, 1991.
Eberhard, Wolfram, ed. *Folktales of China*. Chicago: University of Chicago Press, 1965.
Elkins, James. *The Object Stares Back: On the Nature of Seeing*. New York: Simon & Schuster, 1996.
"Eminent Scientists Comment on the Dangers of Genetically Engineered Foods." http://www.ethicalinvesting.com/monsanto/warn.shtml.
Estés, Clarissa Pinkola. *Women Who Run with the Wolves: Myths and Stories of the Wild Woman Archetype*. New York: Ballantine Books, 1995.（クラリッサ・ピンコラ・エステス『狼と駈ける女たち：「野性の女」元型の神話と物語』原真佐子、植松みどり訳、新潮社、1998）

Boyd, Doug. *Rolling Thunder*. New York: Dell Publishing Co., 1974.（ダグ・ボイド『ローリング・サンダー：メディスン・パワーの探求』北山耕平、谷山大樹訳、平河出版社、1991）
"Breakthroughs: Of Sex, Somersaults, and Death." *Discover*. November, 1995, p. 34.
Breland, Ron. "The Language of the Sting: Dying to the Old Way." *Earthlight: The Magazine of Spiritual Ecology*, Spring 2000, pp. 24-25.
Brooke Medicine Eagle. *Buffalo Woman Comes Singing*. New York: Ballantine Books, 1991.
Brown, Joseph Epes. *Animals of Soul: Sacred Animals of the Oglala Sioux*. Rockport, Mass.: Element Books, 1992.
——. *The Sacred Pipe*. Norman: University of Oklahoma Press, 1953.
Brussat, Frederic, and Mary Ann Brussat. *Spiritual Literacy: Reading the Sacred in Everyday Life*. New York: Scribner, 1996.
Butterfield, Stephen T. "The Face of Maitreya." *The Sun*, February 1989, pp. 20-25.
"Butterfly Man." *People*, February 26, 1998, pp. 131-32.
Callahan, Philip S. *The Soul of the Ghost Moth*. Old Greenwich, Conn.: Devin-Adair Co., 1981.
Caldwell, Mark. "The Dream Vaccine." *Discover*, September 1997, pp. 85-88.
Campbell, Joseph. *The Hero with a Thousand Faces*. Princeton, N.J.: Princeton University Press, 1949, 1968.（ジョゼフ・キャンベル『千の顔をもつ英雄』上下、平田武靖、浅輪幸夫監訳、人文書院、1984）
——. *Way of the Animal Powers: Mythologies of the Great Hunt*. Vol.1. New York: HarperCollins, 1988.
Carroll, Lewis. *Through the Looking Glass and What Alice Found There*. New York: Clarkson N. Potter, 1972.（ルイス・キャロル『鏡の国のアリス』柳瀬尚紀訳、筑摩書房、1988、他）
Carson, Rachel. *Silent Spring*. New York: Houghton Mifflin, 1962, 1994.（レイチェル・カーソン『沈黙の春』青樹簗一訳、新潮文庫、2004）
——. *The Sense of Wonder*. New York and Evanston: Harper & Row, 1956.（レイチェル・カーソン『センス・オブ・ワンダー』上遠恵子訳、新潮社、1996）
Charbonneau-Lassay, Louis. *The Bestiary of Christ*. Translated by D. M. Dooling. New York: Parabola Books, 1991.
Cheng, Nien. *Life and Death in Shanghai*. New York: Penguin Books, 1986.（鄭念『上海の長い夜』上下、篠原成子、吉本晋一郎訳、朝日文庫、1997）
Cherry, Ron H. "Insects in the Mythology of Native Americans." *American Entomologist* 39 (1993), pp. 16-21.
"Chiquinho of the Bees: The Boy Who Talks to Animals" ("Chiquinho da abelha, o

参考文献

Abram, David. *The Spell of the Sensuous: Perception and Language in a More-Than-Human World*. New York: Pantheon Books, 1996.

Ackerly, J. R. *My Father and Myself*. (1968, p. 174) in Keith Thomas, *Religion and the Decline of Magic: Studies in Popular Beliefs in Sixteenth- and Seventeenth- Century England*. Hammondsworth: Penguin University Books, 1973.

Adam, Frank. "Quantum Honeybees." *Discover*. November 1981, pp. 81-88.

Aivanhov, Omraam Mikhael. *The Key to the Problem of Existence*. Fréjus, France: Editions Prosveta, 1985.

——. *Sexual Force or the Winged Dragon*. Fréjus, France: Editions Prosveta, 1984.

Altea, Rosemary. *Proud Spirit: Lessons, Insights, and Healing from the Voice of the Spirit World*. New York: William Morrow & Company, 1997.

Anderson, Sherry Ruth. *Noetic Science Review*. Autumn 1995, pp. 25-27.

Andrews, Ted. *Animal Speak: The Spiritual and Magical Powers of Creatures Great and Small*. St. Paul, Minn.: Llewellyn Publications, 1994.

Angier, Natalie. *The Beauty of the Beastly: New Views of the Nature of Life*. Boston: Houghton Mifflin Company, 1995.（ナタリー・アンジェ『嫌われものほど美しい：ゴキブリから寄生虫まで』相原真理子、草思社、1998）

Barasch, Marc Ian. *The Healing Path: A Soul Approach to Illness*. New York: G. P. Putnam's Sons, 1993.（マーク・イーアン・バリシュ『癒しの道：こころの治癒力を求めて』吉田利子、日経BP社、1996）

Bardens, Dennis. *Psychic Animals: A Fascinating Investigation of Paranormal Behavior*. New York: Henry Holt & Co., 1987.（デニス・バーデンス『サイキック・アニマルズ：動物たちの不思議な知恵』天野隆司訳、草思社、1991）

Begg, Deike. *Synchronicity: The Promise of Coincidence*. London: Thorsons (HarperCollins), 2001.

Berliner, Nancy Zeng. *Chinese Folk Art: The Small Skills of Carving Insects*. Boston: Little, Brown and Co., 1986.

Berry, Thomas. *The Dream of the Earth*. San Francisco: Sierra Club Books, 1988.

Bly, Robert, trans. and ed. *Selected Poems of Rainer Maria Rilke*. New York: Harper & Row, 1981.（『リルケ詩集』富士川英郎訳、新潮文庫、他）

Boone, J. Allen. *Kinship with All Life*. San Francisco: Harper & Row, 1954.（J・アレン・ブーン『動物はすべてを知っている』上野圭一訳、ソフトバンクパブリッシング、2005）

Consciousness, trans. and ed. by Robert Bly (San Francisco: Sierra Club Books, 1980), p. 268.

6. M. Scott Peck, *The Road Less Traveled,* in *Daybook: A Weekly Contemplative Journal* (Grass Valley, Calif.: Iona Center, January 14-February 10, 1991), p. 2.（スコット・ペック『愛と心理療法』創元社）
7. Sherry Ruth Anderson, *Noetic Science Review*, Autumn 1995, p. 27.
8. Joseph Epes Brown, *Animals of Soul: Sacred Animals of the Oglala Sioux* (Rockport, Mass.: Element, 1992), p. 40.
9. 蝶の霊的な特徴や、蝶と植物や自然の精霊とのつながりについての詳細は以下を参照のこと。Rudolf Steiner, *Man as Symphony of the Creative Word* (Sussex: Rudolf Steiner Press, 1991), または次の文献に収められたカール・コーニッグ（Karl Konig）のバイオダイナミック農法についての講義を参照。*Earth and Man* (Wyoming, R.I.: Bio-Dynamic Literature, 1982).

第14章　奇妙な天使

1. Brooke Medicine Eagle, *Buffalo Woman Comes Singing* (New York: Ballantine Books, 1991), pp. 249-50.
2. Mark Ian Barasch, *Healing Dreams: Exploring the Dreams That Can Transform Your Life* (New York: Riverhead Books, 2000), p. 309.
3. Ibid.
4. D. H. Lawrence, "Song of a Man Who Has Come Through," in *The Rag and Bone Shop of the Heart: A Poetry Anthology*, ed. by Robert Bly, James Hillman, and Michael Meade (New York: HarperPerennial, 1993), p. 20.
5. マーシャ・ロークの私信より。1997年3月。
6. Marcia Lauck, "Dreamtime and Natural Phenomena: The Release of Transformative Energy into Collective Consciousness," *Dream Network: A Journal Exploring Dreams and Myths*, 14(4), p. 27.

第15章　カマキリにならって

1. Denise Levertov, "Come into Animal Presence," in *Poems 1960-1967* (New York: New Directions, 1983), p. 23.
2. J. W. von Goethe, "The Holy Longing," in *News of the Universe: Poems of Twofold Consciousness*, trans. and ed. by Robert Bly (San Francisco: Sierra Club Books, 1980), p. 70.
3. Levertov, "Come into Animal Presence," p. 23.
4. Laurens van der Post, "The Creative Pattern in Primitive Africa," *Eranos Lectures* 5 (Dallas: Spring Publications, 1957), p. 21.（ロレンス・ヴァン・デル・ポスト「原始アフリカにおける創造的パターン」、『創造の形態学』平凡社）
5. Jalaluddin Rumi, "The Name," in *News of the Universe: Poems of Twofold*

5. Rainer Maria Rilke, "A Man Watching," in *News of the Universe: Poems of Twofold Consciousness*, ed. and trans. by Robert Bly, (San Francisco: Sierra Club, 1980), pp. 121-22.
6. Ibid.
7. Natalie Angier, *The Beauty of the Beastly: New Views of the Nature of Life* (Boston: Houghton Mifflin, 1995), p. 97.（アンジェ『嫌われものほど美しい』草思社）
8. Vickie Noble, *Motherpeace: A Way to the Goddess through Myth, Art, and Tarot*. (San Francisco: Harper & Row, 1982), p. 100.
9. Vickie Hearne, *Animal Happiness* (New York: HarperCollins, 1994), p. 68.

第13章　羽のある人々の国

1. マラリーン・マノス・ジョーンズ（eメール：mmjbutterfly@msn.com, ウェブサイト www.spiritofbutterflies.com）は、蝶愛好家にメキシコのミチョアカン森林再生基金に協力するよう呼びかけている。寄付金が入ると地元民は山に木を植えることができ、蝶のサンクチュアリの周囲に緩衝地帯を設けることができるのだ。この解決策は、経済的自立をとおして山に暮らす人々に敬意を表し、なおかつオオカバマダラの越冬地帯を守ることにつながる。詳細はミチョアカン森林再生基金ボブ・スモール（Bob Small）理事長へ。628 Pond Isle, Alameda, CA 94501, U.S.A.; (510) 337-1890.
2. David Hope, *A Sense of the Morning: Inspiring Reflections on Nature and Discovery* (New York: Fireside, 1988), p. 47.
3. オレゴン州ポートランドに拠点を置くクセルクセス協会は、無脊椎動物の保護のみを目的とした、唯一の保護管理専門機関である。種の絶滅に歯止めをかけるためには、生物の多様性の保護と公教育において世界をリードするこの団体への支援が不可欠になるだろう。会員になることが、虫への寄付の手段となる。クセルクセス協会入会問い合わせ先:4828 Southeast Hawthorne Blvd, Portland, OR 97215, U.S.A.; (503) 232-6639.
4. 1982年、ノリ・ハドルは、虫の変態の実際のプロセスをより詳細に観察することで、つまりさなぎの中で起こっていることを調べることによって、私たちは自分自身の変貌を深く理解できるのではないかと思いついた。彼女は実際にさなぎを観察し、それを『バタフライ』(ハーモニクス出版）にまとめた。これは、地球にあまねく平和、健康、繁栄、正義をもたらし「文明の蝶の時代」を実現することを目的として彼女が広めている「意識的にデザインしなおした生命のゲーム」、すなわち「ベストゲーム・オン・アース」の一部でもある。詳細はハドルへ。nhuddle@intrepid.net; 664 Cherry Run Rd., Harpers Ferry, WV 25425, U.S.A.; ウェブサイト: www.bestgame.org.
5. 蝶は地球の新たな時代の象徴である、というムーアのヴィジョンに関する詳細の問い合わせ先は以下の通り。eメール: bflyspirit@aol.com, 住所: c/o Butterfly Gardeners Association, 1563 Solano Ave. #477, Berkeley, CA 94707, U.S.A.

け入り、そこを所有していた低レベルな人間に取って代わった。病気との闘いと文明を守るための闘いは、明らかに同じものだった」(Harrison, p. 4).

6. 罹患性の大きな違いは人種の違いが原因だと信じて、征服者たちは外国の土地を支配する任務を大袈裟で勇壮な言葉で定義した。その自己欺瞞はつぎのような表現に表われている——白色人種は、「野蛮人」の共犯者である熱帯特有の病気を根絶するだろう。マラリアのような病気は「進歩の後れた怠惰な人種が（中略）明らかに地上でもっとも豊かな土地を支配することを許し、そのために豊かさが無駄になっているのだから」(Harrison, p. 5)、白色人種がすべてを変えなければならない。
7. 一般的に、黒色人種はある種のマラリアに比較的抵抗力がある。これはアフリカ系アメリカ人のあいだでよく見られる現象である。遺伝によるヘモグロビン（赤血球で「機能している」成分）の異常で赤血球が鎌のような形になる鎌状赤血球症も、サハラ以南のアフリカ特有の悪性のマラリアにたいする遺伝的な免疫性を生む。両親から鎌状赤血球の遺伝子を受け継いだ子供は、ときには命にかかわる重度の貧血症になりがちだが、両親のどちらか一方からそのような遺伝子を受け継いだ子供は、正常なヘモグロビンと異常なヘモグロビンをあわせ持っているためたいていは体に影響はなく、悪性のマラリアへの抵抗力を持つ。マラリア原虫は彼らに寄生しても、増殖できない。彼らは病気に打ち勝ち、やがて後天的に得た免疫に守られた大人になる。そのため小さな農業共同体では、鎌状赤血球症のおかげで人々が生き残ってきたのである。

   鎌状赤血球症の遺伝子の他にも、二種類のヘモグロビン異常（ヘモグロビンC症およびヘモグロビンE症）がアフリカとアジアの住民を守っている。また、赤血球機能に関連する酵素異常がマラリア患者を死から遠ざけている。

第11章　運命の紡ぎ手

1. Bobby Lake-Thom, *Spirits of the Earth: A Guide to Native American Nature Symbols, Stories, and Ceremonies* (New York: Plume, 1997), p. 13.
2. "Breakthroughs: Of Sex, Somersaults, and Death," *Discover*, November 1995, p. 34.
3. Christie Cox, 未発表原稿より。

第12章　刺されることの意味

1. Linda Neale, 未発表原稿より（2001年）。
2. Ron Breland, "The Language of the Sting: Dying to the Old Way," *Earthlight: Magazine of Spiritual Ecology*, Spring 2000, pp. 24-25.
3. John Stokes, "Finding Our Place on Earth Again," *Wingspan: Journal of the Mare Spirit*, Summer 1990, p. 6.
4. Harish Johari, *The Monkeys and the Mango Tree: Teaching Stories of the Saints and Sadhus of India* (Rochester, Vt.: Inner Traditions, 1998), p. 58.

ヤーナは、ハワイ島に祈りと踊りの場としての聖堂を建立する計画を立てている。蜂とのこうした交流に関心がある読者は、ヤーナに一報を。Alison Yahna c/o Judith Giauque-Yahna, 3023 SE Clinton St., Portland, OR 97202; beeoracle@hotmail.com; (503) 233-9644.

2. ピーター・ラッセルは、インターネットというコミュニケーション技術によってほぼ瞬時に世界中の人と人が結びつく状態を、人間の脳が成長するようすにたとえている。彼は、データ処理能力がめまぐるしい成長を続ければ、この世界規模の電気通信ネットワークはいずれ複雑さにおいて人間の脳と肩を並べるだろうと考えている。そうなった場合、充分な統一性と積極的な相互作用があれば、新たな秩序が生まれ人類に大変革を起こす可能性もある。
3. ガンサー・ホークの私信より。1998年3月。
4. ロン・ブレランドは、30年のあいだ商業写真家、造園業、そして養蜂家の仕事をこなし、ニューヨーク州コロンビア郡で蜂のサンクチュアリと研究施設を運営している。彼は伝統的な巣箱と自分でデザインした巣箱の両方を実験的に使っている。五角形を組み合わせた12面体の巣箱もそのひとつだ。中には丸みのあるバスケットが入っていて、蜂が群れている。神聖幾何学では、12面体は再生や復活を意味し、精神の原初のレベルにもっとも近い形であるとされている。ブレランドは、巣箱はあらゆるレベルの蜂を強化する霊的なパワーの器になると信じている。さらに詳しく知りたければ、ブレランドに一報を。(845) 353-0513 or 323 Strawtown Road, West Nyack, NY 10994.
5. シャロン・キャラハンの私信より。1998年2月。連絡先は Anaflora Flower Essence Therapy for Animals, P.O. Box 1056, Mt. Shasta, CA 96067; (530) 926-6424; www.anaflora.com および www.animalliberty.com.

第10章　血の絆

1. Gilbert Waldbauer, *Insects through the Seasons* (Cambridge: Harvard University Press, 1996), p. 202 に引用されたもの。（ヴァルトバウアー『昆虫の四季』長野敬、くぼたのぞみ訳、青土社）
2. Steward Edward White, *The Forest* (1903), 以下に引用されたもの。 Sue Hubbell, *Broadsides from the Other Orders: A Book of Bugs* (New York: Random House, 1993), p. 80.（ハベル『虫たちの謎めく生態』早川書房）
3. Dorothy Shuttlesworth, *The Story of Flies* (Garden City, N.Y.: Doubleday, 1970), p. 29.
4. Gordon Harrison, *Mosquitoes, Malaria and Man* (New York: E. P. Dutton, 1978), p. 5.
5. 当時の報告は、人種主義政策の正当性をでっちあげる努力すらしていない。「人々を病気にした低レベルの生き物を殺す武器を手にして、ヨーロッパ人は熱帯の土地に分巨大企業体での安全性の調査にも失敗している。

4. 新たなアプローチの一例が、アイオワの専業農家と自称する大豆農家の手法である。このグループは、発がん性物質を含む除草剤に完全に取って代わる耕作方法と植え付け技術を用い始めた。『未来の収穫 *Future Harvest*』の著者ジム・ベンダーは、植えつけ時期をずらしたり、輪作や多種栽培を採り入れたり、家畜飼育と組み合わせたりすることによって、トウモロコシと大豆の畑を化学物質を使わない農法へ変えた体験の概略を述べている。

   これ以外の画期的な解決方法が知りたい読者は、ケニー・オースベル（Kenny Ausubel）の『地球の修復 *Restoring the Earth*』を一読されたい。きっと地球の土壌、植物、動物を癒し、健康的な食料を育てる方法がみつかるという希望が持てるはずだ。ピーター・トムプキンズ、クリストファー・バード著『土壌の神秘：ガイアを癒す人々』（新井昭広訳、春秋社）も、深刻な農業問題を解決する革新的かつ伝統にとらわれない方法を示唆している。ジャニン・ベニュス著『自然と生体に学ぶバイオミミクリー』（山本良一、吉野美耶子訳、オーム社）もお勧めだ。ベニュスは、自然が植物を育てるように作物を育てようとする「バイオミミクス」、つまり自然について、ではなく自然から学ぶ人々を紹介している。農業に関する章では、現代農法の山積する問題を列挙し、作物の育て方の改変がもっとも重要であり、自然に従うことが基本であると断言している。「一地域の農業は、開墾前にそこで育っていた植物から手がかりを得るだろう。自然界の植生パターンに従って食物を植えれば、農業は生態系の構造や機能に可能なかぎり近づくだろう」。この手法はすでに実践されている。カリフォルニア大学教授ウェス・ジャクソンは、故郷のカンザス州に戻り持続可能な生活様式に焦点を当てた学校を始め、草原地帯を拠点にした化学物質を使用しない農業形態が農家のためにも生態系のためにも、ひいては消費者のためにもなるということを示している。

5. Machaelle Small Wright, *Behaving As If the God in All Life Mattered: A New Age Ecology* (Jeffersonton, Va.: Perelandra, 1983), p. 85.
6. Ibid., p. 86.

第９章　蜂に語りかける

1. 蜂は、人間同士が互いに調和し、そして自然とも調和するための道をみつけられるように、人間に協力しているということをアリソン・ヤーナに伝えた。蜂は、人間の意識が持つ具象化する力を理解することが重要だと強調する。私たちが好意や愛情、健康や幸福の願望を「祈りをこめた」思考にして蜂に向ければ、その祈りが物質界で健康や幸福となって実現する手助けになるのである。蜂は、彼らの巣の高周波の振動パターンを模した「聖堂」で踊りと歌によって祈れば、人間は進化をとげ、個人の意識を全体の意識と統合するための支援を受けられるだろうと示唆した。「すべてはひとつである！」というのが蜂の振動である、とヤーナはつけ加えている。

2. Piers Vitebsky, *The Shaman* (Boston: Little Brown and Company, 1995), p. 68.（ヴィテブスキー『シャーマンの世界』創元社）
3. 深い洞察力をそなえたルドルフ・シュタイナーは、アリの群れと人間に驚くべき共通点を見出した。アリであれ人間の細胞であれ、あらゆる部分が他の部分とコミュニケーションをとり協力しあっているのである。彼はまた、自然界の自己再生能力は蟻酸のおかげであると考えた。蟻酸は自然界ではおもに刺す能力のある虫によってつくられる。自然界と宇宙を霊的なヴィジョンで精査したシュタイナーは、蟻酸（および蜂毒）には人間が肉体を持つプロセスに欠かせない化学物質がいくつも含まれていると考えた。また、自然界に存在する蟻酸は、地球の魂が物質的地球と結びつくための物理的土台であるとも説いている。
4. Dances with Ants の詳細は下記のケリー・ルイーズ・ジレットまで。kerrygillett@aol.com or 1-877-433-6474.
5. *Robert Shapiro and Julie Rapkin, Awakening to the Animal Kingdom (San Rafael, Calif.: Cassandra Press, 1988), p. 53.*

第８章　太陽の神々

1. Henry David Thoreau, *Walden*. (New York: Thomas Y. Crowell, 1961), pp. 439-40.（ソロー『ウォールデン 森の生活』小学館、他）
2. 昆虫学者ロバート・ヴァン・デン・ボッシュは内部の事情に通じているため、研究分野での不正行為を目の当たりにすることになった。彼の著書『農薬の陰謀：「沈黙の春」の再来』(矢野宏二訳、社会思想社)は、害虫駆除が行なわれているあらゆる場所に汚職の可能性が存在すると主張している。彼はアメリカ昆虫学会を非難し、学会は化学薬品企業に買収され、「殺虫剤マニア」(Graham, *The Dragon Hunters*, p.289)に豪勢にもてなされていると指摘した。その後の著書でも、化学薬品企業（およびバイオテクノロジー企業）が研究結果や環境保護庁、および世論をいかに操作し、危険な製品を市場へ送りこんでいるかを詳述しつづけている。
3. 遺伝子組み換え作物反対派は、これらの植物には予想もつかないアレルゲンや毒素があったり、栄養分が減少したりしているかもしれないとも論じている。遺伝子を組み換えると、食品には望ましくないとされているがじつはがんを抑制するというような、まだよく知られていない重要な物質を除去したり不活性化させたりする危険を冒すことにもなると彼らは指摘する。反対派は、ウイルスの遺伝子を作物に組み込むことも危険だと主張している。ウェスタン・オンタリオ大学の遺伝学名誉教授ジョセフ・カミンス博士は、「研究室では、遺伝子操作されたウイルスが作物を枯らして飢饉を起こしたり、途方もない病気を人間や動物に起こしたりする可能性があるとわかっている」と述べ、警告を発している (“Eminent Scientists Comment on the Dangers of Genetically Engineered Foods,” www.geocities.com/Athens/1527/scientists.html)。結局、この章で触れた遺伝子組み換え作物の危険性に加えて、農薬を製造しているている。

近年の発展途上国における腸チフスの大流行は、ほぼすべてが汚染された場所からの移民や難民、訪問者が原因であり、ハエが原因ではない。私たちが腸チフスと呼ぶ症状の原因となる微生物が、健康な人の腸内でみつかることが時折ある。彼らのようなキャリアが大規模な施設の厨房で働いている場合は、その人が病気を広めることになるかもしれない。公衆衛生当局者は、そういったキャリアを追跡し免疫対策をとることを最優先事項としている。

2. Lynn Margulis and Dorion Sagan, *Microcosmos: Four Billion Years of Microbial Evolution* (New York: Summit Books, 1986), p. 15. (Margulis and Sagan『ミクロコスモス』化学同人社)

第5章　ビッグフライの助言

1. Robert Hass, ed. *The Essential Haiku: Versions of Basho, Buson, and Issa* (New York: HarperCollins, 1994), p. 188.
2. Marlo Morgan, *Mutant Message Down Under* (Lees Summit, Mo.: MM Co., 1991), p. 70.（モーガン『ミュータント・メッセージ』角川書店）
3. Maria Rainer Rilke, "A Man Watching," in *News of the Universe: Poems of Twofold Consciousness*, chosen and introduced by Robert Bly (San Francisco: Sierra Club Books, 1980), pp. 121-22.
4. カレン・ヒルドの私信より。

第6章　神がかった天才

1. James A. Swan, *Nature as Teacher and Healer: How to Reawaken Your Connection with Nature* (New York: Villard Books, 1992), p. 115.（スワン『自然のおしえ 自然の癒し』日本教文社）
2. Ibid.
3. Christin Lore Weber, *A Cry in the Desert: The Awakening of Byron Katie* (Barstow, Calif.: The Work Foundation, 1996), p. 23.
4. William Jordan, *Divorce among the Gulls: An Uncommon Look at Human Nature* (San Francisco: North Point Press, 1991), p. 125.（ジョーダン『カモメの離婚』白水社）

第7章　アリに教えを請う

1. Anthony de Mello, *Taking Flight: A Book of Story Meditations* (New York: Doubleday, 1983), 以下に引用されたもの *Spiritual Literacy: Reading the Sacred in Everyday Life*, by Frederic and Mary Ann Brussat (New York: Touchstone, 1996), p. 190.

原　註

第１章　故郷へ

1. Larry Millman's "The Old Woman Who Was Kind to Insects" の縮約版。*A Kayak Full of Ghosts* より。

第２章　レンズの曇りをとる

1. ブライアン・スウィムへのインタビュー。Renée Lertzman, "Experiencing Deep Time: Brian Swimme on the Story of the Universe," *The Sun*, May 2001, p. 12.
2. Laurens van der Post, "The Creative Pattern in Primitive Africa," *Eranos Lectures* 5 (Dallas: Spring Publications, 1957), pp. 6-7.（ロレンス・ヴァン・デル・ポスト「原始アフリカにおける創造的パターン」、『創造の形態学』平凡社）
3. Jane Goodall, *Reason for Hope: A Spiritual Journey*, (New York: Warner Books, 1999), p. 277.（グドール＋バーマン『森の旅人』角川書店）

第３章　魂の導き手としての虫

1. Geshe Sonam Rinchen, *The Thirty-seven Practices of Bodhisattvas: An Oral Teaching*, trans. and ed. by Ruth Sonam (Ithaca, N.Y.: Snow Lion Publications, 1997), pp. 8-9.
2. Stephen T. Butterfield, "The Face of Maitreya," *The Sun*, February 1989, pp. 20-25.
3. Daniel Brooks in Jennifer Ackerman, "Parasites: Looking for a Free Lunch," *National Geographic*, October 1997, p. 83.
4. Berlin Snell, "Little Big Top: Maria Fernanda Cardosa Reinvents the Flea Circus," *Utne Reader*, May-June 1996, p. 68.
5. Arne Naess in Pat Fleming, Joanna Macy, Arne Naess, and John Seed, *Thinking Like a Mountain: Toward a Council of All Beings* (Philadelphia: New Society Publishers, 1988), p. 79.（シード他『地球の声を聴く』ほんの木）

第４章　わが神、ハエの王よ

1. 戦場の病とも呼ばれる腸チフスや赤痢が前線の軍隊では頻繁に流行し、ごく最近までけが人より多くの死者を出した。19 世紀末までには、再び公衆衛生設備が完備されたために、ヨーロッパや北米ではほぼ見られなくなったが、下水処理施設が不充分だったり人口が過密だったりする国々では容易に感染するため、いまだに死者が出世界はいま、地球温暖化をはじめとする環境破壊や、人間の尊厳を脅かす科学的な生命操作という、次世代以降にもその影響を及ぼしかねない深刻な問題に直面しています。それらが人間中心・経済優先の価値観の帰結であるのなら、私たち人類は自らのあり方を根本から見直し、新たな方向へと踏み出すべきではないでしょうか。

そのためには、あらゆる生命との一体感や、大自然への感謝など、本来、人類が共有していたはずの心を取り戻し、多様性を認め尊重しあう、共生と平和のための地球倫理をつくりあげることが喫緊の課題であると私たちは考えます。

この「いのちと環境ライブラリー」は、環境保全と生命倫理を主要なテーマに、現代人の生き方を問い直し、これからの世界を持続可能なものに変えていくうえで役立つ情報と新たな価値観を、広く読者の方々に紹介するために企画されました。

本シリーズの一冊一冊が、未来の世代に美しい地球を残していくための実践的な一助となることを願ってやみません。

[著者・訳者紹介]
ジョアン・エリザベス・ローク (Joanne Elizabeth Lauck)
環境問題教育家、高校教師、野生生活リハビリテーター。10代の青少年のためのNPO「カタリスト」の創設者。人間と野生生物との関係からもたらされる癒しをテーマに著述活動を行なっている。

甲斐理恵子 (かい・りえこ) 1964年札幌市生まれ。北海道大学文学部卒業。旅行代理店等勤務を経て、翻訳者に。訳書に『闇の迷宮』(講談社)、『ずっとあなたが』(原書房)他がある。

〈いのちと環境ライブラリー〉
昆虫(こんちゅう) この小(ち い)さきものたちの声(こえ)――虫(むし)への愛(あい)、地球(ちきゅう)への愛(あい)

初版第1刷発行 平成19年10月25日

著者 ジョアン・エリザベス・ローク
訳者 甲斐理恵子
発行者 岸 重人
発行所 株式会社日本教文社
〒107-8674 東京都港区赤坂9-6-44
電話 03-3401-9111(代表) 03-3401-9114(編集)
FAX 03-3401-9118(編集) 03-3401-9139(営業)
振替 00140-4-55519
装丁 細野綾子
印刷・製本 凸版印刷

ISBN978-4-531-01553-5 Printed in Japan

●日本教文社のホームページ http://www.kyobunsha.co.jp/
乱丁本・落丁本はお取り替えします。定価はカバー等に表示してあります。